基于公众健康的

长三角雾霾协同治理动力机制与责任成本分配研究

李惠娟 / 著

中国环境出版集团 · 北京

图书在版编目（CIP）数据

基于公众健康的长三角雾霾协同治理动力机制与责任成本分配研究 / 李惠娟著 . -- 北京：中国环境出版集团，2023.12

ISBN 978-7-5111-5787-4

Ⅰ. ①基…　Ⅱ. ①李…　Ⅲ. ①长江三角洲—空气污染—污染防治—研究　Ⅳ. ① X51

中国国家版本馆 CIP 数据核字（2023）第 250634 号

出 版 人　武德凯
责任编辑　田　怡
封面设计　宋　瑞

出版发行　中国环境出版集团
（100062　北京市东城区广渠门内大街 16 号）
网　　址：http: //www.cesp.com.cn.
电子邮箱：bjgl@cesp.com.cn.
联系电话：010-67112765（编辑管理部）
010-67175507（第六分社）
发行热线：010-67125803，010-67113405（传真）

印　　刷　北京中科印刷有限公司
经　　销　各地新华书店
版　　次　2023 年 12 月第 1 版
印　　次　2023 年 12 月第 1 次印刷
开　　本　787 × 1092　1/16
印　　张　17.25
字　　数　360 千字
定　　价　98.00 元

序

党的十八大以来，以习近平同志为核心的党中央把生态文明建设作为关系中华民族永续发展的根本大计，开展了一系列开创性工作，美丽中国建设迈出重大步伐，实现由重点整治到系统治理的重大转变、由被动应对到主动作为的重大转变、由全球环境治理参与者到引领者的重大转变、由实践探索到科学理论指导的重大转变，我国的天更蓝、地更绿、水更清。但是，当前我国生态环境保护结构性、根源性、趋势性压力尚未根本缓解。我国经济社会发展已进入加快绿色化、低碳化的高质量发展阶段，生态文明建设仍处于压力叠加、负重前行的关键期。

健康是促进人的全面发展的必然要求，是经济社会发展的基础条件，是民族昌盛和国家富强的重要标志，更是实现中华民族伟大复兴的中国梦的基石。党的十八届五中全会作出“推进健康中国建设”的重大决策。党的十九届五中全会进一步明确“全面推进健康中国建设”的战略部署。党的二十大报告指出，“人民健康是民族昌盛和国家强盛的重要标志。把保障人民健康放在优先发展的战略位置，完善人民健康促进政策”。

人与自然是生命共同体，良好的生态环境是人类生存与健康的基础。习近平总书记深刻指出“绿水青山不仅是金山银山，也是人民群众健康的重要保障”“美丽中国就是要使祖国大好河山都健康，使中华民族世世代代都健康”。必须站在保障中华民族永续发展、对子孙后代负责的高度理解环境健康问题，切实践行保护人民群众生命健康的初心使命。生态兴则文明兴，生态文明建设是关系中华民族永续发展的根本大计，人民健康是民族昌盛和国家强盛的重要标志。

我的主要研究领域是能源环境经济与管理，工作地点又在南京，因此对长三角区域的环境问题十分关注，经过多年的持续治理，长三角区域空气质量得以大幅改善。然而，长三角区域内部发展依然存在一些累积性问题，尤其在人居环境安全与生态环境质量方面，是制约区域高质量一体化发展的短板。未来10年是长三角区域率先实现中国式现代化的关键时期，如何找到一条符合我国国情的现代化道路，仍有许多工作要做。

良好生态环境是中国式现代化的应有之义，是最普惠的民生福祉。健康是老百姓最关心、最直接、最现实的利益，人民的获得感、幸福感、安全感都离不开健康。进入新发展阶段，需要建立以市场为主体、以政府为主导、全社会共同参与的环境治理体系，用新发展理念重塑绿色、健康新观念，系统构建绿色发展新格局、健康发展新格局，协同推进美丽中国、健康中国建设。

李惠娟教授在基于其主持完成的国家社会科学基金项目形成的这部著作中，运用系统工程学、计量经济学、环境经济学、健康经济学与公共管理学的理论与方法，遵循长三角区域雾霾污染的现状→雾霾污染的原因→雾霾污染的健康影响→雾霾污染的协同治理的逻辑思路展开系统研究。在对长三角区域41个城市5年的空气质量进行深入调查的基础上，掌握了长三角区域雾霾污染的现状、社会经济原因与自然环境原因；运用危险度比例模型、暴露－反应关系模型、基尼系数等，揭示了长三角区域雾霾污染的环境健康效应与收入分配效应；通过分析长三角区域雾霾污染协同治理中的支撑力、推动力、压力、阻力，厘清了协同治理中的动力机制；本着“共同但有区别”的原则，运用基于Shapley值的合作收益分配模型，获取了协同治理期间长三角区域各省市工业SO_2、工业NO_x、工业烟（粉）尘去除的责任成本，合理分配长三角区域雾霾污染的协同治理成本，进而系统地提出了长三角区域雾霾协同治理的六个方面对策。该著作反映出作者清晰的研究思路、严谨的学术态度、执着的科研精神、深沉的理性思考以及强烈的社会责任感。

期待李惠娟教授以此为新起点，持续关注我国生态文明建设中的热点、痛点、堵点和难点问题，以祖国需要为出发点，聚焦前沿，深入研究，坚持把研究成果写在祖国大地上，将更多的优秀成果奉献给广大读者，应用在我国生态文明建设中，并为区域高质量发展提供更多重要参考。

周德群
教育部“长江学者奖励计划”特聘教授
江苏省有突出贡献的中青年专家
南京航空航天大学能源软科学研究中心主任
“工信智库”低碳发展研究院院长
2023年8月

前 言

健康是人类永恒的追求，没有全民健康，就没有全面小康。

2016 年，中共中央、国务院印发的《“健康中国 2030”规划纲要》把公众健康摆在了优先发展的战略地位，长三角区域苏浙沪皖三省一市率先制定了相应的健康目标。然而随着工业化、城镇化的快速发展，雾霾污染呈现范围广、常态化、治理难度大等特点，给维护公众健康带来一系列挑战。良好的生态环境意味着清洁的空气、优美的环境等，是最公平的公共产品，是最普惠的民生福祉。党的十八大以来，在习近平生态文明思想指引下，长三角区域各省市坚决打好污染防治攻坚战，空气质量得到大幅提高。但是，截至 2019 年，在长三角区域的 41 个地级及以上城市中，仍有 30 个城市的 $PM_{2.5}$ 平均浓度超标，优良天数比例只有 76.5%，臭氧超标问题日益显现，打赢蓝天保卫战的任务依然艰巨。由于长三角区域经济社会发展呈“单核扁平化”结构，污染协同治理难度较大。因此，在公众健康的视角下，研究长三角区域雾霾协同治理的动力机制与责任成本分配具有重要意义，是环境治理能力与治理体系现代化的要求，也是社会经济高质量发展的要求。

本书在对长三角区域雾霾污染及其治理问题的背景、意义进行分析的基础上，运用文献研究法对中外雾霾污染健康经济损失评价的相关研究进行综述，通过 CiteSpace 软件对雾霾污染区域协同治理的文献进行计量分析，并利用 *XY* 二维框架对协同治理的政策工具进行编码量化分析。建立计量经济学模型，对长三角区域雾霾污染的影响因素进行分析，结果显示人均 GDP、工业烟（粉）尘排放量、常住人口是对 $PM_{2.5}$ 浓度最显著的影响因素。

2015—2019 年，长三角区域 $PM_{2.5}$ 浓度超标城市个数持续减少，超标城市的 $PM_{2.5}$ 浓度也呈下降趋势；通过危险度比例模型的计算发现，各种健康终点发生总人数、健康终点发生率呈逐年降低趋势；健康经济损失、健康经济损失占 GDP 比重、人均健康经济损失也在总体上呈下降趋势。在未考虑空气污染情况下，2015—2019 年，长三角区域居民的人均可支配收入在持续增加，基尼系数在逐年降低。在考虑空气污染情况下，假设每个城市雾霾污染引起的健康经济损失全部由常住居民个人承担，则居民的实际收入差距进一步加大，基尼系数与未考虑空气污染损失时相比有所增加，并且每年增加的幅度在增大。这种现象在京津冀及周边地区、六大区域之间也同样存在。

长三角区域雾霾污染区域协同治理的动力是支撑力、推动力、压力、阻力的相互作用。推动力系统包括制度创新、技术创新、舆论宣传、公众环境素养等；支撑力系统包括资金支持、政策支持、人才支持、文化支持等，这些指标涉及区域发展的各种要素。各省市在协同治理中也面临一定压力，如公众健康损失、其他经济社会损失、工作任务考核、环境治理负担等；同时面临一定阻力，如区域基础、治理目标与进度差异、基层环保组织力量薄弱等。在以协同治理能力为综合体现的推动力、支撑力的共同作用下，有可能走上（压力＋阻力）＜（推动力＋支撑力）的空气质量提高道路。

合理分配长三角区域的雾霾协同治理成本，对于提高雾霾协同治理水平、促进各省市合作共赢具有重要意义。运用基于 Shapley 值的合作收益分配模型，估算长三角区域在雾霾协同治理期间各省市工业 SO_2、工业 NO_x、工业烟（粉）尘去除的责任成本分配。假设烟（粉）尘的去除率是 1，结果显示在 NO_x 与 SO_2 的去除率分别为 0.6 与 0.9 的情景下，上海、江苏分别转出到其他省市 1.79 亿元、12.16 亿元，其他省市分别转入浙江、安徽 6.90 亿元、7.06 亿元；在 NO_x 与 SO_2 的去除率分别为 0.7 与 0.95 的情景下，上海、江苏分别转出到其他省市 1.74 亿元、20.83 亿元，其他省市分别转入浙江、安徽 12.87 亿元、9.71 亿元，分配结果合理可行。

本书从 6 个方面提出了长三角区域雾霾协同治理的对策：以健康中国建设为引领，打好蓝天保卫战；以构建现代环境治理体系为抓手，提升雾霾协同治理能力；以制度创新为依托，出台一系列协同治理的规章制度；以“双降”为目标，协同治理臭氧与细颗粒物；以实现多元协同共治为举措，提升多方参与度；以构建大生态大环保为契机，谋划碳达峰与碳中和。

本书是国家社会科学基金项目的研究成果。研究工作得到了中国环境科学研究院、江苏省生态环境厅、上海市生态环境局、江苏省卫生健康委员会等单位以及学术界众多专家、学者的大力帮助和悉心指导，在此致以最诚挚的谢意！本书的出版得到中国环境出版集团的大力支持，在此一并深表谢意。

囿于主客观条件的限制，本书在某些方面尚有一定局限，恳请读者批评指正，以便在今后研究中进一步完善和提高，能够运用更完善的数据、更适合的方法、得出更有价值的研究结论。也希望本书能够对其他研究者有些许启发与帮助。

目 录

表目录

图目录

第1章

绪　论

1.1 研究背景

长三角区域是我国经济发展最活跃、最强劲的区域之一。随着经济社会快速发展，发达国家工业化、城镇化数百年过程中分阶段出现的环境问题在长三角区域集中出现，雾霾污染问题尤为突出，防治任务十分艰巨。由于长三角区域三省一市包括 41 个城市之多，各地经济社会发展水平不一，工业企业数量、机动车数量巨大，污染防治点多面广，成因也较复杂，对污染治理的投入有差异，从而导致“搭便车”现象；而且长三角区域粗放型经济增长方式没有发生根本转变，随着能源、原材料、加工业等产业的快速发展，长三角区域空气污染物排放总量居高不下，呈现范围广、常态化、治理难度大等特点，复合型、结构型污染问题突出，对公众健康造成损害，影响了群众的幸福感与经济社会高质量发展。因此，加快改善空气质量显得十分重要和紧迫。

党的十八大将生态文明建设纳入“五位一体”总体布局，要求把生态文明建设放在突出地位，并融入经济建设、政治建设、文化建设、社会建设各方面和全过程。2014 年，新修订的《中华人民共和国环境保护法》明确了生态文明建设和可持续发展的理念，以及保护环境的基本国策和基本原则。党的十八大以来，以习近平同志为核心的党中央坚持以人民为中心的发展思想，把维护人民健康摆在更加突出的位置。2015 年 10 月，党的十八届五中全会首次提出“推进健康中国建设”，“健康中国”上升为国家战略。2016 年，中共中央、国务院印发的《“健康中国 2030”规划纲要》更是把公众健康摆在了优先发展的战略地位，要求将健康融入所有政策。

党的十九大报告提出，当前我国社会主要矛盾已经转化为“人民日益增长的美好生活需要和不平衡不充分的发展之间的矛盾”，坚持人与自然和谐共生，满足人民群众所期所盼，减少区域不平衡，解决不充分发展带来的弊端成为长三角区域的目标。2019 年发布的《长江三角洲区域一体化发展规划纲要》将长三角区域定位为全国高质量发展样板区、区域一体化发展示范区、率先基本实现现代化引领区等，对长三角区域未来发展提出了更高要求。

良好的生态环境意味着清洁的空气、优美的环境等，是最公平的公共产品，是最普惠的民生福祉。近年来，长三角区域在党中央的领导下，坚持绿水青山就是金山银山理念，坚决打好污染防治攻坚战，空气质量大幅提高。$PM_{2.5}$ 浓度从 2015 年的 53 μg/m^3 下降为 2019 年的 41 μg/m^3，2020 年下降为 35 μg/m^3，2022 年又进一步下降为 31 μg/m^3；2015 年平均超标天数中重污染天数占比 2.3%，严重污染天数占比 0.1%；2020 年平均超标天数中重污染天数占比仅为 0.5%，完全消除了严重污染天气，2022 年重度及以上污染天数占比较2021年下降0.2%，长三角区域41个城市的优良天数占比平均为83.0%[1]，人民群众的蓝天幸福感与获得感明显增强，绿色美丽长三角区域建设日新月异。然而，长三角区域内部发展依然存在一些累积性问题，尤其在人居环境安全与生态环境质量方面，已经成为长三角区域高质量一体化发展与协同发展的重大制约和短板。

当今世界正经历百年未有之大变局，世界经济增长不确定性较大，国内经济运行稳中有变、变中有忧，我国生态环境保护正处于关键期、攻坚期和窗口期。然而，经济与环境不是“非此即彼”的关系，保护生态环境就是保护生产力、改善生态环境就是发展生产力。经济高质量是社会高质量和治理高质量的输出与体现，长三角区域迈向全球一流世界级城市群需要社会高质量与制度高质量作为保障。未来10多年是长三角区域实现更高质量发展、社会治理能力与治理体系现代化、基本实现社会主义现代化的关键时期，改善环境空气质量，满足人民群众日益增长的环境需求，让良好生态环境成为人民幸福生活的增长点、社会健康发展的支撑点，努力增进人民福祉，刻不容缓。

1.2 研究意义

1.2.1 理论意义

从公众健康视角研究区域雾霾污染的协同治理是一个全新视角，有助于完善环境污染治理理论与跨界政府合作理论，可以促进环境经济学、健康经济学与公共管理学的学科交叉发展。

1.2.2 实践意义

本书关注环境、健康、协同治理等社会热点问题，研究中的动力机制设计、成本分配、政策建议可以为长三角区域实施雾霾污染协同治理以及制定经济发展、环境保护及其他公共政策提供重要决策参考，并可推广到其他区域，有利于提高我国雾霾污染治理效率、加快高质量的生态环境和经济社会发展模式，对于推进生态文明建设、实现“健康中国”“美丽中国”的宏伟目标有较大促进作用。

1.2.3 创新点

在学术思想方面，公众健康损失是构成协同治理的压力之一，从公众健康视角研究长三角区域雾霾污染协同治理的动力机制符合当前“健康中国”与“美丽中国”的建设理念。

在学术观点方面，从区域内外部深层次的多方面利益交织展开分析，能够更加深入地反映协同治理动力情况；“共同但有区别”的原则是协同治理雾霾污染的前提。

在研究方法方面，运用情景分析法，估算长三角区域各省市近年来在不同情景下雾霾引起的公众健康损失；运用基尼系数法，分析公众健康经济损失引起的收入不平等现象波动；运用改进 Shapley 值合作收益分配模型，更科学地分配长三角区域协同治理雾霾污染的差异化成本。

1.3 研究内容与研究路线

1.3.1 研究内容

第 1 章为绪论，主要包括研究背景、研究意义、研究内容与研究路线等。

第 2 章为研究综述，主要包括雾霾污染健康经济损失评价、雾霾污染区域协同治理等方面文献的综述。

第 3 章介绍我国的环境空气质量监测网络及标准，主要包括城市、区域、背景 3 个层级的环境空气质量监测站点，以及现行的环境空气质量标准及指数。

第 4 章为长三角区域的雾霾污染的情况分析，在介绍长三角区域环境空气质量监测站的基础上，分析长三角区域的空气质量状况。

第 5 章为长三角区域雾霾污染的影响因素分析，主要包括社会经济因素与自然环境因素，并进行实证研究。

第 6 章为长三角区域雾霾污染引起的公众健康经济损失及收入不平等波动，主要包括长三角区域各省市的卫生事业发展与公众健康现状，以及长三角区域各省市的健康风险与健康经济损失评估，将其与国内其他 5 个实施大气污染协同治理的区域进行对比，并对长三角区域雾霾污染引起的收入不平等波动情况分析。

第 7 章为长三角区域雾霾协同治理的动力机制分析，主要从推动力、支撑力、压力和阻力 4 个方面展开。

第 8 章为长三角区域雾霾污染协同治理的责任成本分配，主要运用 Shapley 博弈模型对各省市的工业 NO_x、SO_2、烟（粉）尘的去除成本进行分摊。

第 9 章为基于公众健康的长三角区域雾霾污染协同治理对策，主要包括对“将健康融入所有政策”理念的梳理，以及长三角区域雾霾污染协同治理对策。

1.3.2 研究路线

研究内容及研究方法见图 1-1。

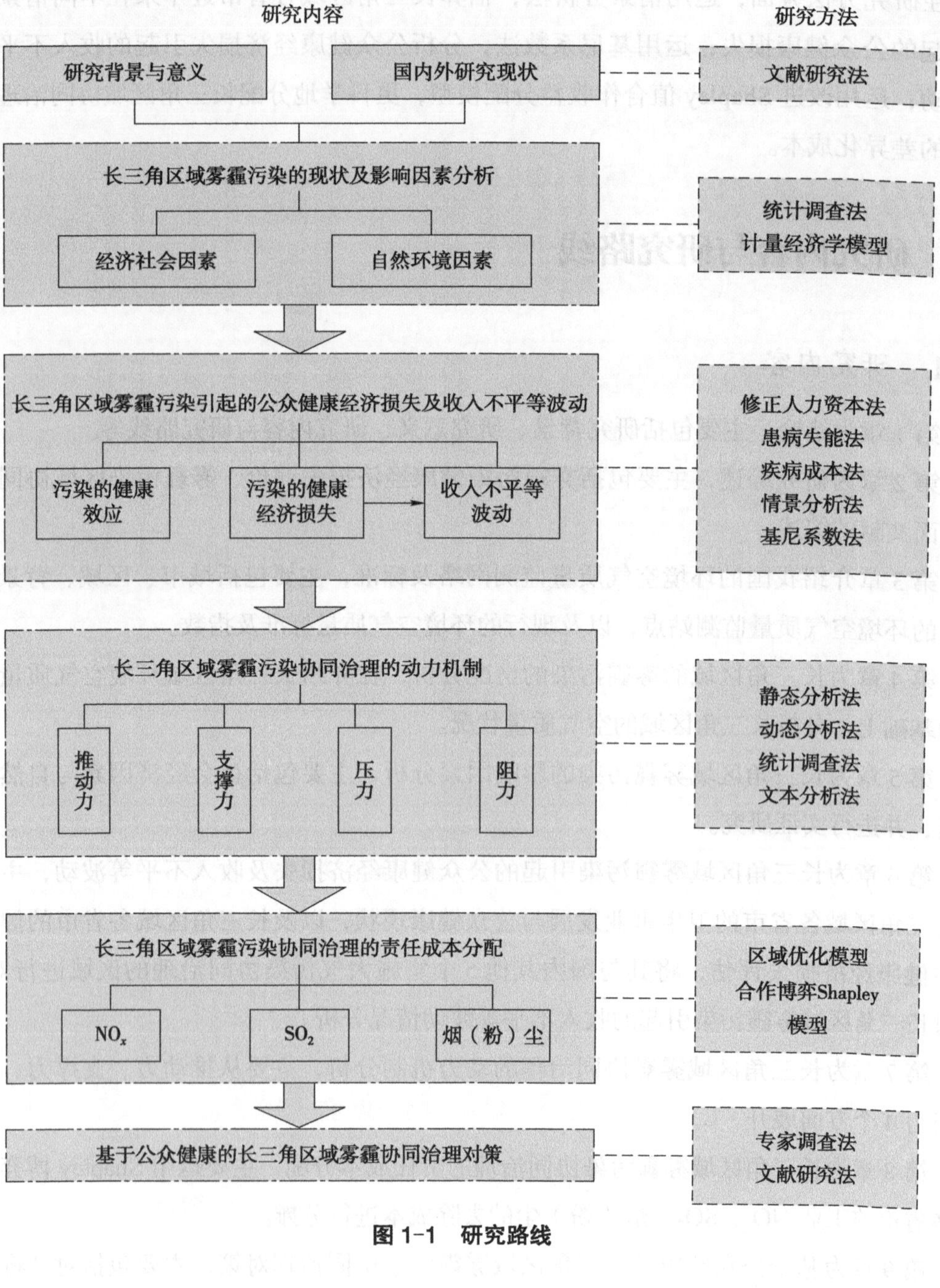

图 1-1 研究路线

第 2 章

研究综述

2.1 雾霾污染健康经济损失评价的相关研究

改革开放以来，尤其是21世纪以来，我国经济发展突飞猛进，取得了举世瞩目的成就，但同时付出了极大的环境代价。环境质量尤其是空气质量下降明显，雾霾天气常态化，由此造成的影响引起全世界关注；同时，随着人民生活水平提高，公众的健康需求日益增加，2016年，中共中央、国务院印发的《"健康中国2030"规划纲要》要求把公众健康摆在优先发展的战略地位，这需要加强环境污染治理才能更好地满足公众的健康需求与对美好生活的需求。虽然已经确定空气污染对公众健康有很大负面影响，但是这种健康影响需要更加深入的货币化估算才能作为环境保护措施的成本 - 效益分析基础。因此，空气污染健康影响的经济评价逐渐成为热点 [2]。

空气污染的健康经济损失评价与低碳经济、环境经济、环境评价、环境健康等研究紧密关联，反映了该领域学科交叉的特点。为了掌握其研究动态，本书基于Elsevier Science、CNKI数据库，使用空气污染（Air Pollution）、经济损失（Economic Cost）为关键词，撷取了1999—2020年国内外环境科学、经济学、公共卫生学等领域部分有影响力的文献，从空气污染健康经济损失的评价对象、评价方法、空气污染因子3个方面对文献进行系统分析，以期为开阔研究视野、提升研究水平提供重要参考。

大部分空气污染物是经济发展的副产品。随着工业化的推进，空气污染大规模出现。近年来的环境流行病学及环境毒理学研究已证实，长期或短期暴露于污染（尤其是重污染）空气中，会造成人体的心血管、呼吸、神经和免疫系统疾病，甚至致人早逝 [3-7]，而且空气污染与癌症和出生缺陷的发生也呈显著正相关 [8-11]。这些疾病与早逝不但给个人和家庭带来痛苦，也导致整个社会遭受经济损失。综观全球，现阶段空气污染造成的健康危害较1990年之前大幅增加，主要原因在于东南亚等人口稠密地区的空气污染较为严重 [12-15]。研究表明，2016年，我国伤残调整寿命年（Disability-Adjusted of Life Years，DALY）高达 $15\ 562.9 \times 10^4$ 人年（由代谢、环境和行为三大类危险因素导致），其中受空气污染影响的比例占9.3%[16]。发达国家相较我国对空气污染健康经济损失评价的研究开展较早。本研究将从研究对象、研究方法、空气污染因子选择3个方面综述中外相关文献的研究进展。

2.1.1 研究对象

根据研究对象不同，空气污染的健康经济损失评价可分为国家层面、多个城市层面、单一城市层面。

2.1.1.1 国家层面

世界卫生组织（WHO）在2011年的报告中指出，全球每年约有130×10^4人死于空气污染[17]。美国国家环境保护局估计，在颁布《清洁空气法》后，1990—2010年美国由于居民健康状况和生态环境改善而获得的经济效益达6×10^8～50×10^8美元，其中大部分可归因为空气污染相关的死亡人数的减少[18]。新加坡1999年由于PM_{10}造成的健康经济损失占当年GDP的4.31%[19]。对瑞士、法国、奥地利等国家的研究发现，空气污染与人群的发病、死亡均显著相关[20]。将样本国家扩大到法国、西班牙、英国、丹麦、德国、瑞士、捷克共和国、匈牙利和波兰后，通过问卷调查法估算出整个欧洲的生命年货币价值（Monetary Value of a Life Year，MVOLY）为40 000欧元［95%CI（置信区间）为25 000～100 000欧元］[21]。

《大气污染防治行动计划》（以下简称“大气十条”）实施以前，因空气污染较严重，我国成为一些重要国际机构与学者研究的热点地区。研究指出，2017年我国每10×10^4人中有161人死于空气污染，男性的死亡率与死亡人数均大于女性[22]。一些研究机构与学者估计了我国1997年以后由于空气污染造成的早逝与患病经济损失，占当年GDP的1%～6%[23-26]。由于每年的空气污染程度、社会经济发展不同，造成每年的健康经济损失也有较大差异。2004年的早逝及患病损失高达$1\,703 \times 10^8$元[27]，2005年仅早逝导致的直接福利损失高达420×10^8美元[23]，2010年约120×10^4人早逝，导致的伤残调整寿命年损失超过$2\,500 \times 10^4$年，疾病负担增加了33%[28]。

不同国家的健康损失有较大差异，主要是因为这些研究选择的研究方法、基准年、暴露人群、暴露反应系数、污染因子阈值、健康终端等不同。

2.1.1.2 多个城市层面

研究多个样本城市空气污染造成的健康经济损失具有普遍性意义。美国也曾经历较严重的空气污染，对哈佛六城市的研究发现，空气污染能显著增加人群的发病与死亡风险[29]。对美国51个大城市中211个地区的研究发现，$\rho(PM_{2.5})$年均值每降低10 μg/m³，人群期望寿命增加（0.61 ± 0.20）年[30]。对美国2000—2007年545个县的研究发现，$\rho(PM_{2.5})$年均值每降低10 μg/m³，人群期望寿命增加（0.35 ± 0.16）年，人口密度较大的城市人群期望寿命增加更为显著[31]。这些差异产生的主要原因是设计与研究方法、人群特征、季节、暴露水平等不同。1994年，法国奥弗涅—罗讷—阿尔卑斯大区里昂等城市居民患空气污染所致呼吸系统疾病的支出高达0.79×10^8～1.35×10^8法郎，其中，药物支出占44%，误工损失占38%[32]。西班牙巴塞罗那大都市区的$\rho(PM_{10})$约为50 μg/m³，若能降至世界卫生组织的推荐标准值（20 μg/m³），每年将有约64×10^8欧元的收益[33]。

我国有三大世界级城市群，分别为京津冀城市群、长三角城市群与珠三角城市群，其中京津冀城市群的大气污染最严重，也是研究的重点区域。2013 年 1 月我国发生大面积雾霾事件，京津冀城市群中有 12 个城市因 $PM_{2.5}$ 污染付出了严重的公共健康代价，造成 2 724 人早逝，其中，因心血管系统疾病早逝 1 878 人，因呼吸系统疾病早逝 846 人[34]；另外，此次雾霾对东部地区也造成严重影响，东部地区急 / 门诊的经济损失占总直接损失的 98%[35]。2013 年，京津冀城市群民用源煤炭燃烧对 $PM_{2.5}$ 的贡献为 30%[36]，冬季取暖时则升至 48%，若有 315×10^4 户散煤用户改为电力取暖，北京市、天津市、河北省 $\rho(PM_{2.5})$ 分别可降低 5.4 μg/m^3、5.6 μg/m^3、2 μg/m^3，产生的总健康效益可达 352.34×10^8 元[37]。我国淮河以北集中供暖消耗的大量煤炭造成居民健康损失，据测算 $\rho(PM_{10})$ 每升高 10 μg/m^3，居民的预期寿命减少 0.64 年（95%CI 为 0.21～1.07 年）[38]。长三角城市群冬季主要污染物为 $PM_{2.5}$ 与 NH_3，夏季主要污染物为 SO_2 与 NO_x[39]。长三角城市群与珠三角城市群的污染程度相对较轻，健康经济损失也比京津冀城市群小。国内多城市层面空气污染的健康经济损失如表 2-1 所示。

表 2-1　国内多城市层面空气污染的健康经济损失研究

地区	评价时间	污染物	基准值 /（μg/m^3）	健康损失 / 10^4 人	经济损失 / 10^8 元	占 GDP 比重 /%	资料来源
京津冀城市群	2013 年	$PM_{2.5}$	35	525.3（267.2～731.9）	1 342.9（1 068.5～1 598.2）	2.16（1.72～2.58）	吕铃钥、李洪远[40]
		PM_{10}	70	535.3（287.3～741.2）	1 399.3（1 237.1～1 553.1）	2.26（1.99～2.50）	
珠三角城市群	2006 年	PM_{10}	0	91.70（45.71～135.12）	292.14（95.52～450.13）	1.35（0.44～2.08）	HUANG 等[41]
113 个城市	2006 年	PM_{10}	15	827.23（134.5～1 470.67）	3 414.03（1 881.88～4 694.02）	—	陈仁杰等[42]
62 个城市	2015 年	$PM_{2.5}$	35	1 034.61（477.04～1 543.11）	5 705.57（1 930.82～8 742.14）	1.53（0.52～2.35）	李惠娟等[43]

注：括号中数值为 95%CI 的估算值。

2.1.1.3　单一城市层面

不论对于哪个国家，大城市、重点城市常获得更多关注。对美国加利福尼亚南海岸盆地 1989 年和 2008 年空气质量效益进行评估发现，随着时间推移及污染治理，颗粒物与 O_3 浓度降低后人群的暴露风险减少[44]。澳大利亚悉尼市的 $\rho(PM_{2.5})$ 与 $\rho(O_3)$ 均处于相对较低水平，但如果能进一步降低，即便少量降低也将产生一系列健康收益。据估算，悉尼市$\rho(PM_{2.5})$若在2007年的基础上降低10%并持续10年以上，将减少早逝650例，增加生命年3 500年，并减少700例呼吸及心脑血管疾病就诊人次[45]。印度的那格浦尔（Nagpur）2013年$\rho(PM_{2.5})$较高，造成3 300人早逝，伤残调整寿命年达9 100年，经济损失约22×10^8美元[46]。

北京市大气污染较严重。2013年1月北京市雾霾重污染期间，较高的$\rho(PM_{2.5})$暴露造成早逝约201例、呼吸系统疾病住院1 056例、心血管疾病住院545例，健康经济损失高达4.89×10^8元[47]。通过对2012年北京市16个市辖区的研究发现，$PM_{2.5}$造成的健康经济损失占GDP的0.3%～0.9%，其中早逝的损失占全部经济损失的80%[48]。兰州市是我国空气污染较严重的城市，对兰州市实施能源改造后可减少健康经济损失4.86×10^8元，占GDP比重可降低0.4%[49]。

较小的时间尺度容易忽略污染物对健康影响的滞后效应，连续若干年的研究则能反映某城市的健康经济损失动态变化情况。对比兰州市2002—2009年因PM_{10}造成的影响发现，健康经济损失在2002年最低，但其占GDP的比重最高；2009年的健康经济损失最高，2008年的健康经济损失占GDP比重最低[50]。对西安市2014—2016年冬季$PM_{2.5}$健康损害价值评估的研究发现，健康经济损失与$PM_{2.5}$浓度呈正相关，3年内的健康经济损失呈先降后升的特征[51]。郑州市在2014—2016年的健康经济损失呈先升后降的特征，但空气污染依然严峻，对公众的健康损害依然较大[52]。上海市$\rho(PM_{2.5})$年均值未达到《环境空气质量标准》（GB 3095—2012）二级标准限值（35 μg/m³），若上海市能加大$PM_{2.5}$污染治理力度并使其浓度达到二级标准，则可以有效降低健康经济损失。我国各城市健康经济损失动态变化情况具体如表2-2所示。

表2-2 我国各城市健康经济损失动态变化情况

城市	评价时间	基准年	污染物	浓度阈值/（μg/m³）	健康损失/10^4人	经济损失/10^8元	占GDP比重/%	资料来源
兰州市	2002—2009年	2002年	PM_{10}	20	—	12.1～16.6（2002年最低，2009年最高）	1.6～3.1（2002年最高，2008年最低）	侯青等[50]
西安市	2014—2016年	2014年	$PM_{2.5}$	75（24 h）	107.13（64.64～138.58） 43.83（24.68～59.99） 101.95（61.14～132.45）	335.23（249.61～369.75） 211.05（135.60～268.80） 371.32（272.46～411.64）	6.10（4.54～6.73） 3.64（2.34～4.63） 5.91（4.34～6.55）	魏国茹等[51]

续表

城市	评价时间	基准年	污染物	浓度阈值 / (μg/m^3)	健康损失 / 10^4 人	经济损失 / 10^8 元	占 GDP 比重 / %	资料来源
郑州市	2014—2016 年	2014 年	PM_{10}	70	35.7 (19.1～50.0) 45.9 (24.9～63.5) 37.2 (19.8～52.4)	181.8 (150.4～211.2) 242.5 (202.5～279.4) 206.2 (173.3～239.2)	2.7 (2.2～3.1) 3.3 (2.8～3.8) 2.5 (2.1～2.9)	韩士杰等 [52]
郑州市	2014—2016 年	2014 年	$PM_{2.5}$	35	35.4 (18.3～49.9) 41.3 (21.5～57.8) 31.4 (16.0～44.9)	178.8 (143.7～211.6) 216.5 (174.6～255.3) 172.5 (137.8～205.5)	2.6 (2.1～3.1) 3.0 (2.4～3.5) 2.1 (1.7～2.5)	韩士杰等 [52]
上海市	2010—2012 年	2010 年	$PM_{2.5}$	35	—	(2.166～13.29)	—	Voorhees A S et al. [53]

注：括号中数值为 95%CI 的估算值。

2.1.2 研究方法

评价中经常采用的方法有人力资本法、修正人力资本法、患病失能法、支付意愿法、疾病成本法、统计寿命价值法（Value of a Statistical Life，VSL）、情景分析法等。

由于人力资本法存在伦理道德缺陷，因此被修正。修正人力资本法不需要考虑个体价值的差异 [54]。慢性阻塞性肺病与空气污染所致其他疾病对患者造成的痛苦有较大差异，因此应单独使用患病失能法估计，而不能与其他疾病采用同一种方法，以免低估健康经济损失 [25]。支付意愿法是调查居民对未来疾病或死亡的支付意愿，是一种事前估计与预测的方法，但是该方法可能会高估损失。因各城市的经济社会、人文环境、生态环境等不同，收集高质量资料的成本较高，我国仅对部分城市（如兰州市、重庆市、天津市、上海市、北京市等）居民进行过调查，居民的支付意愿千差万别，调研结果仅适用于小范围研究。统计寿命价值法是基于个体对死亡风险与财富之间的权衡，在发达国家应用较广泛，但对于是否存在“老年折扣”（老年人的统计寿命价值较低）的现象还未形成统一的结论 [55]。疾病成本法则是一种事后计算方法，该方法以已发生的医疗费用、收入损失等为标准，更加接近现实支出。随着卫生统计数据质量的提高与进一步公开，疾病成本法的估算结果将更加可靠。各研究方法的优缺点如表 2-3 所示。

表 2-3 各研究方法的优缺点

评价方法	优点	缺点
人力资本法	能够从个体收入角度考察空气污染给劳动者资本造成的损失	忽略了人群健康状况的概率分析；忽视了非劳动力人群，如老人、小孩、病人等，而他们往往是空气污染的敏感人群
修正人力资本法	不需要考虑个体价值的差异，避免了社会伦理问题	可能存在较大的区域差异
疾病成本法	易于理解，计算相对简单，更加接近现实	难以充分反映某些复杂慢性疾病的经济损失，可能造成低估
患病失能法	比较全面反映个别慢性疾病的经济损失	需要单独进行计算
支付意愿法	能够反映被测量人群的个人意愿与偏好，相对全面反映由于疾病或早逝带给个人的经济损失与痛苦等身心创伤负效用	调查过程需要耗费相当的人力、物力、财力，调查结果可能存在不可靠性；被调查区域差别较大，不足以将一次调查结果广泛应用

情景分析法在研究中主要采用两种方法，一种是预测排放量，即运用大气化学等知识，根据相关的排放预测模型，得出未来污染物的排放量及相应浓度再进行测算，部分研究已延伸至2050年。Selin等[56]运用MIT的排放预测和政策分析模型，结合预测未来排放量的全球气候变化对流层化学模型以及联合国政府间气候变化专门委员会（IPCC）的报告，运用情景分析法评价了全球16个国家O_3污染导致的健康损害及其经济影响，结果表明，2050年O_3污染导致的健康损失可达$5\,800\times10^8$美元，占世界GDP总值的0.4%，其中40%的损失是由累积的经济负担所致，急性暴露的死亡人数超过200×10^4人。Matus等[25]也运用MIT的排放预测和政策分析模型，估算出2005年我国PM污染物和O_3导致的消费损失为690×10^8美元（占当年总消费额的7%），进一步设置两种较高空气质量水平的情景进行分析发现，损失情况有所改善，损失分别减少至380×10^8美元与46.6×10^8美元。另一种是不预测排放量，即以污染物浓度降低到某种限值为情景，测算经济效应变化。黄德生等[57]对京津冀地区实施空气污染治理措施后，$\rho(PM_{2.5})$年均值达到《环境空气质量标准》（GB 3095—2012）二级标准限值（35 μg/m^3）时可实现的健康效益进行了分析，结果表明，可实现的健康经济总效益相当于京津冀地区2009年GDP的1.66%～6.94%，其中河北省的总效益最大。陈仁杰等[58]估算出2013年74个环保重点城市$PM_{2.5}$污染使居民期望寿命减少了1.48年，而且通过情景分析还发现，降低$\rho(PM_{2.5})$可显著增加居民的期望寿命，当$\rho(PM_{2.5})$达到世界卫生组织的空气质量指导值（10 μg/m^3）时可使期望寿命增加1.26年。谢杨等[59]运用CGE等模型，估计出无额外空气污染控制情景下$PM_{2.5}$污染导致2020年北京市的额外健康支出为44.2×10^8元，人均劳动时间损失为81.3小时，当采取了各种终端控制措施使$\rho(PM_{2.5})$有效降低后，上述两种损失值分别降至8.8×10^8元与22.0小时。

2.1.3 空气污染因子选择

空气污染因子选择是健康经济评价中的重要组成部分。随着科技水平、环境监测水平的提高和环境流行病学、环境毒理学研究的深入，不断有新的污染因子被发现并应用于该领域。早期研究中，污染因子常选用 SO_2、TSP、NO_2、CO 等；随着科技与环境监测能力的发展，研究中污染因子常为 PM_{10}[60]。近年来，由于环境监测水平进一步提高，环境流行病学、环境毒理学研究进一步深入，发现 $PM_{2.5}$ 对健康的危害大于 PM_{10}。研究表明，颗粒物的粒径越小，其对应的数量浓度和总表面积越大，越有可能吸附更多的有害物质，因此 $PM_{0.5}$、PM_1 比 $PM_{2.5}$ 对人体健康的危害更大，造成的损失也更大[61, 62]。但由于环境监测科技水平及建站成本的限制，我国的生态环境部门还未公布 PM_1 及以下的监测数据，因此学术界还无法开展大规模的相应经济评价。目前，PM_{10} 与 $PM_{2.5}$ 是世界卫生组织推荐的最具代表性的大气污染物，全球疾病负担（GBD）研究中使用二者计算大气污染造成的疾病负担[5, 9, 63-65]。

研究发现，近地面 O_3 也是致病环境污染因子，其具有极强的氧化性，进入呼吸道即会造成伤害，可以导致肺功能下降等多种不良健康事件[66]。目前，O_3 已成为北美与欧洲最值得关注的空气污染物之一，降低其浓度可以在一定程度上减少早逝和其他疾病的发生[67]。国内对 O_3 所导致的健康损失评价较少，且集中在香港、台湾、上海、广州等地，而对污染较严重的内陆城市的研究比较匮乏[68]。目前，这种情况正在不断改变，研究人员对 O_3 的关注不断增加。曾贤刚等[69]对 2017 年全国 1 365 个监测站点的数据分析发现，O_3 在空间分布上呈明显的集聚性，估计 O_3 污染共造成我国早逝人数为 98 473 例（95%CI 为 53 419～143 292 例）。对珠三角地区多个城市的研究发现，2012 年归因于 O_3 污染的死亡人数约为 2006 年的 3 倍，并且非 $\rho(O_3)$ 峰值期的健康危害比峰值期更大[70, 71]。苏州市 10 月至翌年 3 月 $\rho(O_3)$ 与日死亡率的关系较 4—9 月更显著[72]。上海市 2008 年归因于 O_3 的健康经济损失为 32.42×10^8 元（95%CI 为 10.80×10^8～59.23×10^8 元），其中早逝损失占比为 88.12%[73]。

2.2 雾霾污染协同治理的相关研究

在实践层面，1997 年唐孝炎院士首次提出了大气复合污染的概念。2008 年为迎接北京奥运会，对北京市的空气质量提出更高要求，研究者通过空气污染的传输途径提出空气污染需要协同治理，并且得到了宝贵的治理经验。2013 年 9 月，国务院颁布了“大气十条”，作为全国空气污染协同治理的行动指南。“大气十条”提出要建立区域协作机制，统筹区域环境治理，加强对人口密集和重点区域的空气污染治理，抓住以 $PM_{2.5}$ 为主的空气污染治理方向，构建对各省（区、市）的空气污染协同治理的目标责任考核体系[74]。2015 年 8 月，新修订的《中华人民共和国大气污染防治法》第五章专门对重点区域内的空气污染协同治理进行部署，指出国家要建立重点区域空气污染协同治理机制，统筹协调重点区域内空气污染协同治理的工作[75]。

2018 年 7 月，国务院印发《打赢蓝天保卫战三年行动计划》，以京津冀及周边地区、长三角地区、汾渭平原等重点区域为主战场，全面优化产业、能源、运输、用地结构，强化区域之间的协同治理和对重污染天气应对，进一步降低 $PM_{2.5}$ 浓度，明显减少重污染天数，改善空气环境质量，增强人们的幸福感[76]。2020 年 10 月，党的十九届五中全会通过了《中共中央关于制定国民经济和社会发展第十四个五年规划和二〇三五年远景目标的建议》，强调要持续改善空气质量，增强全社会空气污染协同治理意识，打好空气污染防治攻坚战。要继续开展空气污染防治行动，建立地上、地下的空气污染协同治理机制，强化空气污染物协同控制和区域协同治理，加强 $PM_{2.5}$ 和 O_3 协同控制，基本消除重污染天气，如图 2-1 所示。

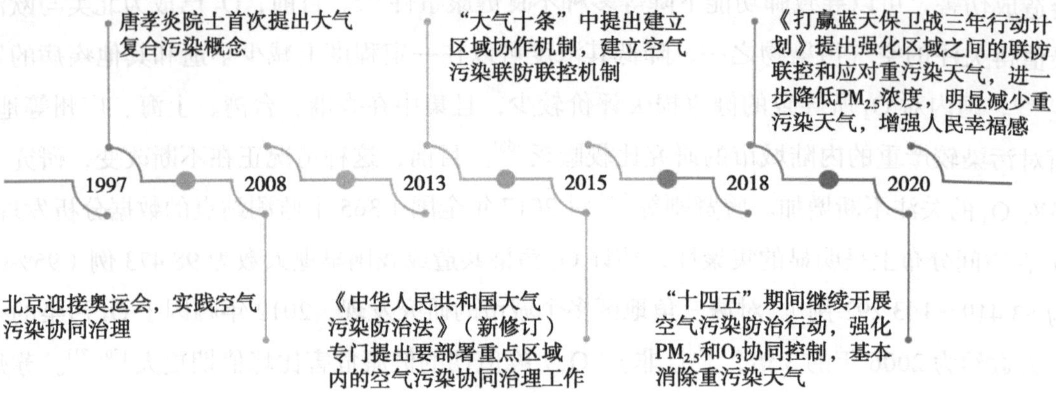

图 2-1　雾霾污染协同治理时间轴

在理论研究层面，魏巍贤等[77]认为中国空气污染的来源主要有三个方面：以化石能源为主的重工业的快速发展带来的经济增长；对于空气污染排放指标过低，奖励机制不到位致使空气污染治理力度不到位；长期空气污染破坏生态环境的循环功能，不能进行自我修复。空气污染具有较强的外溢性、复合性，存在明显的输送和扩散效应，因此，仅依靠属地治理难以收到改善空气污染之效，这就意味着各自为政的空气污染治理方式已经逐步失效，只有打破行政边界，通过区域之间的协同治理才能更加有效地改善我国整体空气污染情况。贺璇和王冰[78]的研究表明：不同区域内部对于空气污染的承受能力以及对空气污染治理方式存在不同；区域之间的协同治理会转移支付中央财政，违背了市场原则，同时寻租等低效率问题也会随之产生。

郭施宏和齐晔[79]认为打破行政边界的地方政府之间所形成的协同治理是实现空气污染协同治理的前提，从而达到空气污染协同治理中的利益协调、信息共享、制度保障。另外，杨骞等[80]认为，因为参与空气污染区域协同治理的政府之间基本上以平级关系居多，在空气污染源难以界定时，各个政府都有"搭便车"的倾向，阻碍区域协同治理的顺利开展。胡一凡[81]以协同治理理论为基础，对京津冀空气污染协同治理进行实践，分析空气污染的成因，并指出消除京津冀空气污染协同治理的困境需要中央和地方政府间的清晰权限划分、有效沟通协调、完善收益分配和风险分担机制、构建选择性激励机制等举措。周林意[82]分析目前长三角区域在空气污染协同治理方面的问题，从制度框架、区域空气质量标准、区域空气污染治理执法力度三个方面提出相关建议。景熠等[83]以成渝地区和珠三角地区为研究对象，从结构方程模型中得出空气污染协同治理能力受到上级政府的支持、大众的信任度、空气污染治理能力、预期效益、公众的支持的显著影响，并对推进区域空气污染协同治理的进程，以及构建常态化的协同治理机制具有理论指导意义和实践意义。部分学者的主要观点见表 2-4。

表 2-4　国内空气污染协同治理主要研究观点

作者	期刊名称	发表刊期	主要观点
魏巍贤、马喜立、李鹏等	《中国人口·资源与环境》	2016 年第 26 卷第 5 期	我国空气污染的来源主要有三个方面：一是以化石能源为主的重工业的快速发展带来的经济增长；二是对于空气污染排放指标过低，奖励机制不到位致使空气污染治理力度不到位；三是长期空气污染破坏生态环境的循环功能，不能进行自我修复
贺璇、王冰	《东北大学学报（社会科学版）》	2016 年第 18 卷第 1 期	不同区域内部对于空气污染的承受能力以及对空气污染治理方式存在不同；区域之间的协同治理会转移支付中央财政，违背市场原则，同时寻租等低效率问题也会随之产生
郭施宏、齐晔	《中国特色社会主义研究》	2016 年第 3 期	打破行政边界的地方政府之间所形成的协同治理组织是实现空气污染协同治理的前提，从而达到空气污染协同治理中的利益协调、信息共享、制度保障
杨骞、王弘儒、刘华军	《城市与环境研究》	2016 年第 4 期	参与空气污染区域协同治理的政府之间基本上以平级关系居多，在空气污染源难以界定时，各个政府都有"搭便车"的倾向，阻碍区域协同治理的顺利开展
周林意	《宁波经济（三江论坛）》	2019 年第 4 期	分析目前长三角区域在空气污染协同治理方面的问题，从制度框架、区域空气质量标准、区域空气污染治理执法力度三个方面提出相关建议

续表

作者	期刊名称	发表刊期	主要观点
景熠、敬爽、代应	《生态经济》	2019 年第 35 卷第 8 期	从结构方程模型中得出空气污染协同治理能力受到上级政府的支持、大众的信任度、空气污染治理能力、预期效益、公众的支持的显著影响
胡一凡	《大连理工大学学报（社会科学版）》	2020 年第 41 卷第 2 期	指出消除京津冀空气污染协同治理的困境需要中央和地方政府之间的清晰权限划分、有效沟通协调、完善收益分配和风险分担机制、构建选择性激励机制等举措

2.3 基于 CiteSpace 的雾霾污染协同治理的文献计量分析

2.3.1 研究方法及资料来源

文献计量学是以文献体系和文献计量特征为研究对象，采用数学、统计学等计量方法研究相关文献的分布结构、数量关系、变化规律和定量分析，并科学探讨有关研究内容的特征和规律的一门学科 [84]。随着 CiteSpace 知识图谱可视化分析的兴起，文献计量学常常与可视化分析相结合，用来预测学科或者研究领域的未来趋势，挖掘前沿与热点，对该领域进行研究的学者作出分析，或者从关键词、机构的情况分析未来发展的趋势以及特点。

CiteSpace 知识图谱是由陈超美教授开发，用来分析、挖掘以及进行文献可视化的应用软件，可以直观地展示研究领域的演化过程 [85, 86]。这里使用 CiteSpace 5.7.R5W 版本进行数据处理。

文献数据主要来自中国知网数据库。综合考量文献的质量、数量以及覆盖率，本书在知网中通过精确关键词和粗略关键词二者结合进行检索，如表 2-5 所示，选择时间跨度为 2001—2020 年，来源类别选择“核心期刊”“CSSCI 期刊”，共检索到相关结果文献 741 篇，由于关键词之间存在部分重叠现象，因此对检索结果进行去重，删除无用条目后最终得到与空气污染协同治理相关性较强的文献 462 篇。

表 2-5 关键词检索

关键词（精确）	关键词（模糊）	关键词（精确）	关键词（模糊）
大气污染	协同	SO_2	协同
	合作		合作
	区域		区域

续表

关键词（精确）	关键词（模糊）	关键词（精确）	关键词（模糊）
大气污染	联防	SO_2	联防
	京津冀区域		京津冀区域
	长三角区域		长三角区域
	珠三角区域		珠三角区域
空气污染	协同	CO	协同
	合作		合作
	区域		区域
	联防		联防
	京津冀区域		京津冀区域
	长三角区域		长三角区域
	珠三角区域		珠三角区域
雾霾	协同	NO_x	协同
	合作		合作
	区域		联防
	联防		区域
	京津冀区域		京津冀区域
	长三角区域		长三角区域
	珠三角区域		珠三角区域
$PM_{2.5}$	协同	O_3	协同
	合作		合作
	区域		区域
	联防		联防
	京津冀区域		京津冀区域
	长三角区域		长三角区域
	珠三角区域		珠三角区域

将 462 篇文献以 RefWorks 格式导出，并命名为 download_1.txt，最后导入 CiteSpace 软件进行数据处理。利用 CiteSpace 5.7.R5W 软件中的关键词、作者、机构共现功能模块对国内空气污染协同治理的相关文献进行分析。参数选取默认 Top 50 per slice，根据知网数据库筛选的文献时间跨度为 20 年（2001—2020 年），时间切面（Year Per Slice）均为 1，使用 Pruning 中的 Pathfinder 和 Pruning Sliced Networks，生成共现和聚类图谱。

2.3.2 文献产出时间

空气污染协同治理年度发文量情况如图 2-2 所示。从图 2-2 中可以看出我国空气污染协同治理的文献量经历了缓慢增长（2001—2013 年）、快速增长（2014—2017 年）、波动发展（2018—2020 年）3 个阶段。

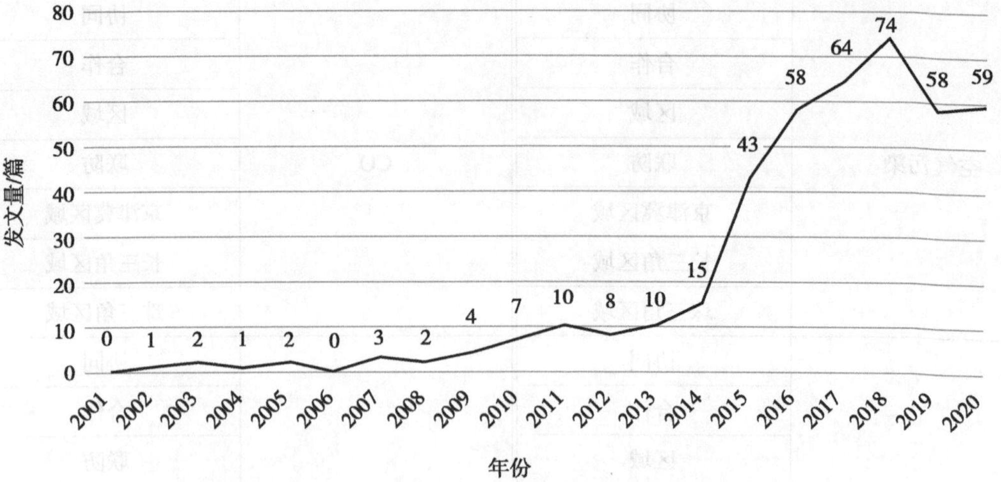

图 2-2 2001—2020 年空气污染协同治理文献的时间分布

第一阶段（2001—2013 年），我国空气污染协同治理研究处于缓慢增长阶段。“十一五”规划提出了跨省（区、市）的空气污染治理合作机制，2008 年北京空气质量得到改善表明建立区域空气污染协同治理机制具有有效性，2010 年《国务院办公厅转发环境保护部等部门关于推进大气污染联防联控工作改善区域空气质量指导意见的通知》发布后，学者对于空气污染协同治理有了较为清晰的认知。

第二阶段（2014—2017 年），空气污染协同治理快速增长阶段。2013 年 9 月 10 日，国务院印发“大气十条”，文件中明确提出要建立空气污染区域协作机制，统筹区域空气污染治理，研究方向聚焦到空气污染协同治理方面。

第三阶段（2018—2020 年），整体上处于波动发展阶段。2018 年 7 月 3 日，国务院公开发布《打赢蓝天保卫战三年行动计划》，要求强化空气污染的联防联控，有效应对重污染，对于空气污染协同治理提出更高要求，研究的难度相对增加，期刊发文的要求也在提高；而且 2020 年全国着重于应对新冠疫情，对于空气污染协同治理方面的研究略有减少。

2.3.3 发文作者与机构的合作关系

2.3.3.1 发文作者分析

利用 CiteSpace 中的 Author 功能对发文作者进行分析，得到发文作者的图谱，如图 2-3 所示，以分析发文作者之间的合作关系。图 2-3 中的节点通过线条的粗细程度反映作者出现的频次，连接线段颜色的深浅程度反映了各个发文作者之间的合作程度，颜色越深说明合作程度越大。图中共有 383 个节点，连接线 507 条，网络密度 0.006 9。

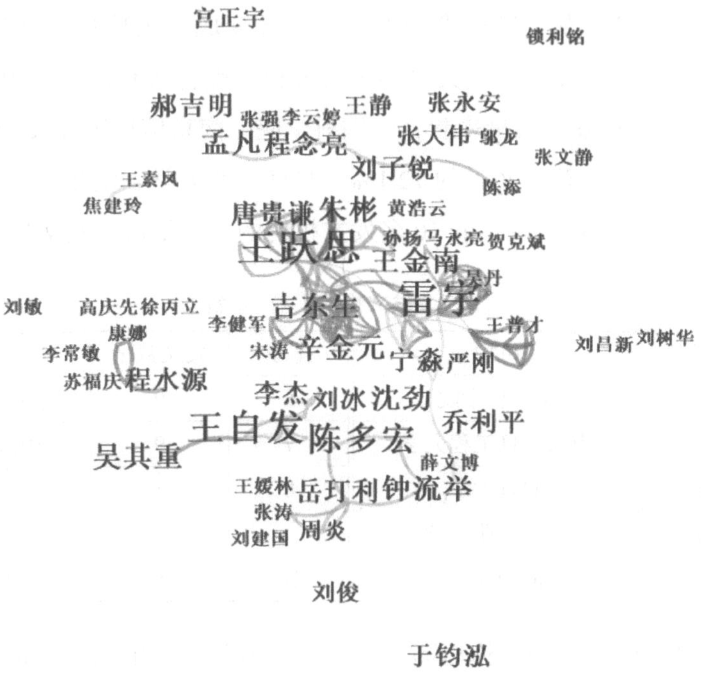

图 2-3 2001—2020 年空气污染协同治理作者研究图谱

发文前 10 名的作者统计情况如表 2-6 所示，雷宇、王跃思为发文量最多的作者，分别为 11 篇和 10 篇；王自发、陈多宏次之，发文量为 9 篇和 7 篇；有 6 位作者发文量为 5 篇，11 位作者发文量为 4 篇，共占总体发文量的 20%，他们成为空气污染协同治理的核心作者群，为空气污染协同治理的相关研究做出了较大贡献。从图 2-3 中可以发现王跃思和雷宇这两位作者之间有所合作，而王自发与排名前两位的发文作者并没有合作，与其他作者之间有合作；发文量较少的作者之间的合作不是很集中，整个合作网络中空气污染协同治理研究团队呈现小集中、大分散的布局，进一步研究文献会发现协同治理已经成为核心作者群的研究热点；另外在空气污染协同治理领域，核心作者群的集中程度有待进一步提高，研究内容需要进一步深入并与实践相结合。

表 2-6 发文作者（前 10 名）

排序	发文数量	作者	排序	发文数量	作者
1	11	雷宇	6	5	朱彬
2	10	王跃思	7	5	孟凡
3	9	王自发	8	5	吉东生
4	7	陈多宏	9	5	吴其重
5	5	辛金元	10	5	沈劲

2.3.3.2 发文机构分析

对基于 462 篇文献的发文机构进行处理，全部变成一级单位。运用 CiteSpace 中的 Institution 功能，对 462 篇文献的发文机构进行分析，整合所有机构后得到主要发文机构前 10 名（表 2-7）。根据发文数量来看，中国科学院、南京信息工程大学、北京大学排名前 3，发文量共 56 篇，占总发文量的 12.1%；北京工业大学、清华大学、广东省生态环境监测中心等发文机构紧随其后，前 10 名发文机构的发文量占总发文量的 25.5%。

表 2-7 发文机构（前 10 名）

排序	发文数量	机构	排序	发文数量	机构
1	29	中国科学院	6	9	广东省生态环境监测中心
2	16	南京信息工程大学	7	9	中国环境监测总站
3	11	北京大学	8	8	南京大学
4	10	北京工业大学	9	8	南开大学
5	10	清华大学	10	8	中央财经大学

研究空气污染协同治理的机构以高校和研究院所为主，中国科学院及其下属研究院所对于空气污染以及大气物理研究颇多，深入分析空气污染形成原因以及区域传输；南京信息工程大学与中国气象局共建合作，而南京大学是长三角区域研究型大学联盟中的重要成员，南京高校对长三角区域空气污染协同治理研究比较多且深入；北京及周边地区高校关于空气污染的发文量较多，由于北方空气污染较严重，京津冀地区又是我国空气污染协同治理率先开展的区域，因此相关高校联合中国科学院、中国环境科学研究院等研究机构对于空气污染形成以及传输进行深入分析，发文量较多；随着我国对空气污染治理的重视程度加深，广东等重点地区对于空气污染协同治理的研究程度也越来越深，发文量也在不断上升。

2.3.3.3 发文作者与机构合作分析

图 2-4 显示了发文作者与机构之间的合作关系，作者与作者、作者与机构、机构与机构之间的合作都可以通过图 2-4 展示出来。

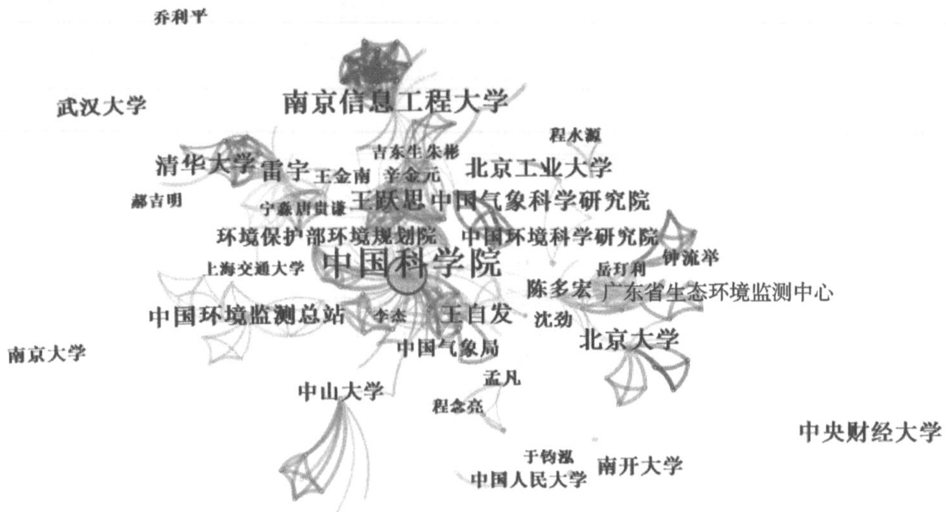

图 2-4　作者与发文机构合作图谱

由图 2-4 可以看出，发文作者排名前 3 的分别是雷宇、王跃思、王自发，发文机构排名前 3 的分别是中国科学院、南京信息工程大学、北京大学。雷宇主要与生态环境部、中国工程院合作颇多，王自发与中国科学院、北京师范大学合作密切，王跃思与中国科学院、中国气象局、南京信息工程大学、生态环境部合作密切。中国科学院在整个空气污染协同治理方面处于核心位置，与多个作者、发文机构之间有合作，虽然雷宇发文量多于王跃思，但是王跃思的研究成果在空气污染协同治理领域更为关键。对此，需要加强作者与机构间的合作联系，针对空气污染协同治理进行深入分析，研究空气污染形成机理以及空气污染区域传输，跨区域进行空气污染协同治理研究，结合大数据下环境监测数据进行实践探究。

2.3.4 关键词分析

2.3.4.1 关键词共现分析

不同时期出现的高频关键词可以反映该时期的研究热点。在 CiteSpace 中依据 Keyword 绘制出空气污染协同治理的关键词共现图谱，如图 2-5 所示，得出空气污染协同治理的重要研究热点及方向。在 CiteSpace 中有紫色外轮廓的节点具有较高中心性，体现出该关键词在整个空气污染协同治理发展过程中具有关键作用。图中共形成了 420 个节点、831 条连线，网络密度为 0.009 4。2001—2020 年，空气污染协同治理出现的高频率关键词有大气污染、$PM_{2.5}$、京津冀、空气污染、雾霾、臭氧、区域传输、区域输送、协同治理等词语，各个关键词与其他节点关系紧密。可以看出研究脉络是从一开始针对空气污染的形成原因延升至研究区域性空气污染的协同治理。

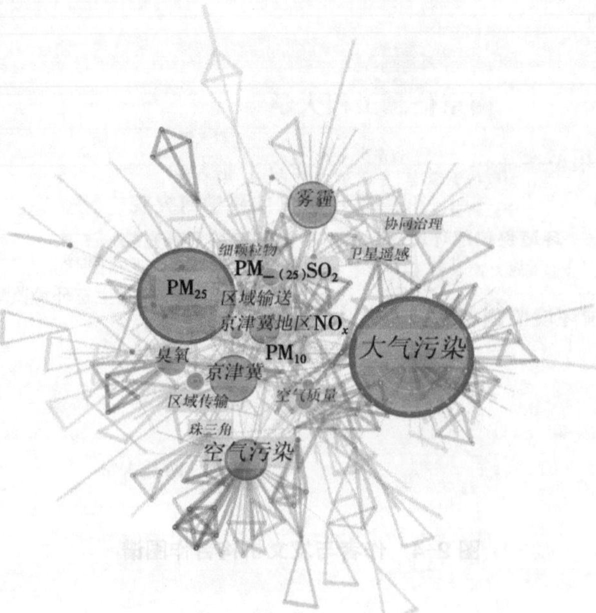

图 2-5　空气污染协同治理关键词共现图谱

结合 CiteSpace 中 Export 选项中的 Network Summary Table 得出数据如表 2-8 所示，中介中心性代表一个关键词在网络中的重要性程度，其取值一般为 0～1，本书取中心性高于 0.05 的关键词，说明其中心性较高，这样的关键词有 20 个，其中包括大气污染（177，0.76）、$PM_{2.5}$（113，0.50）、空气污染（44，0.33）、协同治理（15，0.07）等词语，说明这些关键词在合作网络中占据重要的地位，也是研究空气污染协同治理的热点及方向，从单一的对区域内部的空气污染探究形成原因到对区域及周边地区空气污染进行传输路径的探究，最后对空气污染协同治理进行实践研究。

表 2-8　空气污染协同治理关键词中介中心性

序号	关键词	频次	中心性
1	大气污染	177	0.76
2	$PM_{2.5}$	113	0.50
3	京津冀	45	0.19
4	空气污染	44	0.33
5	雾霾	40	0.19
6	臭氧	26	0.08
7	京津冀地区	24	0.16
8	区域传输	16	0.05
9	区域输送	16	0.09

续表

序号	关键词	频次	中心性
10	协同治理	15	0.07
11	空气质量	15	0.08
12	SO_2	12	0.10
13	PM_{10}	11	0.12
14	京津冀区域	7	0.06
15	NO_x	6	0.05
16	区域联防联控	6	0.05
17	重污染	6	0.05
18	时空分布	5	0.06
19	卫星遥感	5	0.06
20	数值模拟	5	0.06

2.3.4.2 关键词聚类分析

通过 CiteSpace 中的 Timeline（时间线）以及 Timezone（时区）这两个功能对空气污染协同治理的文献进行关键词聚类分析。如图 2-6 所示，通过 Timeline 可以清晰地得到各个聚类中文献的数量情况，其中包含的文献的时间跨度反映出各个聚类的时间演化特征，而且 CiteSpace 根据图谱的网络结构以及聚类情况计算出模块值（Modularity）Q 和平均轮廓值 Silhouette 两个指标用来评判绘图效果。当模块值 Q 的取值为 0.4～0.8 时符合要求；代表内部相似程度的指标 Silhouette 的取值为 0～1，数值越大，相似程度越大[87]。图谱中共有 420 个节点，831 条连线，模块值 Q 为 0.692，轮廓值 S 为 0.902 2，表明形成的聚类结构显著而且各个聚类词之间的相似度较高。

由图 2-6 可以看出，“臭氧”一词出现的时间最早，2001 年就出现了含有“臭氧”一词的第一篇参考文献，同年出现“空气污染”，到 2013 年出现“大气污染”，2009 年出现“$PM_{2.5}$”，2012 年出现“京津冀”；“区域性”一词一直存在于 2002—2020 年，说明区域之间的协同治理理念由来已久。2003 年，“卫星遥感”作为关键词出现，说明 2003 年在空气污染协同治理方面已有遥感的技术支撑，帮助重点区域协同减排。

图 2-6 在一定程度上反映了空气污染协同治理的演进过程。受到被引频次的影响，被引频次不高但中介中心性很高的热点难以体现出来，需要对于研究前沿热点的中介中间性进行更加深刻的分析。可以看出，“空气污染”在 2001 年成为热点词汇，随着研究深入，空气污染这个聚类开始趋冷，关注度降低，更多研究学者采用“大气污染”作为关键词，这与《中华人民共和国大气污染防治法》的颁布有密切联系。2008 年，“$PM_{2.5}$”成为热点词汇，和空气污染之间有紧密的联系。2013 年的“大气十条”让人们聚焦于京

津冀、长三角区域、珠三角地区的空气质量，对于区域内空气污染的产生以及传输进行分析，并推动空气污染协同治理。尤其是北京作为我国首都，空气污染严重，人们对于空气污染构成原因进行深度剖析，发现存在空气污染区域传输的问题，由此开始聚焦于京津冀地区协同推进空气污染治理，期望改善北京以及周边城市的空气状况。

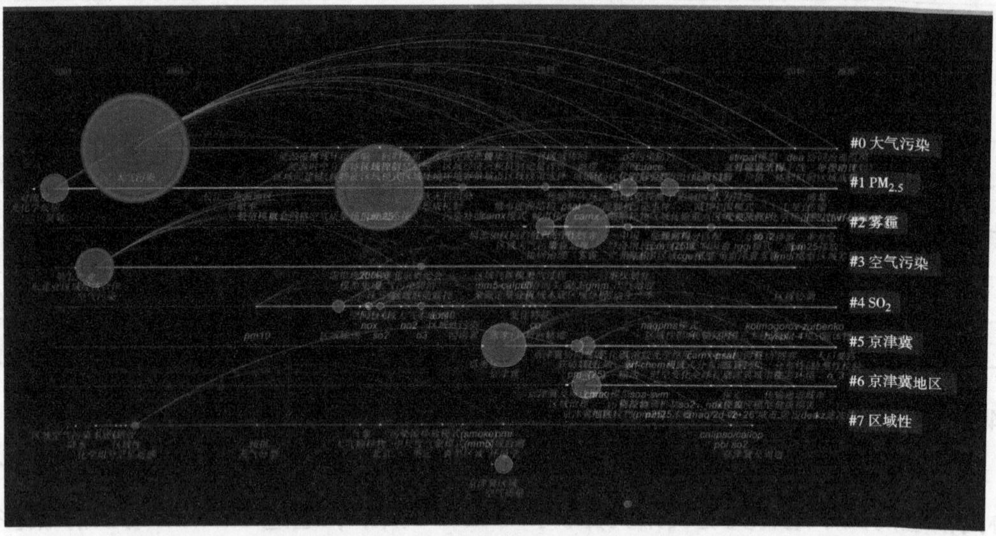

图 2-6　空气污染协同治理关键词时线图

为了考察空气污染协同治理的研究热点在不同时期的变化，基于图 2-5 和图 2-6，通过 Timezone 功能展现我国空气污染协同治理文献关键词共现的时区图谱，如图 2-7 所示，结合国内相关文献随时间变化的发表情况（图 2-2），可以得到 3 个演化阶段。

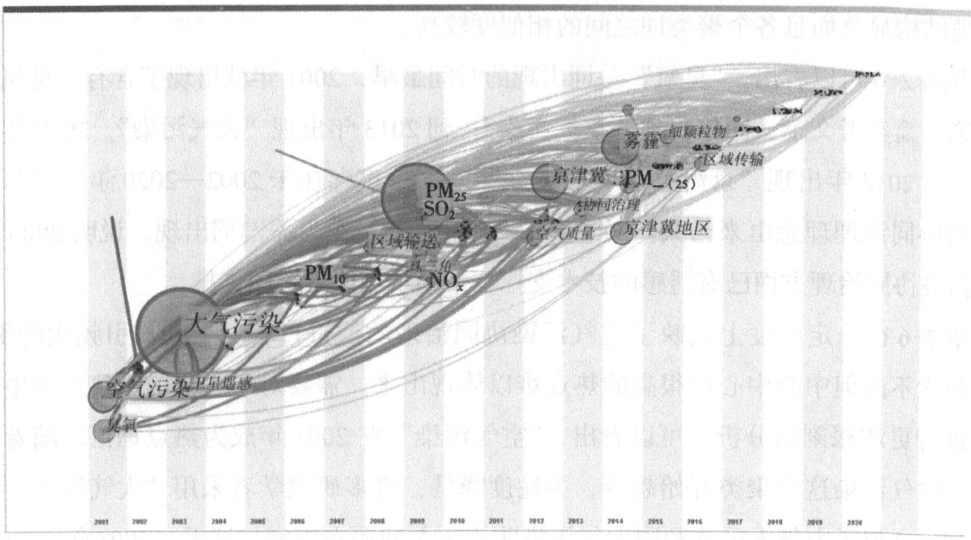

图 2-7　空气污染协同治理研究前沿时区视图

第一阶段（2001—2013 年），萌芽期。在这一时期，臭氧、空气污染、大气污染、$PM_{2.5}$、京津冀等关键词出现频率较高，研究热点从空气污染整体状况到空气污染的构成要素再到京津冀地区的空气污染问题。空气污染协同治理研究热点演进符合人们认知事物的规律，即发现问题—分析问题—解决问题。开始研究空气污染的形成原理以及特征，对于空气污染主要构成物质 $PM_{2.5}$、SO_2、PM_{10}、NO_x 等进行深入分析。2003 年，通过卫星遥感这一技术促进空气污染协同治理的进行。由于 2008 年北京奥运会，对于北京及周边城市的空气质量提出要求，学者对空气污染进行深入分析，得到空气污染具有区域性、负外部性等特点，对京津冀地区的空气污染提出了协同治理的要求。

第二阶段（2014—2017 年），快速发展期。在这一时期主要关键词有协同治理、京津冀地区、雾霾、细颗粒物、区域传输等。由于 2013 年国务院出台了“大气十条”，学者对于协同治理有了更为明确的思路，以京津冀地区空气污染协同治理为主进行了大量的研究，紧接着对重点区域和长三角区域进行研究分析，进一步探究空气污染的区域输送原理。

第三阶段（2018—2020 年），波动发展期。研究人员用各种模型对空气污染进行深入分析，研究空气污染区域分布特征，协同减排的影响以及区域之间的差异等，加大了对实际情况的关注力度，但是国内对于空气污染协同治理的研究步入了“瓶颈”期，没有关键的热点词汇的出现，研究的方向比较分散，不集中。

2.4 雾霾污染协同治理政策的量化分析

2013 年，国务院颁布了“大气十条”，本节以 2013 年为起始点，所分析的政策主要来源于北大法宝数据库、国家法律法规数据库、中国知网（CNKI）的法律法规数据库等网站。收集过程中，以“大气”“污染治理”等为关键词，发布时间区间为 2013 年 1 月 1 日至 2019 年 12 月 31 日，检索正式发布的法律法规、战略、规划、纲要、指导意见、方案、通知、公告、办法、条例等，将大气污染联合防治相关政策筛选出来。对原始数据进行整理，最终得到相关政策文件 100 篇、政策条目 278 条，然后从目标规划、综合治理、技术支撑、监管能力等方面进行量化分析[88]。

2.4.1 分析方法

2.4.1.1 *X* 维度：大气污染协同治理政策工具维度

政策工具在 20 世纪 90 年代成为西方政策科学研究的焦点之一，并发展为新的学科分支。政策工具根据具体情形、特定的标准进行分类。比如，罗斯威尔和泽格菲尔德根据政策工具的影响角度，将其划分为供给侧工具、需求侧工具和环境侧工具；麦克唐纳尔和艾莫尔根据目标将政策工具分为命令型工具、激励型工具、能力建设型工具和系统变化型工具；英格拉姆等将政策工具分为激励、能力建设、符号和规劝、学习4类。

本节的研究重点聚焦于大气污染区域协同治理相关政策所体现出的目标倾向，故而选择使用麦克唐纳尔和艾莫尔的分类方式，对所选取的100篇关于空气污染协同治理的政策文件进行分析。其中，命令型工具是指政府通过法律手段、行政手段来实现空气污染协同治理，具有强制性和针对性；激励型工具是指政府通过奖惩方式积极推动空气污染协同治理，具有明显的利益刺激；能力建设型工具是指提升技术能力改善空气污染治理，促进污染协同治理的技术创新，是空气污染治理的技术保障；系统变化型工具是指按一定秩序和内部联系组合成的有利于空气污染协同治理的工具，可以更加高效地传递污染防治信息，在协同治理互联互通中发挥关键作用。

2.4.1.2　*Y*维度：大气污染协同治理政策主题维度

大气污染区域协同治理的政策目标是提高大气质量，政策涉及治理的各个方面。为了更好地对政策进行量化，将100篇大气污染协同治理相关政策文件，根据其主题划分为目标规划、综合治理、技术支撑、监管能力4个方面，即*Y*维度，见表2-9。

表2-9　政策主题及关键词

政策主题	关键词
目标规划	目标指标、重点任务、政策措施、长期规划、制定更新淘汰标准
综合治理	机动车污染防治、秸秆利用与禁烧、工业大气污染、产业结构调整、能源结构调整、城市大气污染、运输结构调整
技术支撑	研究工作、科研创新、推行清洁技术、节能减排技术的研发与设备更新
监管能力	监测预警体系、工作机制、应急联动、评估考核、区域协作、信息共享、协同机制

2.4.1.3　二维分析框架

构建以*X*轴为政策工具、*Y*轴为政策主题的二维坐标轴，将大气污染协同治理的政策文本按照内容进行分类，如图2-8所示。

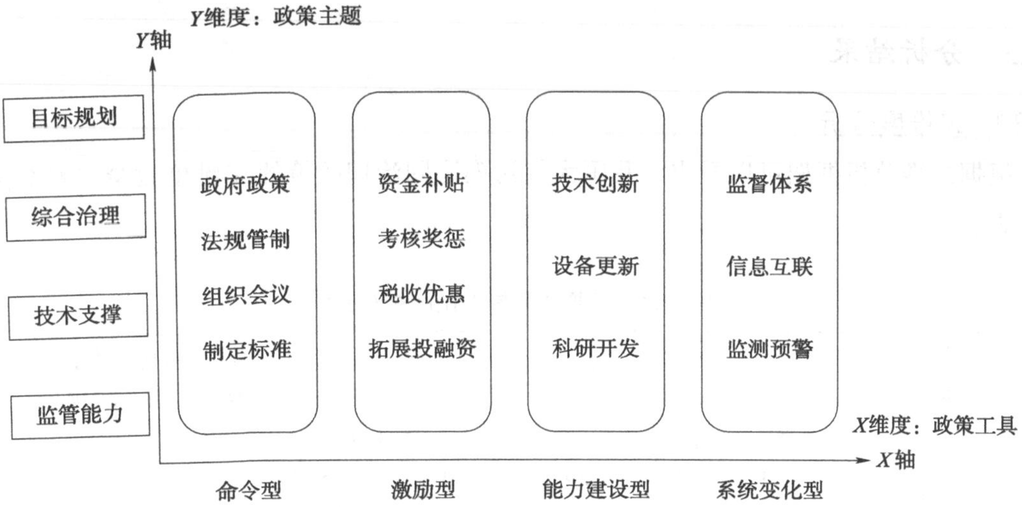

图 2-8 大气污染协同治理的二维分析框架

2.4.2 单元编码

将收集到的 100 篇政策文件进行整理，摘取关于大气污染协同治理的政策文本共计 278 项条款。对这些文本内容按照“政策编号—具体章节号—具体条款号”进行编码，以便对不同政策与条款中包含的政策工具进行更清晰的区分。内容分析单元编码见表 2-10。

表 2-10 大气污染协同治理政策文本编码

序号	政策名称	大气污染协同治理政策文本内容分析单元	政策编码	政策工具	政策主题
1	《南京市人民政府关于进一步加强工业大气污染防治及机动车污染治理的通知》	三、完善保障措施 完善联控措施。强化区域大气联防联控……	[1-3]	命令型	综合治理
2	《国务院关于印发大气污染防治行动计划的通知》	八、建立区域协作机制，统筹区域环境治理（二十六）建立区域协作机制……	[2-8-26]	系统变化型	目标规划
……	……	……	……	……	……
100	《长江三角洲区域一体化发展规划纲要》	第三章 第四节 推进跨界区域共建共享 推动省际毗邻区域协同发展……	[100-3-4]	能力建设型	监管能力
		第六章 第二节 推进环境协同防治 联合开展大气污染综合防治……	[100-6-2]	命令型	目标规划

2.4.3 分析结果

2.4.3.1 *X* 维度分析

根据二维分析框架可以看出，我国大气污染协同治理政策的 *X* 维度政策工具分配比例见表 2-11。

表 2-11 政策工具各环节的统计分析

工具类型	工具名称	条文编码	小计/项	占比/%	合计/项	占比/%
命令型	政府政策	[1-3] [3-3] [5-1-2] [15-2-2-1-4] [15-4-3-2-2] [19-5-2] [21-2] [22-1] [29-3-1] [30-1] [31-5-2] [32-2-1] [35] [36-2-1] [39-5] [42-1] [43-5-64] [45-1-3] [46-4-47] [46-4-51] [46-4-52] [47-1-3] [48] [49-2-18] [51-1-3] [54-1-3] [64-3-2] [66-3] [70-1] [80-5-71] [82-7-25] [86-1-1] [87-8-26] [89-8-26]	34	35.79	95	34.17
	法规管制	[25-5-72] [30-4-2] [59-2-8] [67-1] [67-2] [69-9] [73-3-31-3] [75-5] [76-4-11] [79-5-68] [81-4-1-17] [84-6-67] [85-7] [86-1-2-2] [86-1-3] [89-6-19] [92-4-18] [96-3-10] [97-3-10] [98-3-10]	20	21.05		
	组织会议	[8-4-4] [16-2] [41] [58-1-2-4] [61-9-69] [62-6-64] [72-9-69] [87-7-21] [89-7] [96-3-7] [97-3-7] [98-3-7]	12	12.63		
	制定标准	[8-5-1] [18-2-4] [57-1] [59-3-8] [60-4-64] [60-4-68] [61-9-70] [62-6-66] [64-1-1] [64-2-3] [65-1] [66-1] [68-6-2] [69-1-2] [71-1-1] [74-1] [76-2] [76-3-7] [77-1-1] [87-7-22] [89-4-12] [90-1] [91-1] [92-4-14] [95-2-1] [96-1] [97-1] [98-1] [100-6-2]	29	30.53		
激励型	资金补贴	[44] [67-8-1] [71-3-5] [74-3-8] [84-6-69]	5	17.86	28	10.07
	考核奖惩	[13-3] [13-4] [20-8] [27-2-5-5] [27-2-5-8] [29-3-7] [32-4-5] [34-1-5] [50-29] [50-39] [57-2] [57-3] [65-2] [66-2] [68-3-2] [71-3-3] [74-3-9] [76-4-10] [93-1-1]	19	67.86		
	税收优惠	[96-3-8] [97-3-8] [98-3-8]	3	10.71		
	拓展投融资	[8-4-5]	1	3.57		

续表

工具类型	工具名称	条文编码	小计 / 项	占比 / %	合计 / 项	占比 / %
能力建设型	技术创新	[4-2-2] [58-3-2-4] [69-2] [69-3] [69-6] [71-2-1] [71-2-2] [74-2-1] [74-2-2] [76-3-1] [76-3-2] [76-3-5] [86-1-2-1] [87-3] [87-4] [96-2-1] [96-2-2] [96-2-5] [97-2-1] [97-2-2] [97-2-5] [98-2-1] [98-2-2] [98-2-5]	24	33.33	72	25.90
	设备更新	[4-2-1] [6-2-2] [9-2-3] [11-2-39] [16-3-2] [18-2-5] [23-9-71] [40] [58-3-7-1] [59-3-1] [62-6-65] [62-6-67] [69-4] [69-5] [71-2-3] [71-2-4] [71-2-6] [71-2-7] [72-9-70] [74-2-3] [74-2-4] [74-2-5] [74-2-6] [76-3-3] [76-3-4] [76-3-8] [87-5] [87-6] [96-2-3] [96-2-4] [96-2-6] [97-2-3] [97-2-4] [97-2-6] [98-2-3] [98-2-4] [98-2-6] [100-3-4]	38	52.78		
	科研开发	[23-9-74] [26-4-2-6] [60-4-66] [61-9-73] [62-6-72] [72-9-73] [73-3-31-5] [84-6-70] [86-1-4] [87-8-29]	10	13.89		
系统变化型	监督体系	[5-3-1] [33-4] [53-3-46] [56-2-28] [58-3-7-2] [67-10] [69-8] [71-3-2] [87-7-23] [87-8-28] [96-3-12] [97-3-12] [98-3-12]	13	15.66	83	29.86
	信息互联	[4-2-6-23] [7-72] [12-6] [14-6] [15-1-5-4] [17-9] [22-2] [23-9-70] [23-9-72] [23-9-73] [24-3-31] [25-5-68] [27-2-5-3] [28-2-9] [33-1] [34-1-4] [36-2-3] [37-5] [43-5-61] [45-3-35] [46-4-48] [47-2-22] [52-5] [54-4-1] [55-2-11] [60-4-67] [61-9-72] [62-6-69] [62-6-71] [63-2-6] [69-7] [72-9-72] [73-3-31-2] [73-3-31-4] [76-3-6] [78-4-68] [78-4-69] [80-5-72] [83-4-8-1] [84-6-71]	40	48.19		
	监测预警	[2-8] [10-4-4] [38-3-7] [43-5-62] [46-4-50] [54-3-2] [59-2-7] [60-4-65] [61-9-71] [62-6-68] [62-6-70] [63-2-23] [64-3-3] [68-6-5] [71-2-8] [71-2-10] [72-9-71] [73-3-31-1] [78-4-71] [79-5-69] [84-6-68] [87-7-24] [87-8-25] [87-8-27] [88-3-2-6] [89-6-20] [89-8-25] [94-3-6] [99-4-6] [99-5-6]	30	36.14		
合计			278	—	278	100

其中，命令型政策工具占比达 34.17%，系统变化型政策工具占比为 29.86%，能力建设型政策工具占比为 25.90%，而激励型政策工具占比最少，仅有 10.07%。在命令型政策工具中，政府政策占比最高为 35.79%，制定标准占比为 30.53%，法规管制占比为 21.05%，占比最少的是组织会议，为 12.63%。在激励型政策工具中，考核奖惩占比最高，达 67.86%，资金补贴占比为 17.86%，税收优惠占比为 10.71%，而拓展投融资占比

最少，仅有3.57%。在能力建设型政策工具中，设备更新占比超过一半，为52.78%，技术创新占比为33.33%，科研开发占比为13.89%。在系统变化型政策工具中，信息互联占比接近一半，为48.19%，监测预警占比为36.14%，监督体系占比为15.66%。

由表2-11可以看出，命令型政策工具和系统变化型政策工具在大气污染协同治理中发挥关键作用，命令型政策工具运用行政手段、法律手段对大气污染进行联防联控，其中《中华人民共和国大气污染防治法》（2015年修订、2018年修订）对大气环境质量设定目标要求，并提出空气污染协同治理。对于系统变化型政策工具，在2013年“大气十条”以及2018年的《国务院关于印发打赢蓝天保卫战三年行动计划的通知》中均提出大气污染区域协作与属地管理相协调，建立区域协作机制及监测预警体系，实现信息共享互联，及时妥善处理重污染天气，强化监督考核体系，这给地方政府敲响警钟。对于能力建设型政策工具，在政策文件中多次提出应提高科技创新能力，推动清洁能源的发展，进一步减少空气污染的排放，实现节能减排的重任。激励型政策工具占比少、作用大，通过运用价格、税收、投融资等经济杠杆，借助宏观、微观相结合的方式，灵活应对空气污染协同治理带来的跨区域治理的复杂性，促使各地方政府同心协力面对大气污染。

2.4.3.2 *Y*维度分析

将我国大气污染协同治理政策主题维度作为*Y*维度，得出统计结果。其中，监管能力占比最高达35.13%，目标规划和综合治理平分秋色，分别为27.96%和29.03%，技术支撑仅占7.89%。据此，可发现监管能力发挥关键作用，监测预警体系、监督考核体系、应急联动机制等可谓重中之重，信息互联互通与监管体系密切结合，有利于协同治理的进行。目标规划指引着大气污染治理的方向，综合治理是解决大气污染的有效方法，二者互相影响，对大气污染的治理更能行之有效。技术支撑虽占比小，但科研创新、设备更新、清洁能源开发、节能减排等均需要依靠技术支撑。

2.4.3.3 *X*维度与*Y*维度综合分析

通过*X*、*Y*二维匹配分析，对大气污染协同治理政策文本进行对比，结果如表2-12所示。在整个政策文本中，可以发现技术支撑只在能力建设型政策工具中有所体现，占比为31.08%，说明国家制定相关政策时对技术支撑的重要作用仍需要加强。

表2-12 大气污染协同治理政策二维分布频数统计情况

类别		目标规划	综合治理	技术支撑	监管能力	合计
命令型	政府政策	24	6	—	4	34
	法规管制	3	5	—	12	20
	组织会议	8	4	—	—	12

续表

类别		目标规划	综合治理	技术支撑	监管能力	合计
命令型	制定标准	23	4	—	2	29
激励型	资金补贴	1	—	—	4	5
	考核奖惩	3	—	—	16	19
	税收优惠	3	—	—	—	3
	拓展投融资	—	1	—	—	1
能力建设型	技术创新	1	22	1	—	24
	设备更新	1	24	10	3	38
	科研开发	—	—	10	—	10
系统变化型	监督体系	1	1	—	11	13
	信息互联	13	8	—	19	40
	监测预警	2	2	—	26	30
合计		83	77	21	97	278

在命令型政策工具中，目标规划占比超过半数，高达61.05%，综合治理和监管能力分别占20.00%和18.95%。政策文件中对大气环境指标有着明确规定，要求各地政府协同处理大气污染问题。法规管制占比较大，体现政府严格执法，以行政、法律等手段让各地政府、企业等意识到大气污染的重要性和紧迫性。

在激励型政策工具中，监管能力发挥重要作用，占比为71.43%，说明以考核奖惩为主要手段可以提高大气污染治理的效率以及各地政府的责任感和进取精神。为了调动各地政府以及企业治理污染的积极性，不仅实行联合奖惩措施，而且拓宽财政补贴范围、加大税收优惠力度，利用政策扶持以及市场机制进一步促进空气污染治理的可操作性。

在能力建设型政策工具中，综合治理占比为63.89%，其次是技术支撑，占比为29.17%，目标规划和监管能力占比分别为2.78%和4.17%。能力建设主要是通过技术创新和设备的更新换代，用清洁能源和高科技手段实现节能减排目的，优化产业结构、能源结构、运输结构和用地结构，杜绝“散乱污”企业。

在系统变化型政策工具中，监管能力占比超过半数，达67.47%，综合治理占比为13.25%，目标规划占比为19.28%。信息互联和监测预警各占据半壁江山，环境治理人人有责，群防群治才能打赢蓝天保卫战；加强环境空气质量信息的互联互通，重视重点区域的环境治理，部署区域重污染天气联防联控工作；强化区域环境质量监测预警能力，开展环境空气质量中长期趋势预测工作，统一发布预警信息，实施区域之间的应急联动。

2.5 研究述评

2.5.1 雾霾污染健康经济损失评价方面

从世界范围来讲，空气污染对人群健康的威胁以不同程度在世界各国普遍存在，各国专家对空气污染会导致人群健康经济损失已有共识。不仅测算了历史时间段的经济损失，也对未来情景进行了预测。但由于所采用的方法与统计口径不一致，指标选取和参数估计较困难等原因，对于同一个国家或区域的测算结果有时存在差异。研究成果不仅发挥了警醒作用，也为相关部门制定政策提供了理论基础与数据支撑。由于空气污染的健康经济损失评价领域涉及内容较广，因此应吸引更多学科的研究人员加入，以提高研究质量并且促进学科交叉发展 [2]。

在研究对象方面，发达国家由于数据资料较为完备、科技手段辅助等原因，空气污染的健康经济损失评价研究范围较广、研究内容较深入。虽然美国、欧洲一些国家等曾经是学者们研究的重点，但随着欧美一些国家（地区）对空气质量的重视与治理、全球产业分工变化、国际贸易发展等原因，欧美一些国家（地区）空气质量大幅好转；同时，东南亚等地区空气质量变差，人们的研究重心也由欧美一些国家（地区）逐渐转向东亚、南亚地区；尤其是中国经济的高速发展伴随严重的空气污染，使其成为全球学者的研究热点。

我国的空气污染问题是一个长期积累过程，解决此问题也需要较长时间。我国的空气治理决心之大、力度之大、效果之显著，也进一步激发了学者们的研究兴趣。2013 年，第一阶段监测的京津冀、长三角、珠三角等重点区域以及直辖市和省会城市等共 74 个城市的 $\rho(PM_{2.5})$ 平均值为 72 μg/m^3，环境空气质量达到《环境空气质量标准》（GB 3095—2012）的城市比例仅为 4.1%。通过实施“大气十条”、《打赢蓝天保卫战三年行动计划》等，全国各地树立与践行“绿水青山就是金山银山”的理念，进一步理顺了经济发展同生态环境保护的关系，逐步调整优化了的产业结构、能源结构、运输结构、用地结构等，强化了空气污染的区域联防联控，统筹区域环境治理，使高浓度、大范围空气污染事件发生逐年减少。2019 年，全国 337 个地级及以上城市 $\rho(PM_{2.5})$ 平均值为 36 μg/m^3，优良天数比例平均值为 82.0% [1]，环境空气质量较 2013 年大幅改善，空气污染造成的健康损失也大幅减轻，人民的蓝天幸福感明显增强。但我国空气污染治理已进入爬坡过坎阶段，剩下的都是“难啃的硬骨头”，诸多城市群空气质量管理进入“深水区”。未来各城市群空气质量还有多少提升空间、如何提升，以及其对居民健康影响的效果都有待于学术界进一步研究。

在研究方法方面，对于支付意愿法，未来应进行更多城市支付意愿的调查研究，以确切反映各城市居民因生活习惯、消费理念等不同而造成的空气污染支付意愿差异。对于疾病成本法，由于目前卫生数据的滞后与不全面，影响了疾病成本法的使用效果，建议各级卫生部门加大卫生数据的公开力度。对于情景分析法中使用的排放预测模型，未来应引入更多变量以提高情景研究结果与现实的拟合程度。随着环境流行病学与环境毒理学的发展，空气污染对人体健康的影响机制逐渐明朗，但居民暴露模式、气象因素、其他污染物等各种混杂因素均会对研究结果的可靠性产生影响。设计规范的慢性研究、多城市研究和队列研究等仍然缺乏，未来有待通过更加规范的研究来提高研究结果的可靠性。

在空气污染因子选择方面，虽然分子状、粒子状的多种空气污染因子共同损害人体健康，但如果将每个污染因子的损害结果加总则会高估损害总量，而且目前多种污染因子对人体健康的协同损害机理并不十分明确，所以国内外学者在一项研究中通常将单一污染因子的影响结果作为最终结果。2013 年以前研究中使用的污染因子以 SO_2、CO 为主，PM_{10} 为辅，$PM_{2.5}$ 较少；2013 年以后以 PM_{10} 为主，且对 $PM_{2.5}$ 的研究迅速增加，少量研究也涉及 O_3 等。根据《2018 中国生态环境状况公报》，全国 169 个重点监测城市以 $PM_{2.5}$ 为首要污染物的天数占总超标天数的 44.1%，以 O_3 为首要污染物的占 43.5%，说明 O_3 与 $PM_{2.5}$ 已成为同样重要的污染因子。因此，应强化对降低 O_3 浓度的研究。目前，已有对 $PM_{2.5}$、O_3、CO_2 协同治理的研究并付诸个别区域的实践。随着科技发展、样本标志物增加及数据开放，PM_1、$PM_{0.5}$、$PM_{0.1}$ 也将从试验研究监测项目转为环境保护部门必监测项目，未来研究将更多涉及更小颗粒物对人体健康的影响、多种污染因子对人体健康的交叉影响，以及上述影响产生的健康经济损失。

2.5.2 雾霾污染区域协同治理方面

总体来说，我国对于空气污染成因的研究比较全面，得出空气污染的来源以及特点，并对空气污染传输机制进行透彻分析，明确空气污染共同治理、协同治理的必要性。目前，我国重视对空气污染的治理，通过颁布政策文件引导政府协同治理、构建协同治理机制，改善空气质量，提高人民幸福感。但是，现有研究仍存在一些不足：

（1）在研究视角方面，主要从制度设计与政策方法等视角展开，较少从公众健康视角展开。

（2）在研究区域方面，对长三角区域的研究明显较少，但长三角区域作为我国经济最发达、产业最全面、雾霾污染最严重、人口最密集、公众健康需求最高的区域之一，非常具有研究的必要性。

（3）在协同治理的动力方面，实践中雾霾污染治理的动力多来自于上级政府的行政命令与官员晋升的政治愿望，较少从区域内外部深层次的多方面利益考虑；学术界也一直强调协同治理，但对于协同治理的动力机制研究却较少有文献涉及。这使得各区域的协同治理动力不足现象普遍存在，导致跨区域雾霾污染依然盛行。

（4）在协同治理的成本分配方面，由于雾霾污染具有公地悲剧的特性，因此差异化的成本分配一直是实践中的难点，也是学术研究的难点。目前，实践中常见总量控制计划与任务分解计划，但对于区域间成本分配则较少提及。

本书拟在对现有文献深入分析的基础上，将从公众健康视角分析长三角区域各省市雾霾污染的危害，研究雾霾污染协同治理的动力机制，对各省市协同治理的责任成本进行分配，并提出促进长三角区域各省市协同治理的对策。

第 3 章

我国的环境空气质量监测网络及标准

3.1 我国的环境空气质量监测网

作为保护环境的基础工作，环境监测是推进生态文明建设的重要支撑。精确、真实的环境监测数据能够客观评价环境质量状况，并作为实施环境管理与决策的重要依据。环境监测包括环境空气质量监测、水环境质量监测、土壤环境质量监测等。

我国环境空气质量监测网涵盖国家、省、地（市）、县 4 个层级。环境空气质量监测点位是构成环境空气质量监测网络的基本要素。截至 2020 年年末，已经建成 5 000 余个各层级监测站点，这些站点共同构成了国家环境空气质量监测网，成为客观评价我国环境空气质量的重要前提。监测点位的选取是否科学合理，直接决定环境空气质量评价结果的准确性和代表性，所以，必须根据监测目的、点位功能和点位的空间尺度，结合实际情况合理设置监测点位。

根据《环境空气质量监测点位布设技术规范（试行）》（HJ 664—2013），我国已经建成 1 436 个国控点位，如图 3-1 所示，“十四五”期间将增加至近 1 800 个，国家城市环境空气质量监测网点位将进一步得到优化，以解决现有城市建成区点位密度不均衡、城市新增建成区缺少点位等问题，实现地级及以上城市和国家级新区点位全覆盖。

空气质量监测站是一个城市空气环境保护的基础设施，可以实现对存在于大气、空气中的污染物质进行定点、连续或者定时的采样、测量和分析，从而对空气质量进行合理评估并实施相应的控制措施。为了对某个城市的空气质量进行监测，通常会在城市的多个地点设立若干个空气质量监测站，安装多参数自动监测仪器进行连续自动监测，将监测结果实时存储并加以分析后得到相关数据。

近年来国家环境空气质量监测相关规范如表 3-1 所示。

表 3-1　近年来国家环境空气质量监测相关规范

序号	规范名称	规范编号	发布日期	实施日期
1	《环境空气质量手工监测技术规范》	HJ/T 194—2005	2005 年 11 月 9 日	2006 年 1 月 1 日
2	《空气质量　词汇》	HJ 492—2009 代替 GB 6919—86	2009 年 9 月 27 日	2009 年 11 月 1 日
3	《环境空气　PM_{10} 和 $PM_{2.5}$ 的测定　重量法》	HJ 618—2011	2011 年 9 月 8 日	2011 年 11 月 1 日
4	《环境空气质量标准》	GB 3095—2012 代替 GB 3095—1996、GB 9137—88	2012 年 2 月 29 日	2016 年 1 月 1 日

续表

序号	规范名称	规范编号	发布日期	实施日期
5	《环境空气质量指数（AQI）技术规定（试行）》	HJ 633—2012	2012年2月29日	2016年1月1日
6	《环境空气气态污染物（SO_2、NO_2、O_3、CO）连续自动监测系统技术要求及检测方法》	HJ 654—2013	2013年7月30日	2013年8月1日
7	《环境空气颗粒物（PM_{10}和$PM_{2.5}$）采样器技术要求及检测方法》	HJ 93—2013	2013年7月30日	2013年8月1日
8	《环境空气颗粒物（PM_{10}和$PM_{2.5}$）连续自动监测系统安装和验收技术规范》	HJ 655—2013 部分替代 HJ/T 193—2005	2013年7月30日	2013年8月1日
9	《环境空气颗粒物（$PM_{2.5}$）手工监测方法（重量法）技术规范》	HJ 656—2013	2013年7月30日	2013年8月1日
10	《环境空气　半挥发性有机物采样技术导则》	HJ 691—2014	2014年2月7日	2014年4月15日
11	《环境空气颗粒物（PM_{10}和$PM_{2.5}$）连续自动监测系统运行和质控技术规范》	HJ 817—2018 部分替代 HJ/T 193—2005	2018年8月13日	2018年9月1日
12	《环境空气气态污染物（SO_2、NO_2、O_3、CO）连续自动监测系统运行和质控技术规范》	HJ 818—2018 部分替代 HJ/T 193—2005	2018年8月13日	2018年9月1日
13	《国家大气污染物排放标准制订技术导则》	HJ 945.1—2018	2018年12月19日	2019年1月1日
14	《暴露参数调查基本数据集》	HJ 968—2019	2019年4月12日	2019年4月12日
15	《环境空气臭氧监测一级校准技术规范》	HJ 1099—2020	2020年2月12日	2020年4月12日
16	《环境空气中颗粒物（PM_{10}和$PM_{2.5}$）β射线法自动监测技术指南》	HJ 1100—2020	2020年2月12日	2020年4月12日
17	《环境空气质量数值预报技术规范》	HJ 1130—2020	2020年5月15日	2020年8月15日
18	《环境空气和废气　颗粒物中砷、硒、铋、锑的测定　原子荧光法》	HJ 1133—2020	2020年5月15日	2020年8月15日

资料来源：中国环境监测总站 http://www.cnemc.cn/jcgf/dqhj/。
中华人民共和国生态环境部 http://www.mee.gov.cn/ywgz/sthjjcgl/wlgl/。

就监测功能来说，国家环境空气质量监测网发挥了7个方面的功能，包括城市环境空气质量监测、区域环境空气质量监测、背景环境空气质量监测、试点城市温室气体监测、酸雨监测、沙尘影响空气质量监测、大气颗粒物组分 / 光化学监测等作用，其监测范围与监测项目如图 3-1 所示。

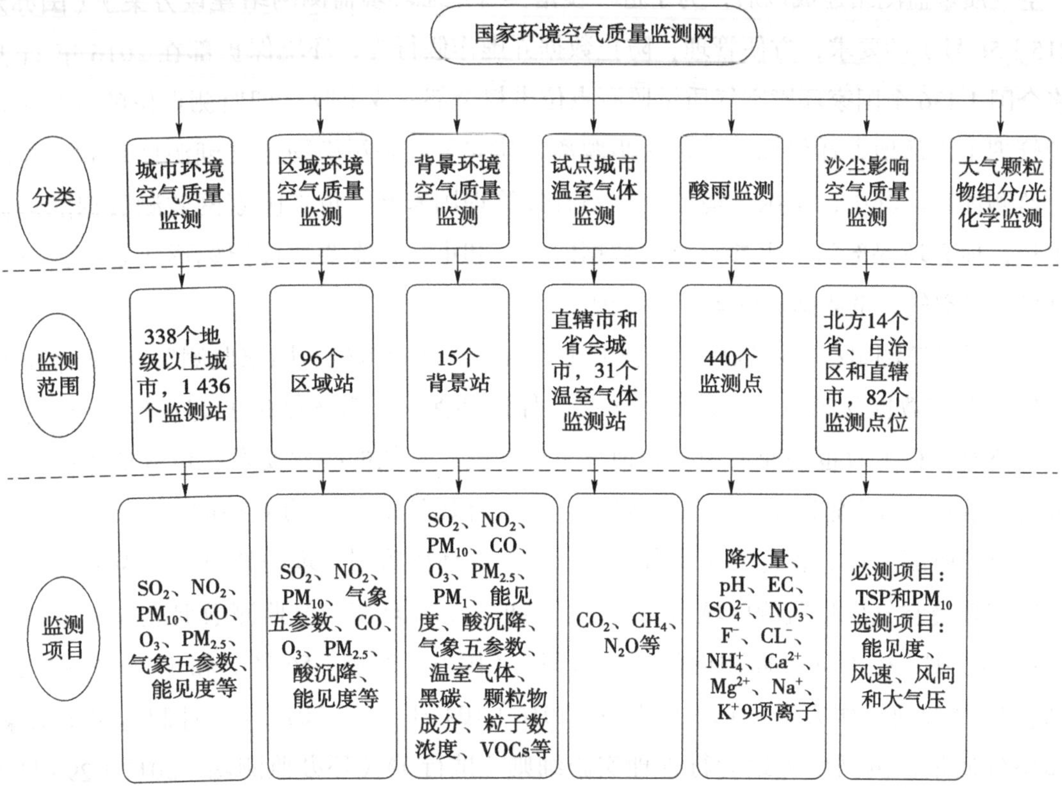

图 3-1　国家环境空气质量监测网

3.1.1　城市环境空气质量监测站点

城市环境空气质量监测站点（城市点）用来监测城市地区环境空气质量整体状况和变化趋势，并参与城市环境空气质量评价。代表范围一般为半径 500～4 000 m，如污染物浓度较低，可扩大到半径 4 000 m 至几十千米。城市点监测项目依据《环境空气质量标准》（GB 3095—2012）确定。

很长时期以来，我国环境空气质量国控点位的监测事权主要由各省、市环保部门下属的环境空气质量监测站负责运行与维护，大部分运行经费来源于地方财政，但名义上监测事权上归中央。因此，存在实际与名义不符的现象，也存在“监测在地方、考核在中央”“地方出数、考核地方”“以副养主”的情况。这种尴尬的局面已经不能适应新形势下公众对空气质量的较高需求，以及我国的生态文明建设要求。

2012 年，环境保护部在“十一五”国家环境空气监测网的基础上，进一步优化调整了监测点位，制定并印发了《“十二五”国家环境空气监测网（地级以上城市）设置方案》，共计在全国338个地级以上城市（含地、州、盟所在城市）设置监测点位1 436个。

空气质量监测站建成以后，为了进一步落实《生态环境监测网络建设方案》（国办发〔2015〕56号）的要求，方便管理，防止数据弄虚作假行为，环境保护部在2016年11月底将全国1 436个国家环境空气质量监测点位事权全部完成上收，把监测点位的日常运行维护管理工作从地方环保部门中进一步脱离，建立了气态污染物标准溯源体系和颗粒物比对监测体系。其中，中国环境监测总站直接管理国家网，负责国家网监测数据的传输与审核；地方环保部门不再参与监测数据的生产和审核，需要通过招标形式委托社会化运维机构对空气质量数据进行运行和维护。

空气质量监测事权上收以后，从体制上实现了“国家考核、国家监测”，有效避免了空气质量监测数据受到地方行政部门干扰，保证环保责任考核结果的客观性与公正性。同时，监测事权上收也是厘清中央和地方事权与支出责任的必然要求、化解地方行政干预的关键措施。自实施以来，已经成为减轻基层环保部门压力的有效举措。

同时，监测事权上收也带来了各省（区、市）环境监测管理的新要求。为了进一步规范国家环境空气质量监测网城市站运行和维护，保障环境空气监测数据准确可靠，环境保护部根据《生态环境监测网络建设方案》（国发〔2015〕56号）和《“十三五”环境监测质量管理工作方案》（环办监测〔2016〕104号），于2017年3月制定了《国家环境空气质量监测网城市站运行管理实施细则（试行）》（环办监测函〔2017〕290号）（以下简称《细则》），以及《国家环境空气质量监测网城市站自动监测仪器关键技术参数管理规定（试行）》（环办监测函〔2017〕289号）（以下简称《规定》）。

《细则》进一步明确了环境保护部、中国环境监测总站、县级以上地方环境保护主管部门、区域质控实验室以及运行维护机构的工作分工，如表3-2所示。

表3-2 《细则》中各单位工作分工

单位	工作分工
环境保护部	负责组织管理国家城市站
中国环境监测总站	负责国家城市站的技术管理和运行考核
地方环境保护部门	负责国家城市站运行所必需的基础条件保障工作，不再参与数据的生产和审核
区域质控实验室	配合中国环境监测总站开展本区域国家城市站的质量控制和质量保证工作
运维机构	负责国家城市站的运行维护工作

《细则》对点位和站房的管理、仪器设备的管理、数据的采信和传输、数据的审核、运行维护、运行考核、质量检查等进行了详细规定。《细则》中还规定了国家城市站运维工作内容，包括每日、每周、每月、每两个月、每季度、每半年、每年的工作要求，

13 条日常运行管理的相关记录等；以及国家城市站运维考核方式和内容，明确中国环境监测总站的考核主体作用，每月组织对运维机构采取百分制、单站考核方式，单站设备数据率必须大于等于 90%，数据质控合格率必须大于 80%，考核总分及数据有效性在不同范围时，对运维机构的处置办法如表 3-3 所示。

表 3-3 《细则》中考核总分及数据有效性在不同范围时的处置办法

考核总分	[0，80)	[80，95)	[95，100]
处置办法	不予支付该站点当期运维费	该站点当期运维费 =（实际考核总分 /95）× 单站点当期全额运维费	支付该站点当期运维费
数据有效性	10% 以上站点未达到数据有效性要求	连续 2 次考核出现 10% 以上站点未达到数据有效性要求	单次考核 20% 以上站点未达到数据有效性要求
处置办法	给予警告处分，并扣除履约保证金的 50%	终止运维合同，履约保证金不予退还	

《规定》的适用范围是国家环境空气质量监测网城市站颗粒物（PM_{10} 和 $PM_{2.5}$）、臭氧（O_3）、二氧化硫（SO_2）、二氧化氮（NO_2）和一氧化碳（CO）6 项基本污染物自动监测仪器的关键技术参数设置、调整、确认、备案、采集、存储和上传等工作。《规定》还对环境保护部、中国环境监测总站、运维机构、仪器供应商的工作职责进行了划分，如表 3-4 所示。

表 3-4 《规定》中的各单位工作职责

单位	工作职责
环境保护部	对关键技术参数进行统一管理，制定并完善关键技术参数管理规定；监督、检查运维机构关键技术参数日常管理工作
中国环境监测总站	对关键技术参数管理工作提供技术支持，开展监督检查，经查证涉嫌弄虚作假属实的，依法依规处理、失信信息公开、并纳入全国信用信息共享平台等
运维机构	承担关键技术参数设置、调整、确认等日常管理工作，负责关键技术参数的准确、真实，确保关键技术参数实时采集、存储并上传至中国环境监测总站
自动监测仪器供应商	提供仪器出厂检验报告、关键技术参数清单等，并书面承诺上述资料的完整性和准确性等

3.1.2 区域环境空气质量监测站点

区域环境空气质量监测站点（区域点）用于区域环境空气质量评价、研判区域大气污染发生发展的趋势，通过分析跨行政区的区域内、区域间和跨国界大气污染物的浓度水平和传输规律，为区域重污染天气预报预警提供支撑。代表范围一般为半径几十千米。

区域站的运行由中国环境监测总站委托地方监测机构或第三方检测机构进行，监测数据与地方共享，中央财政全额承担运行经费。

“十一五”期间，我国建成了31个区域（农村）环境空气质量监测站。“十二五”期间，在国界、大气环流通道和重要省界上增设了65个区域站，组成我国区域环境空气质量监测网络，各省（区、市）的站点情况具体如表3-5所示。

表 3-5 我国区域环境空气质量监测点位

省（区、市）	区域站名称	所在市/县（区）	省（区、市）	区域站名称	所在市/县（区）	省（区、市）	区域站名称	所在市/县（区）
北京（2）	延庆	延庆县	上海（2）	奉贤	奉贤区	安徽（2）	南漪湖	宣城市
	琉璃河	房山区		青浦	青浦区		五河沱湖	蚌埠市
天津（3）	武清	武清区	河北（3）	易县	保定市	新疆（3）	天池	阜康市
	宁河	宁河县		骄顶山	邯郸市		乌苏待甫森	塔城地区
	小王庄	滨海新区		张家口	张家口市		哈密	哈密地区
江苏（3）	西山	苏州市	浙江（3）	新塘港	湖州市	重庆（3）	古佛山	荣昌县
	宝应	扬州市		陈蔡	绍兴市		云门山	合川区
	鹤乐园	盐城市		凤阳山	龙泉市		大风堡	石柱县
广东（3）	天湖	从化市	山东（3）	崂山	青岛市	山西（3）	万家寨	忻州市
	万顷沙	广州市		杏林	济南市		神山	忻州市
	竹洞	广州市		荣成	荣成市		广灵	大同市
湖北（3）	新城	随州市	湖南（3）	大京	株洲市	陕西（3）	阎良	西安市
	监利	荆州市		汨罗	岳阳市		大荔	渭南市
	乌山	黄冈市		怀化	怀化市		乾县	咸阳市
辽宁（4）	元帅林	抚顺市	四川（3）	中江	德阳市	福建（3）	大金湖	三明市
	鲤鱼沟	营口市		岳池	广安市		鼓岭	福州市
	高岭	本溪市		观音岩三社	内江市		大嶝岛	厦门市
	绥中	葫芦岛市	甘肃（1）	皋兰	兰州市	海南（1）	文昌铺前	文昌市
河南（2）	黄泛	周口市	黑龙江（1）	黑瞎子岛	佳木斯市	内蒙古（1）	蛮汗山	乌兰察布市
	南乐	濮阳市	吉林（1）	净月潭	长春市	宁夏（1）	六盘山	固原市
广西（1）	武鸣	南宁市	贵州（1）	雷公山	黔东南苗族侗族自治州	青海（1）	贵德	海南藏族自治州
云南（1）	梁王山	昆明市	江西（1）	宜黄	抚州市	—	—	—

资料来源：中华人民共和国生态环境部官网：http://www.mee.gov.cn/gkml/hbb/bgth/201508/t20150831_309085.htm。

3.1.3 背景环境空气质量监测站点

背景环境空气质量监测站点（背景点）监测国家或大区域范围的环境空气质量本底水平，可以获取国家有代表性的关键背景区域的环境空气质量数据。代表范围一般为半径 100 km 以上。

背景环境空气质量监测站点均由中央财政投资建设，已经建成 16 个子站（表 3-6），包括西藏那木措、吉林长白山、海南五指山、青海门源、海南三沙市（2 个）、福建武夷山、山西庞泉沟、内蒙古呼伦贝尔、山东长岛、湖北神农架、广东南岭、四川海螺沟、云南丽江、新疆喀纳斯、湖南衡山。

表 3-6　我国背景环境空气质量监测站点

序号	站点名称	站点特性与功能
1	西藏那木措	典型的高原草甸生态系统。反映青藏高原区域大尺度空气质量状况，掌握主要污染物输送特点和变化规律，可以为研究环境变化对高原草甸生态系统的影响提供科学依据
2	吉林长白山	所在区域具备完整的自然生态系统，能客观反映区域环境空气和酸沉降的背景状况，具有明显的代表性，评估该区域和周边地区空气污染状况和环境管理成效
3	海南五指山	可获取我国热带地区大尺度范围空气质量和酸雨的背景数据，分析我国南部区域间和其他国家间污染物传输状况，计算空气污染物的远距离输送和局地污染源贡献对城市空气质量的影响
4	青海门源	适时反映青藏区域大尺度环境空气质量状况，掌握主要污染物输送特点、变化规律
5	海南三沙市（2 个）	可获取广阔南海区域的相关环境监测数据，开展南海环境保护工作，支持维护南海的领土、领海和海洋权益
6	福建武夷山	反映华东地区大尺度、宽区域的大气背景和温室气体质量状况，可以进行大气背景值、温室气体、降水、地表水监测和生态观测，未来增加宇宙射线、核辐射等监测项目
7	山西庞泉沟	典型的暖温带大陆气候，首批建设的 14 个国家大气背景监测站之一，为全面分析中国华北地区大气环境演变趋势与规律提供基础性数据
8	内蒙古呼伦贝尔	地处草原，典型的中温带大陆性气候，客观反映华北地区环境背景空气状况和酸沉降背景状况
9	山东长岛	此站点是全国首批建设的 14 个背景点中唯一的综合示范站。砣矶岛站位于胶东、辽东半岛之间，黄海、渤海交界处，东与韩国、日本隔海相望，且受长距离传输影响显著，$PM_{2.5}$ 来源及组分复杂，对研究东南亚地区污染物迁徙规律具有重要作用

续表

序号	站点名称	站点特性与功能
10	湖北神农架	全国海拔最高的国家大气背景监测站，在华中地区具有明显代表性
11	广东南岭	我国典型亚热带高山森林大气环境，在华南地区具有明显代表性
12	四川海螺沟	空气质量与世界其他国家背景地区的质量状况相比名列前茅。监测青藏高原区域的空气质量状况，监测代表西南区域没有人为影响的空气背景状况，监测南亚大陆的空气污染物随印度洋暖流进入四川盆地的情况
13	云南丽江	玉龙雪山站点监测全球变化背景下我国海洋型冰川区和青藏高原南缘的冰川、冻土、气候、水文及其低纬度季风区特殊环境
14	新疆喀纳斯	位于新疆阿勒泰山中段，地处中国、哈萨克斯坦、俄罗斯、蒙古国接壤的黄金地带，客观反映寒温带环境背景空气状况，在西北地区寒温带具有明显的代表性
15	湖南衡山	湖南位于云贵高原向江南丘陵和南岭山脉向江汉平原过渡的地带，衡山位于衡阳市中部偏东南岳风景区，属于大陆性中亚热带季风湿润气候

资料来源：①王瑞斌，李健军，王玮等[91]；②根据其他相关资料整理。

这些背景点均分布在远离污染源、环境质量较好、人类活动对环境影响较小的区域，不同站点的监测数据各自代表一类典型的生态系统。背景点可以实现每 5 min 同时向中国环境监测总站和省环境监测中心站传送实时数据，能准确反映空气质量的本底状况，为制定国家环境管理政策提供了科学依据，提升了我国在国际的大气成分背景值观测水平及地位。

3.1.4 确保空气环境监测数据真实可靠

数据质量是空气环境监测的“生命线”，真实、可靠的空气环境监测数据至关重要，是支持排污许可制度实施的重要举措，是打赢蓝天保卫战与污染防治攻坚战的重要保障。

近年来，生态环境部坚持依法监测、科学监测、诚信监测，强化监管能力，出台了一系列改革提高环境监测数据质量的文件，如表 3-7 所示，依法依规严肃查处弄虚作假行为，进一步提高了环境监测数据的权威性和公信力。

表 3-7 改革提高环境监测数据质量的相关文件

序号	颁布时间	颁布部门	文件名称
1	1989 年 12 月（2014 年 4 月 24 日修订）2015 年 1 月 1 日起施行	全国人民代表大会	《中华人民共和国环境保护法》
2	2015 年颁布	环境保护部	《环境监测数据弄虚作假行为判定及处理办法》

续表

序号	颁布时间	颁布部门	文件名称
3	2016 年 11 月	环境保护部	《“十三五”环境监测质量管理工作方案》（环办监测〔2016〕104 号）
4	2017 年 1 月 1 日实施	司法部	《环境污染犯罪司法解释》
5	2017 年 9 月	中共中央办公厅、国务院办公厅	《关于深化环境监测改革提高环境监测数据质量的意见》（厅字〔2017〕35 号）
6	2017 年 3 月	环境保护部	《国家环境空气质量监测网城市站运行管理实施细则（试行）》
7	2018 年 8 月	生态环境部	《生态环境监测质量监督检查三年行动计划（2018—2020 年）》（环办监测函〔2018〕793 号）
8	2018 年 5 月	生态环境部	《关于加强生态环境监测机构监督管理工作的通知》（环监测〔2018〕45 号）

资料来源：根据相关资料整理。

“保真”与“打假”、“严查”和“重处”，是近年来生态环境部在空气环境监测管理方面的主要工作思路，这些文件明确了“篡改设备参数或监测数据等均属于犯罪”，空气环境监测必须做到违法违纪“零容忍”。生态环境部采用远程监控与实地抽查相结合，飞行检查（不定时间、不打招呼、不听汇报，用最快的速度直达监测现场，直接抽测、直接曝光）、例行检查、专项检查等形式，加大对环境空气质量的监督检查力度，并对一些违法事务处理进行严肃处理，持续保持高压震慑态势。

尽管如此，仍有一些单位铤而走险。例如，2018 年，西安市长安区通过给空气采样器“戴口罩”对监测数据造假；山西省临汾市 6 个国控空气自动监测站，通过堵塞采样头、向监测设备洒水等方式对监测数据造假；也有的是将采样管插入矿泉水瓶、在监测软件上留“后门”；个别地方利用雾炮车、洒水车等外力因素给空气质量监测数据“注水”等。

生态环境部通过大数据分析实时监测，或在例行检查数据审核时均可觉察数据异常，发现一起，查处一起，通报一起，绝不姑息。2017—2018 年，生态环境部会同公安部查处了西安和临汾等地监测数据造假案，一批地方政府干部、相关环保工作人员及相关机构被处理；2019 年，3 家具有国家资质的生态环境监测机构被注销资质认定证书，18 家监测机构因存在未严格执行标准规范等问题被责令限期整改，1 家监测机构因出具失实报告被责令整改并处以罚款。上述重拳打击了违法乱象，使环境空气监测弄虚作假现象得到有效遏制。

3.2 我国的环境空气质量评价

3.2.1 环境空气质量标准

对于一个国家或地区，环境质量标准（Environmental Quality Standards，EQS）的制定和实施是环境保护的前提，保证环境质量达标则是环境质量控制和环境污染治理的目标。

环境质量标准的制定是依据国家法律，由政府实施的决策行为，其制定过程要充分考虑以下 3 个因素：一是环境污染对人体健康的影响；二是污染带来的环境后果；三是污染治理的技术与经济可行性。环境风险评价（Environmental Risk Assessment）与成本—效益分析（Cost-benefit Aanlysis）则通常是环境质量标准制定的重要前期工作。

环境空气是指暴露在人群、植物、动物和建筑物之外的室外空气。我国在 1982 年首次制定并发布《大气环境质量标准》（GB 3095—1982）；1996 年进行第一次修订，改为《环境空气质量标准》（GB 3095—1996）；2000 年进行了第二次修订；由于经济、社会发展速度较快，环境空气质量的评定与预测结果与人们的主观感受存在较大分歧，不仅在实践中饱受公众质疑，也遭到理论界的诟病，在此背景下，在 2012 年进行了第三次修订为《环境空气质量标准》（GB 3095—2012）。未来还将根据经济社会发展和环境保护要求进行修订。表 3-8 列出了《环境空气质量标准》的形成历程。

表 3-8 环境空气质量标准的形成历程

年份	标准及相关规范	内容描述
1973	第一次全国环境保护工作会议	通过了我国第一个环境标准——《工业“三废”排放试行标准》
1979	《中华人民共和国环境保护法（试行）》	规定了环境标准的制（修）订审批和实施权限；1989 年《中华人民共和国环境保护法》正式颁布实施（2014 年 4 月 24 日修订）
1982	《大气环境质量标准》（GB 3095—1982）	首次制定大气环境质量标准污染物项目共 6 项，包括 1 项参考项目
1987	《中华人民共和国大气污染防治法》	此法经过 1995 年的修正和 2000 年的修订得到扩充，法律条文增至 66 条；2015 年进行第二次修订，2018 年进行第二次修正
1988	保护农作物的大气污染物最高允许浓度	根据作物敏感类型给出了二氧化硫和氟化物的浓度限值
1996	《环境空气质量标准》（GB 3095—1996）	第一次修订质量标准，增加 4 项污染物项目

续表

年份	标准及相关规范	内容描述
2000	《环境空气质量标准》修改单	对《环境空气质量标准》（GB 3095—1996）进行部分修改，取消氮氧化物项目，放宽二氧化氮和臭氧二级标准限值
2012	《环境空气质量标准》（GB 3095—2012）	该标准在不同地区分阶段实施，2016 年在全国实施
2018	《环境空气质量标准》（GB 3095—2012）修改单	对 3.14 部分进行修改

资料来源：根据相关资料整理。

与 2002 版相比，2012 版主要在 6 个方面进行了修订。按照环保部的要求，《环境空气质量标准》（GB 3095—2012）于 2016 年 1 月 1 日起在全国实施，实施的城市要同时向公众提供空气质量信息服务。

根据《环境空气质量标准》（GB 3095—2012），环境空气功能区分为二类。其中，一类区为自然保护区、风景名胜区和其他需要特殊保护的区域；二类区为居住区、商业交通居民混合区、文化区、工业区和农村地区。一类区适用一级浓度限值，二类区适用二级浓度限值。一类、二类环境空气功能区各污染物项目的质量要求如表 3-9 和表 3-10 所示。

表 3-9　环境空气污染物基本项目浓度限值

序号	污染物项目	平均时间	浓度限值	
			一级	二级
1	二氧化硫（SO_2）/（μg/m^3）	年平均	20	60
		24 小时平均	50	150
		1 小时平均	150	500
2	二氧化氮（NO_2）/（μg/m^3）	年平均	40	40
		24 小时平均	80	80
		1 小时平均	200	200
3	一氧化碳（CO）/（mg/m^3）	24 小时平均	4	4
		1 小时平均	10	10
4	臭氧（O_3）/（mg/m^3）	日最大 8 小时平均	100	160
		1 小时平均	160	200
5	颗粒物（粒径小于等于 10 μm）	年平均	40	70
		24 小时平均	50	150
6	颗粒物（粒径小于等于 2.5 μm）	年平均	15	35
		24 小时平均	35	75

资料来源：《环境空气质量标准》（GB 3095—2012）。

表 3-10　环境空气污染物其他项目浓度限值　　单位：μg/m³

序号	污染物项目	平均时间	浓度限值	
			一级	二级
1	总悬浮颗粒物（TSP）	年平均	80	200
		24 小时平均	120	300
2	氮氧化物（NO_x）	年平均	50	50
		24 小时平均	100	100
		1 小时平均	250	250
3	铅（Pb）	年平均	0.5	0.5
		季平均	1	1
4	苯并［a］芘（BaP）	年平均	0.001	0.001
		24 小时平均	0.002 5	0.002 5

资料来源：《环境空气质量标准》（GB 3095—2012）。

3.2.2　环境空气质量指数

3.2.2.1　空气质量分指数

根据环境保护部的规定，《环境空气质量标准》（GB 3095—2012）与《环境空气质量指数（AQI）技术规定（试行）》（HJ 633—2012）同步实施。环境空气质量指数（Air Quality Index，AQI）是定量描述空气质量状况的无量纲指数，0≤AQI≤500。环境空气污染物的种类很多，常见的有悬浮颗粒物、SO_2、CO、NO_2、O_3。在悬浮颗粒物中，直径≤2.5 μm 的称为 $PM_{2.5}$，直径≤10 μm 的称为 PM_{10}；其中，$PM_{2.5}$ 对人体健康和大气环境质量影响最大。当 AQI＞50 时，空气质量分指数最大的污染物为首要污染物。若空气质量分指数最大的污染物为两项或两项以上时，并列为首要污染物。表 3-11 列出了空气质量分指数及对应的污染物项目浓度限值。

表 3-11　空气质量分指数及对应的污染物项目浓度限值

空气质量分指数（IAQI）	污染物项目浓度限值 /（μg/m³）								浓度限值 /（mg/m³）	
	SO_2		NO_2		O_3		颗粒物		CO	
	24 小时平均	1 小时平均	24 小时平均	1 小时平均	1 小时平均	8 小时滑动平均	粒径小于等于 10（24 小时平均）	粒径小于等于 2.5（24 小时平均）	24 小时平均	1 小时平均
0	0	0	0	0	0	0	0	0	0	0
50	50	150	40	100	160	100	50	35	2	5

续表

空气质量分指数（IAQI）	污染物项目浓度限值 / （μg/m³）								浓度限值 / （mg/m³）	
	SO_2		NO_2		O_3		颗粒物		CO	
	24 小时平均	1 小时平均	24 小时平均	1 小时平均	1 小时平均	8 小时滑动平均	粒径小于等于 10（24 小时平均）	粒径小于等于 2.5（24 小时平均）	24 小时平均	1 小时平均
100	150	500	80	200	200	160	150	75	4	10
150	475	650	180	700	300	215	250	115	14	35
200	800	800	280	1 200	400	265	350	150	24	60
300	1 600	（2）	565	2 340	800	800	420	250	36	90
400	2 100	（2）	750	3 090	1 000	（3）	500	350	48	120
500	2 620	（2）	940	3 840	1 200	（3）	600	500	60	150
说明	（1）二氧化硫（SO_2）、二氧化氮（NO_2）和一氧化碳（CO）的 1 小时平均浓度限值仅用于实时报，在日报中需使用相应污染物的 24 小时平均浓度限值。 （2）二氧化硫（SO_2）1 小时平均浓度值高于 800 μg/m³，不再进行其空气质量分指数计算，二氧化硫（SO_2）空气质量分指数按 24 小时平均浓度计算的分指数报告。 （3）臭氧（O_3）8 小时平均浓度值高于 800 μg/m³，不再进行其空气质量分指数计算，臭氧（O_3）空气质量分指数按 1 小时平均浓度计算的分指数报告									

资料来源：《环境空气质量指数（AQI）技术规定（试行）》（HJ 633—2012）。

3.2.2.2 空气质量指数等级及对健康的影响

根据 AQI 计算结果，可以将其划分为 6 档，分别对应空气质量的 6 个级别，指数越大，级别越高，说明污染越严重，对人体健康和环境质量的影响也就越大。根据表 3-12 可以判断当前空气质量处于何种水平。

表 3-12 空气质量指数及健康建议

空气质量指数	空气质量指数级别	空气质量指数类别及表示颜色		对健康影响状况	建议采取措施
0～50	一级	优	绿色	空气质量令人满意，基本无空气污染	各类人群可正常活动
51～100	二级	良	黄色	空气质量可接受，但某些污染物可能对极少数异常敏感人群健康有较弱影响	极少数异常敏感人群应减少户外活动
101～150	三级	轻度污染	橙色	易感人群症状有轻度加剧，健康人群出现刺激症状	儿童、老年人及心脏病、呼吸系统疾病患者应减少长时间、高强度的户外锻炼

续表

空气质量指数	空气质量指数级别	空气质量指数类别及表示颜色		对健康影响状况	建议采取措施
151～200	四级	中度污染	红色	进一步加剧易感人群症状，可能对健康人群心脏、呼吸系统有影响	儿童、老年人及心脏病、呼吸系统疾病患者避免长时间、高强度的户外锻炼，一般人群适量减少户外运动
201～300	五级	重度污染	紫色	心脏病和肺病患者症状显著加剧，运动耐受力降低，健康人群普遍出现症状	儿童、老年人和心脏病、肺病患者应停留在室内，停止户外运动，一般人群减少户外运动
＞300	六级	严重污染	褐红色	健康人群运动耐受力降低，有明显强烈症状，提前出现某些疾病	儿童、老年人和病人应当留在室内，避免体力消耗，一般人群应避免户外运动

资料来源：《环境空气质量指数（AQI）技术规定（试行）》（HJ 633—2012）。

3.2.2.3 世界卫生组织的 $PM_{2.5}$ 浓度限值

世界卫生组织（WHO）的《空气质量准则》是在世界范围内使用的准则，对 PM_{10} 与 $PM_{2.5}$ 的 24 小时浓度、年均浓度均设定了 3 个阶段的过渡目标值与准则值。3 个阶段的过渡目标值相对宽松，有助于各个国家减少颗粒物浓度，准则值的要求则非常严格，即使是发达国家也很难在短期内实现。世界卫生组织于 2005 年提出的污染物平均浓度标准如表 3-13 所示。

表 3-13 世界卫生组织 2005 年提出的污染物平均浓度标准 单位：μg/m³

项目	监测方式	PM_{10}	$PM_{2.5}$
过渡期目标 1（IT-1）	年均浓度	70	35
	24 小时浓度	150	75
过渡期目标 2（IT-2）	年均浓度	50	25
	24 小时浓度	100	50
过渡期目标 3（IT-3）	年均浓度	30	15
	24 小时浓度	75	37.5
WHO 准则值	年均浓度	20	10
	24 小时浓度	50	25

2021 年，世界卫生组织进一步提高要求，将原准则值修改为过渡期目标 4（IT-4），将 PM_{10} 与 $PM_{2.5}$ 的年均准则值分别收严至 15 μg/m³ 与 5 μg/m³；24 小时浓度均值分别收严至 45 μg/m³ 与 15 μg/m³。

3.2.2.4　欧洲、加拿大等国的 $PM_{2.5}$ 浓度限值

20 世纪 80 年代，欧盟开始进行颗粒物的监测；2005 年制定了 PM_{10} 的标准；2008 年开始执行新的空气质量标准，对超标行为作出严厉处罚，并且颁布了《欧洲空气质量法令》（The Ambient Air Quality and Cleaner Air for Europe），规定了 $PM_{2.5}$ 的目标浓度限值、暴露浓度限值和削减目标值，并在 2010 年制定了 $PM_{2.5}$ 浓度标准，要求 2015 年欧盟成员国把城市的 PM_{10} 年均浓度控制在 20 μg/m³ 以下，2020 年需要在 2010 年的基础上再降低 20%。虽然美国的标准比中国严格，但从表 3-14 可以看出，欧洲、加拿大、新西兰和澳大利亚 $PM_{2.5}$ 浓度限值比美国的更严格。图 3-2 为部分国家 $PM_{2.5}$ 年平均浓度标准的比较。

表 3-14　欧洲、美国、加拿大、新西兰、澳大利亚的 $PM_{2.5}$ 浓度限值　　单位：μg/m³

地区	调整时间	平均时间	浓度限值
欧洲	2010 年	年平均值	25
	2015 年	年平均值	25
	2020 年	年平均值	20
	3 年平均值		20
美国	1997 年	24 小时平均值	65
	2006 年	年平均值	15
		24 小时平均值	35
加拿大	目前	24 小时平均值	30
	拟调	年平均值	8
		24 小时平均值	25
新西兰	—	24 小时平均值	25
澳大利亚	—	年平均值	8
		24 小时平均值	25

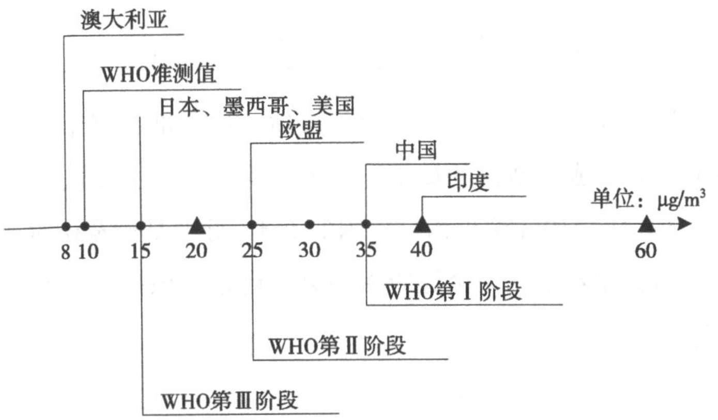

图 3-2　部分国家 $PM_{2.5}$ 年平均浓度标准的比较

3.2.2.5 美国、加拿大不同州的 $PM_{2.5}$ 浓度限值

美国政府于 1971 年建立了颗粒物的监测标准，规定了 TSP 的一级标准与二级标准；1987 年将粒径降低到 10 μm，即监测 PM_{10}；1997 年颁布了 $PM_{2.5}$ 浓度限值标准；2006 年，又进一步强化了对 $PM_{2.5}$ 浓度限值的要求。目前，美国颗粒物的质量标准如表 3-15 所示。

表 3-15 美国现行的颗粒物质量标准 单位：μg/m³

项目	监测方式	一级标准	二级标准
PM_{10}	24 小时平均值	150	15
$PM_{2.5}$	年平均值	15	15
	24 小时平均值	35	35

由于美国、加拿大等实行各州自治，因此各州也有相对独立的权限决定本州的 $PM_{2.5}$ 浓度限值，以更好地治理本州空气污染。表 3-16 为美国与加拿大 7 个州的具体情况。与表 3-15 对比，各州的 $PM_{2.5}$ 浓度限值普遍高于全国的平均浓度限值，说明各州执行了比全国更加严格的标准。

表 3-16 美国、加拿大 7 个州的 $PM_{2.5}$ 浓度限值 单位：μg/m³

国家	地区	平均时间	浓度限值
美国	California 州	24 小时平均值	12
	Puget Sound 州	年平均值	15
		24 小时平均值	25
加拿大	Alberta 州	24 小时平均值	20–30
	Quesnel 州	24 小时平均值	18–20
	Newfoundland 州	24 小时平均值	25
	Metro Vancouver 州	年平均值	12
		24 小时平均值	25
	Capital Regional District 州	24 小时平均值	25

虽然我国制定的空气质量标准已经与世界接轨，但大部分城市仍无法达标，尤其是处在京津冀、汾渭平原、成渝地区的城市。当前，我国处于工业快速发展时期，虽然国家大力治理雾霾，但短期之内无法根治。中国的 $PM_{2.5}$ 标准是最宽松的过渡期标准，因此优质的空气质量并不意味着空气完全健康无污染，还是应该执行更加严格的标准来对待空气质量，做好防范。

第 4 章

长三角区域雾霾污染的情况分析

4.1 长三角区域的范围

长三角的全称是长江三角洲，位于长江中下游地区，具有悠久的历史与文化；地理环境优越，水系发达，濒临黄海与东海，地处江海交汇之地，沿江沿海港口众多，土地丰饶，早在中国封建社会的中后期就已经初步形成了可观的城市群。从明代到清代，上海已经发展为沿海地区南北贸易的重要商业集散地；19 世纪下半叶，通过大规模的基础设施投资，上海被建设为中国工商业最发达的大都市之一；20 世纪 30 年代上海又成为长三角区域乃至全中国的金融中心、贸易中心与工业中心。与此同时，无锡、宁波、南通等临近上海的城市也成为次一级的贸易中心。

从历史的角度来看，中国经济融入世界经济是历史的必然。改革开放初期，得益于优势的地理位置和深厚的城市文化底蕴，长三角区域城市群的城市功能被重新分化重组，上海的中心地位被重新确立，依托上海、依靠港口、航道、交通枢纽等重要区位，内引外连、向海外发展成为长三角区域新的发展方向。进入 21 世纪，长三角区域因其经济发展一体化的特质吸引了较多周边城市的加入，而长三角区域的范围也因此不断扩大。表 4-1 列举了近年来长三角区域具体范围的演变。

表 4-1 长三角区域具体范围的演变

时间	划分依据	城市名称	城市数量 / 个
1983 年 3 月	国务院上海经济区规划办公室	上海、苏州、无锡、常州、南通、杭州、嘉兴、湖州、宁波、绍兴	10
1997 年	长江三角洲城市经济协调会	上海、苏州、无锡、常州、南通、杭州、嘉兴、湖州、宁波、绍兴、舟山、扬州、南京、镇江、泰州	15
2003 年 8 月	自行纳入	上海、苏州、无锡、常州、南通、杭州、嘉兴、湖州、宁波、绍兴、舟山、扬州、南京、镇江、泰州、台州	16
2010 年 3 月	自行纳入	上海、苏州、无锡、常州、南通、杭州、嘉兴、湖州、宁波、绍兴、舟山、扬州、南京、镇江、泰州、台州、合肥、盐城、马鞍山、金华、淮安、衢州	22
2010 年 5 月	国务院正式批准实施的《长江三角洲地区区域规划》	上海市、江苏省和浙江省，区域面积为 21.07 万 km^2，16 个城市为核心区，统筹两省一市发展，辐射泛长三角区域。 具体包括上海（1）：上海 江苏（8）：南京、苏州、无锡、常州、镇江、扬州、泰州、南通 浙江（7）：杭州、宁波、湖州、嘉兴、绍兴、舟山、台州	16

续表

时间	划分依据	城市名称	城市数量 / 个
2014 年 9 月	国务院印发的《关于依托黄金水道推动长江经济带发展的指导意见》	首次明确了安徽作为长江三角洲城市群的一部分，参与长三角区域一体化发展	—
2016 年 5 月	国务院常务会议通过《长江三角洲城市群发展规划》	除江浙沪外，安徽合肥都市圈也被纳入长三角区域城市群，长三角区域的范围已经从“两省一市”扩展到目前的“三省一市”，具体包括： 上海（1）：上海 江苏（9）：南京、镇江、扬州、常州、苏州、无锡、南通、泰州、盐城 浙江（9）：杭州、嘉兴、湖州、绍兴、宁波、舟山、金华、台州 安徽（8）：合肥、芜湖、滁州、马鞍山、铜陵、池州、安庆、宣城	27
2019 年 12 月	中共中央、国务院印发《长江三角洲区域一体化发展规划纲要》	规划范围包括上海市、江苏省、浙江省、安徽省全域，面积 35.8 万 km^2，具体包括： 上海（1）：上海 江苏（13）：南京、无锡、徐州、常州、苏州、南通、连云港、淮安、盐城、扬州、镇江、泰州、宿迁 浙江（11）：杭州、宁波、温州、绍兴、湖州、嘉兴、金华、衢州、舟山、台州、丽水 安徽（16）：合肥、芜湖、马鞍山、铜陵、池州、安庆、宣城、滁州、蚌埠、淮北、淮南、宿州、阜阳、亳州、六安、黄山	41 个，其中标下划线的 27 个城市为中心区（面积 22.5 万 km^2）

资料来源：根据相关资料整理。

本研究采用了 2019 年 12 月中共中央、国务院最新印发的文件《长江三角洲区域一体化发展规划纲要》中对长三角区域具体范围的划分，即江苏省、浙江省、安徽省和上海市（三省一市）全域范围共 41 个城市。

长三角区域是目前我国人口密度最高、城市化程度发展最迅速、综合经济实力最强、开放程度最高、创新能力最强的区域之一。2019 年，以全国 3.74% 的土地面积，创造出全国经济总量的 24%、全国地方一般公共预算收入的 26%、全国税收收入的 28%，成为引领全国经济发展的重要引擎，概况如表 4-2 所示。

但是长三角区域内部的发展很不平衡，不仅省际之间发展存在差别，江苏省内苏南苏北、浙江省内浙东浙西、安徽省内皖南皖北的发展程度和发展方式也存在较大差异。而且，长三角区域电力消费总量占全国的 20%，主要污染物排放量占全国的 10% 以上，远超过了区域生态承载力，生态赤字比较严重，三省一市的空气质量达到及好于二级的天数占全年比仅有上海达到 80% 以上，杭州接近 80%，其余 2 个城市仅为 70%。2019 年 4 个重点城市的空气质量如表 4-3 所示。

表 4-2　2019 年长三角区域三省一市的概况

区域	面积 / km^2	人口数 / 万人	GDP/ 亿元	地方一般公共预算收入 / 亿元	税收收入 / 亿元	电力消费量 / 亿 kW · h	颗粒物排放量 / 万 t
全国	960	140 005	990 865.10	101 080.61	76 980.13	72 484	1 684.05
上海市	0.63	2 428	38 155.32	7 165.10	6 216.29	1 569	2.65
江苏省	10.72	8 070	99 631.52	8 802.36	7 339.59	6 264	66.35
浙江省	10.56	5 850	62 351.74	7 048.58	5 898.75	4 706	35.55
安徽省	14.01	6 366	37 113.98	3 182.71	2 209.73	2 301	71.12
长三角区域之和	35.92	22 714	237 252.56	26 198.75	21 664.36	14 840	175.67
占全国比例 /%	3.74	16.22	23.94	25.92	28.14	20.47	10.43

资料来源：《中国统计年鉴》及作者计算。

表 4-3　2019 年长三角区域三省一市的空气质量

区域	SO_2 年平均浓度 /（μg/m^3）	NO_2 年平均浓度 /（μg/m^3）	PM_{10} 年平均浓度 /（μg/m^3）	CO 日均值第 95 百分位浓度 /（μg/m^3）	O_3 日最大 8 小时第 90 百分位浓度 /（μg/m^3）	$PM_{2.5}$ 年平均浓度 /（μg/m^3）	空气质量达到及好于二级的天数 / 天	空气质量达到及好于二级的天数占全年比 /%
上海	7	42	45	1.1	151	35	309	85
南京	10	42	69	1.3	181	40	255	70
杭州	7	41	66	1.1	181	38	287	79
合肥	6	42	68	1.2	168	44	257	70

资料来源：《中国统计年鉴》。

根据《长江三角洲区域一体化发展规划纲要》，到 2025 年，长三角区域将在坚持创新共建、协调共进、绿色共保、开放共赢、民生共享五大基本原则的基础上，发展成为全国发展强劲活跃增长极、全国高质量发展样板区、率先基本实现现代化引领区、区域一体化发展示范区、新时代改革开放新高地。在空气质量方面，要求到 2025 年，$PM_{2.5}$ 平均浓度总体达标，地级及以上城市空气质量优良天数比例达 80% 以上。

4.2　长三角区域的环境空气质量监测站

《环境空气质量标准》（GB 3095—2012）于 2012 年颁布，2013 年开始在环境保护重点城市开始实施，自 2016 年 1 月 1 日起在全国实施。2013 年，全国有 74 个城市实施第一阶段监测，包括京津冀、长三角、珠三角等重点区域及直辖市、省会城市和计划单列市。2014 年，又增加了 87 个城市，共 161 个城市。2015 年，全国 338 个地级城市全部开展空气质量新标准监测，实现了所有地级城市全覆盖。

作为长三角区域的重要组成部分，上海市、江苏省、浙江省境内全部城市均为环境重点监测城市，是第一阶段新标准监测实施城市，安徽部分城市也是第一阶段新标准监测实施城市。各城市均有一定数量的国控环境空气质量监测站与省控环境空气质量监测站，对当地的空气质量进行实时监测。

目前，长三角区域三省一市的空气质量国控监测子站的数量如表 4-4 所示。作为环境重点监测区域，长三角区域环境空气质量监测站的分布密度远大于其他区域。

表 4-4　长三角区域三省一市的空气质量国控监测子站的数量

区域	数量 / 个		区域	数量 / 个	
	国控站	省控站		国控站	省控站
上海	19	—	浙江	48	111
江苏	93	115	安徽	68	66

资料来源：根据相关资料整理。

4.2.1　上海市环境空气质量监测站

“十三五”期间，上海市环境空气质量监测国控站点有 9 个评价点、1 个对照点。为使监测数据更加可靠，根据生态环境部要求，“十四五”期间将增加站点数量，调整为 19 个评价点，实现 16 个市辖行政区全覆盖，具体如表 4-5 所示。

表 4-5　上海市环境空气质量监测国控站点

时期	站点数量 / 个	站点名称
“十三五”期间	10	普陀监测站、杨浦四漂、卢湾师专附小、青浦淀山湖、虹口凉城、静安监测站、徐汇上师大、浦东川沙、浦东张江、浦东监测站。其中，青浦淀山湖站点为对照点，不参与全市平均
“十四五”期间	19	普陀监测站、杨浦四漂、卢湾师专附小、虹口凉城、静安监测站、徐汇上师大、浦东川沙、浦东张江、浦东监测站、松江图书馆、长宁仙霞、浦东惠南、闵行浦江、奉贤南桥新城、宝山庙行、金山新城、崇明上实东滩、嘉定南翔、青浦徐泾

资料来源：上海市生态环境局 https://sthj.sh.gov.cn/index.html。

4.2.2 江苏省环境空气质量监测站

目前，江苏省 13 个城市环境空气质量监测数据的实时信息可以在江苏省环境监测中心（http://www.jsem.net.cn/）的江苏省城市空气质量监测数据发布平台上查询，如图 4-1 所示。

图 4-1　江苏省城市空气质量监测数据发布平台

资料来源：http://218.94.78.75：20001/sjzx/airquality.html。

13 个设区市共有 93 个国控空气质量监测站，其情况如表 4-6 所示。

表 4-6　江苏省 13 市 93 个国控空气质量监测站分布情况

城市	国控监测子站数量 / 个	国控监测子站名称
南京	13	溧水永阳、草场门、瑞金路、玄武湖、中华门、山西路、迈皋桥、仙林大学城、奥体中心、浦口、江宁彩虹桥、六合雄州、高淳老职高
无锡	9	华庄、东亭、荣巷、雪浪、旺庄、漆塘、堰桥、黄巷、曹张
徐州	8	大泉街道、桃园路、铜山区招生办、黄河新村、淮塔、农科院、新城区、鼓楼区政府
常州	8	武进经开区、金坛城区、市监测站、行政中心、钟楼、经开区、武进监测站、安家
苏州	10	高铁新城、木渎中学、彩香、轧钢厂、上方山、相城区、吴中区、新区、工业园区、越秀幼儿园
南通	7	环境教育馆、虹桥、城中、星湖花园、狼山街道、紫琅学院、通州监测站
连云港	7	连云街道、工贸学校、市监测站、德源药业、湖沟管理处、矿山设计院、新城一中
淮安	6	钵池山、市监测站、北京南路、楚州区监测站、淮阴区监测站、新华书店
盐城	6	月亮广场、市监测站、电厂、开发区管委会、宝龙广场、大丰高级中学
扬州	5	市体育局、邗江区监测站、五台山医院、广陵建设局、引江管理处
镇江	4	市疾控中心、职教中心、丹徒区监测站、新区办事处
泰州	6	周山河街区、公园路、莲花、留学生创业园、王营、姜堰区政府广场
宿迁	4	宿迁学院、市供电局、宿迁中学、宿豫区政府
合计	93	

资料来源：江苏省生态环境厅 http://218.94.78.75：20001/sjzx/。

注：城市空气质量指数（AQI）评价以国控监测站点数据为评价依据，省控监测站点数据不参与评价。

除 93 个环境空气质量国控监测站以外，江苏省还有 115 个环境空气质量省控监测站点。为落实国家“谁考核、谁监测”的要求，江苏省环境监测中心会同13个驻市环境监测中心根据《江苏省生态环境厅关于做好全省环境空气和地表水自动监测站运维交接工作的通知》（苏环办［2020］73号）的要求，按照“省厅统筹组织，省中心统一管理，驻市中心协助运维，地方生态环境主管部门综合保障”的原则，对环境空气质量省控站进行监测事权上收，自2020年4月1日起交由省级运维管理。监测上收后省控站统一运维、统一质控。江苏省部分城市的省控空气质量监测站如表4-7所示。

表4-7 江苏省部分城市的省控空气质量监测站

城市	省控监测子站数量/个	省控监测子站名称
无锡	5	虹桥邮政、五星公园、第二实验小学、宜兴市环保局、宜园
徐州	18	黄河新村、淮塔、鼓楼区政府、新城区、桃园路、农科院、铜山区招生办、贾汪区环保局、邳州市监测站、新沂市监测站、丰县闸站管理处、沛县正阳路子站、睢宁县环保局、沛县煤电公司研发中心、丰县凤城文体站、睢宁乐园路、邳州中山路、新沂城南站
苏州	12	南门、彩香、轧钢厂、吴中区、高新区、工业园区、相城区、上方山、方洲公园、文昌中学、越秀幼儿园、托普学院
扬州	8	扬州监测站、扬州五台山医院、扬州财政所、扬州邗江监测站、江都监测站、仪征监测站、高邮监测站、宝应监测站
泰州	12	公园路、莲花、高港、留学生创业园、襟江小学、政务中心、政府广场、励才中学、靖江监测站、靖江中专、兴化环境监测站、兴化人武部

还有一些城市如苏州、无锡、徐州、连云港等建成空气质量实时发布平台并开始运行，如图4-2～图4-5所示，对于各市企事业单位、公众了解空气质量以及提升各市治污攻坚决策发挥了较好的支撑作用。

图4-2 无锡市环境空气质量实时发布平台

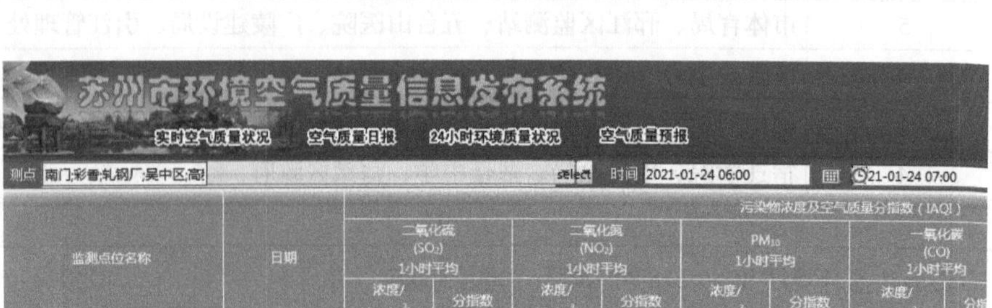

图4-3 苏州市环境空气质量实时发布平台

图 4-4　徐州市环境空气质量实时发布平台

图 4-5　连云港市环境空气质量实时发布平台

4.2.3　浙江省环境空气质量监测站

目前，浙江省 11 个城市环境空气质量监测数据的实时信息可以在浙江省生态环境监测中心（https://www.zjemc.org.cn/）的浙江省环境空气质量指数（AQI）发布平台上查询，如图 4-6 所示。

图 4-6　浙江省环境空气质量指数（AQI）发布平台

浙江全省共 48 个国控监测子站，111 个省控监测子站，具体分布如表 4-8 所示。可以看出，国控监测站均分布在市区，县区均为省控站。

表 4-8　浙江省 11 市国控、省控环境空气质量监测站分布情况

城市	国控监测子站		省控监测子站	
	数量 / 个	名称	数量 / 个	名称
杭州	12	西溪、卧龙桥、下沙、千岛湖、城厢镇、余杭镇、和睦小学、滨江、云栖、朝晖五区、浙江农大、临平镇	10	桐庐县：桐庐江南、桐庐江北 淳安县：老年活动中心、淳安环保大楼 建德市：监测楼、第二中学 富阳区：镇二中、文豪 临安区：第四中学、市府大楼
宁波	7	龙赛医院、太古小学、万里学院、钱湖水厂、白沙活动中心、区环保大楼、万里国际学校	10	象山县：文峰小学、石浦新港小学 宁海县：宁海跃龙站、宁海城南站 余姚市：龙山公园、七里浦水厂 慈溪市：实验小学、慈溪环保大楼 奉化区：教育局、溪口政府大楼

续表

城市	国控监测子站		省控监测子站	
	数量 / 个	名称	数量 / 个	名称
温州	4	市站、龙湾、南浦、瓯海	13	洞头区：北岙 永嘉县：瓯北、上塘 平阳县：平阳监测站、平阳县政府 苍南县：龙港、灵溪 文成县：大峃 泰顺县：罗阳 瑞安市：安阳新区、花园桥 乐清市：柳市、乐成
嘉兴	3	清河小学、嘉兴学院、南湖区残联	12	嘉善县：气象观测台、监测大楼 海盐县：南北湖、高级中学、环保大楼 海宁市：硖石街道、监测大楼 平湖市：东湖、陆家桥村 桐乡市：植材小学、振东新六中站、矛盾小学
湖州	3	城西水厂、仁皇山新区、吴兴区站	6	德清县：地信科创园、永安站 长兴县：龙山新区、职教中心 安吉县：安吉科技馆、安吉城东
绍兴	3	城东开发区、袍江站、树下王	11	柯桥区：县政府、湖塘中学 新昌县：钟楼站、城东站 诸暨市：杨树畈、运管所站 上虞区：上虞区环保局、城南站 嵊州市：丽湖小区、马演初初中站、嵊州市环保大楼
金华	3	市监测站、武警支队、十五中	14	武义县：武义县环保大楼、县政府大楼 浦江县：浦江中学、实验中学 磐安县：磐安县环保大楼、磐安县国税大楼 兰溪市：兰溪八中、兰溪市监测站 义乌市：江东、北苑 东阳市：广厦学院、东阳市环保大楼 永康市：西城供电所、永康市监测站
衢州	3	实验学校、衢州学院、环保大楼	8	常山县：常山环保大楼、图书馆大楼 开化县：钱江源、气象局 龙游县：工业园区、建设大楼 江山市：江山环保大楼、人民医院
舟山	3	定海檀枫、临城新区、普陀东港	3	岱山县：岱山环保大楼 嵊泗县：嵊泗菜园 普陀区：舟山普陀区

续表

城市	国控监测子站		省控监测子站	
	数量 / 个	名称	数量 / 个	名称
台州	4	台州环保大楼、金清、黄岩环保大楼、路桥田洋王	11	玉环市：楚门中心小学、玉环环检站 三门县：三门环检站 天台县：实验中学、天台县环保大楼 仙居县：仙居县环检站、新生中学 温岭市：温岭环检站、之江中学 临海市：临海环保大楼、巾山实验小学
丽水	3	余庄前、莲都小学、监测站大楼	13	青田县：青田二中、塔山小学 缙云县：缙云中学、信访大楼 遂昌县：儿童公园、遂昌中学 松阳县：松阳监测楼、和平水厂 云和县：云和县环保楼顶 庆元县：庆元监测楼 景宁县：景宁县政府 龙泉市：环保大楼、粮食大楼
合计	48		111	

资料来源：浙江省生态环境厅 http://aqi.zjemc.org.cn/aqi/flex/index.html。

4.2.4 安徽省环境空气质量监测站

目前，安徽省 16 个城市环境空气质量监测数据的实时信息可以在安徽省生态环境厅（http://sthjt.ah.gov.cn/）的主页上查询。

安徽全省共 68 个国控监测站、66 个省控监测站，具体分布如表 4-9 所示：

表 4-9 安徽省 124 个空气质量监测站分布情况

城市	国控监测站		省控监测站	
	数量 / 个	名称	数量 / 个	名称
合肥	10	高新区、长江中路、董铺水库、瑶海区、琥珀山庄、滨湖新区、明珠广场、庐阳区、包河区、三里街	5	庐江县气象观测场、肥东计生服务站、肥西县监测站、美欣达、长丰县监测站
芜湖	4	科创中心、监测站、济民医院、四水厂	4	无为县环保局、南陵县交通局、繁昌县老年大学、芜湖县城南站
蚌埠	6	高新区、蚌埠田家炳中学、蚌埠学院、百货大楼、淮上区政府、工人疗养院	3	固镇县监测站大楼、五河县人民政府办公楼、怀远县涡北新城区

续表

城市	国控监测站		省控监测站	
	数量／个	名称	数量／个	名称
淮南	6	谢家集区政府、益益乳业工业园、焦岗湖风景区管理处、潘集区政府、师范学院、八公山区政府	2	寿县老环保大楼、凤台县
马鞍山	5	马钢、濮塘、湖东路四小、慈湖、开发区	4	博望、和县一中、当涂县环保大楼、含山县第一中学
淮北	3	职业技术学院、监测站、烈山区政府	1	濉溪县环保局
铜陵	6	车站新区、职教基地、市第四中学、市第九中学、市新民污水厂、市公路局	2	义安区第一中学、枞阳县环保局
安庆	4	马山宾馆、环科院、市人大、安庆大学	7	桐城市开发区第二小学、怀宁县青妇活动中心、望江县环保局、岳西县环保局、太湖县法华路62号、潜山县老环保局、宿松县气象局
黄山	3	黄山区政府5号楼、黄山东路89号、延安路89号	5	文体局、歙县环保局、永泰技术、休宁县气象局、徽州区水厂
滁州	3	老年大学、市政府原办公楼、人大宾馆	6	凤阳县三中、定远县第二中学、全椒县老城区、明光市环保局、天长市环保局、来安县二中
阜阳	3	阜阳职业技术学院、开发区、市监测站	7	颍泉区、颍东区、界首市人民政府、阜南县环保局、颍上县第一中学、临泉县环保局、太和中学
宿州	3	远航博物馆、火车站、一中	3	萧县监测站、灵璧县奇石广场、泗县市府广场
六安	4	监测大楼、皖西学院、朝阳厂、开发区	5	叶集区环保局、霍邱县环保局大楼、舒城县政府、霍山县环保局、金寨县老干部活动中心
亳州	2	污水处理厂、三国揽胜宫	3	利辛县兴华医院、涡阳县环保局、蒙城县监测站
池州	3	池州学院、平天湖、展览馆	3	青阳县国土城关分局、东至县教体局、石台县黎明路
宣城	3	鳌峰子站、敬亭山子站、开发区子站	6	郎溪县国税子站、泾县稼祥中学、广德市监测站、绩溪县绩溪中学、宁阳中学、旌德公安局
合计	68		66	

资料来源：安徽省生态环境厅 http://sthjt.ah.gov.cn/site/tpl/5371。

为了确保省控环境空气质量监测站数据的代表性，安徽省于 2017 年、2020 年分两批对省控环境空气自动监测站的运维工作及监测事权工作进行交接与上收，此项工作不涉及空气站固定资产归属问题。为了确保顺利完成，安徽省生态环境监测中心还成立了督察组，对交接及上收工作进行现场督察。

4.3 长三角区域的空气质量

4.3.1 41 个城市的空气质量总体情况

虽然《环境空气质量标准》（GB 3095—2012）于 2012 年颁布，2013 年开始在环境保护重点城市开始实施，但是长三角区域 41 个城市实施的时间并不一致。上海、江苏、浙江实施较早，安徽实施较晚。

考虑到数据的可得性，本节的空气质量数据从 2015 年开始。从长三角区域近年来雾霾污染情况来看，总体情况有所好转。2019 年，长三角区域平均优良天数比例为 76.5%，6 项污染物浓度中 $PM_{2.5}$、PM_{10}、SO_2 浓度较 2018 年分别降低了 2.4%、3.0%、10.0%，CO、NO_2 浓度较 2018 年没有发生太大变化，但是 O_3 浓度较 2018 年增长了 7.2%。由 2019 年与 2015 年三省一市的数据对比来看，江苏省和安徽省的 O_3 浓度分别增加了 3 $\mu g/m^3$、32 $\mu g/m^3$，NO_2 只有安徽省增加了 1 $\mu g/m^3$，其他各项指标浓度均降低。

2015 年，长三角区域平均超标天数比例为 27.9%，超标天数中以 $PM_{2.5}$ 为首要污染物的天数最多，占超标天数的 57.5%；2019 年，长三角区域平均超标天数比例为 23.5%，$PM_{2.5}$ 浓度较 2015 年有所下降，但以 $PM_{2.5}$ 为首要污染物的天数仍占超标天数的绝大比例，为 44.3%。雾霾中含有的 $PM_{2.5}$，比大的颗粒物活性更高、悬浮的时间更长、传输距离更远、附着的毒性物也更多，因此 $PM_{2.5}$ 被认为是雾霾污染的罪魁祸首。图 4-7 是 2015—2019 年长三角区域 41 个城市 $PM_{2.5}$ 浓度变化总体趋势图。$PM_{2.5}$ 浓度来自 $PM_{2.5}$ 历史数据网，摘自 2015 年 1 月至 2019 年 12 月的月度历史数据，根据算术平均法计算出的年度数据。

可以看出，长三角区域 41 个城市近 5 年来 $PM_{2.5}$ 浓度变化总体趋势下降，其中湖州、金华、无锡、合肥下降最为明显，这 4 个城市 2019 年 $PM_{2.5}$ 浓度较 2015 年分别下降 22.75 $\mu g/m^3$、22.17 $\mu g/m^3$、21.42 $\mu g/m^3$、21.25 $\mu g/m^3$；淮南、池州 5 年内 $PM_{2.5}$ 浓度有波动，但无明显下降趋势，2019 年较 2015 年 $PM_{2.5}$ 浓度分别上升 4.33 $\mu g/m^3$、6.75 $\mu g/m^3$。41 个城市中有 32 个城市的 $PM_{2.5}$ 浓度 2015 年为最高值；8 个城市 $PM_{2.5}$ 2017 年浓度达到最高值，分别是徐州、淮南、淮北、安庆、阜阳、宿州、亳州和池州；宣城市 $PM_{2.5}$ 浓度

2016 年达到最高值。

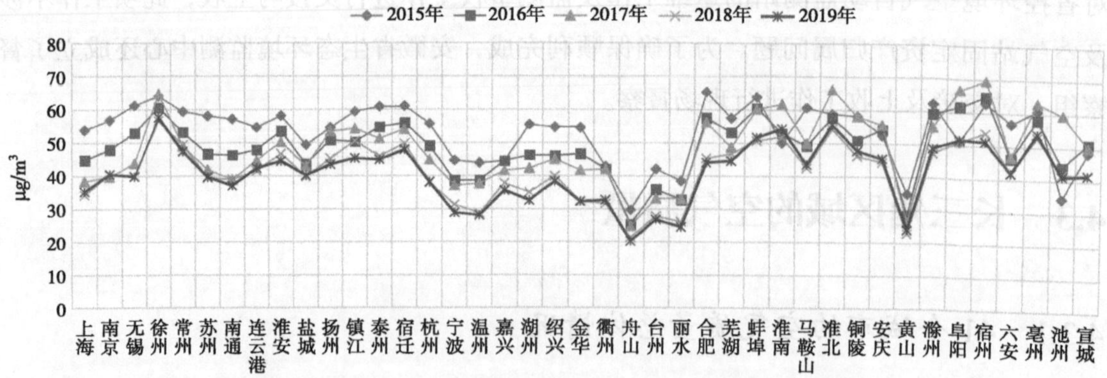

图 4-7　2015—2019 年长三角区域 41 个城市 $PM_{2.5}$ 浓度变化

资料来源：$PM_{2.5}$ 历史数据查询网 https://www.aqistudy.cn/historydata/（2015—2019 年）。

4.3.2　重点城市的空气质量情况

4.3.2.1　上海市

2015—2019 年上海市 6 种污染物的月浓度变化如图 4-8 所示。

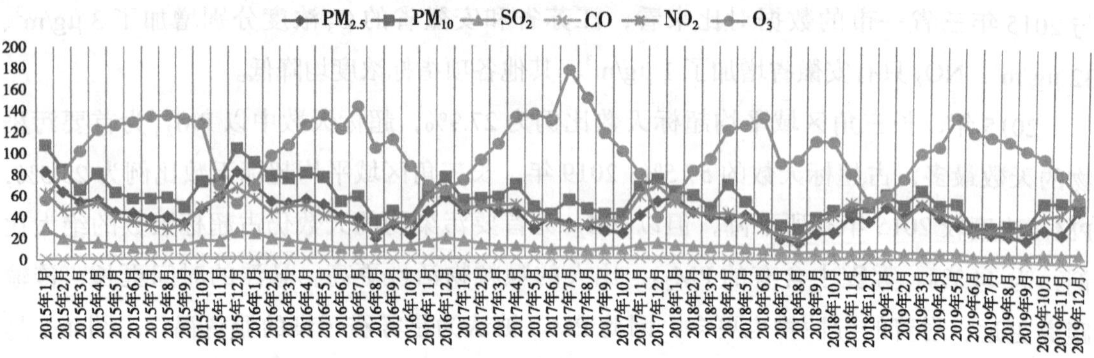

图 4-8　2015—2019 年上海市 6 种污染物的月度浓度

注：数值单位：μg/m³（CO 为 mg/m³）。

由图 4-8 可以看出，2015—2019 年上海市的 $PM_{2.5}$、PM_{10}、SO_2、NO_2 年均浓度在持续下降，这 4 种污染物浓度呈现明显的季节性特征，冬季的浓度最高；但是 O_3 浓度夏季最高，月度最大值曾达到 177 μg/m³。与南京、杭州、合肥相比，上海的空气质量更优。

4.3.2.2　南京市

2015—2019 年南京市 6 种污染物的月浓度变化如图 4-9 所示。

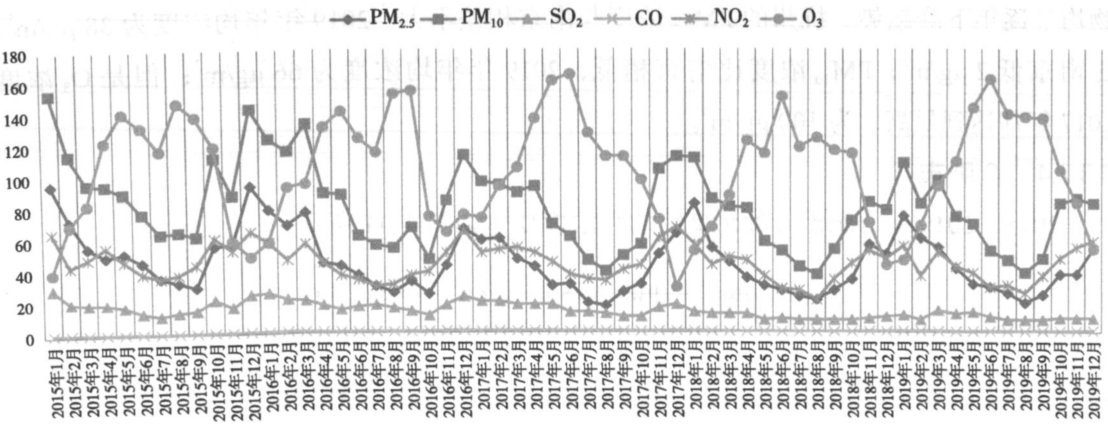

图 4-9　2015—2019 年南京市 6 种污染物的月度浓度

注：数值单位：μg/m^3（CO 为 mg/m^3）

由图 4-9 可以看出，南京市的各种污染物浓度均高于上海，并呈现明显的季节特征。2015—2019 年南京市的 $PM_{2.5}$、PM_{10}、SO_2、NO_2 年均浓度也在持续下降，其中 $PM_{2.5}$ 浓度由 2015 年的 57 μg/m^3 下降至 2019 年的 40 μg/m^3，PM_{10} 浓度由 2015 年的 97 μg/m^3 下降至 2019 年的 72 μg/m^3，SO_2、CO 浓度一直保持较低水平；O_3 浓度 2017 年达到 112 μg/m^3，2018 年稍低。

4.3.2.3　杭州市

2015—2019 年杭州市 6 种污染物的月浓度变化如图 4-10 所示。

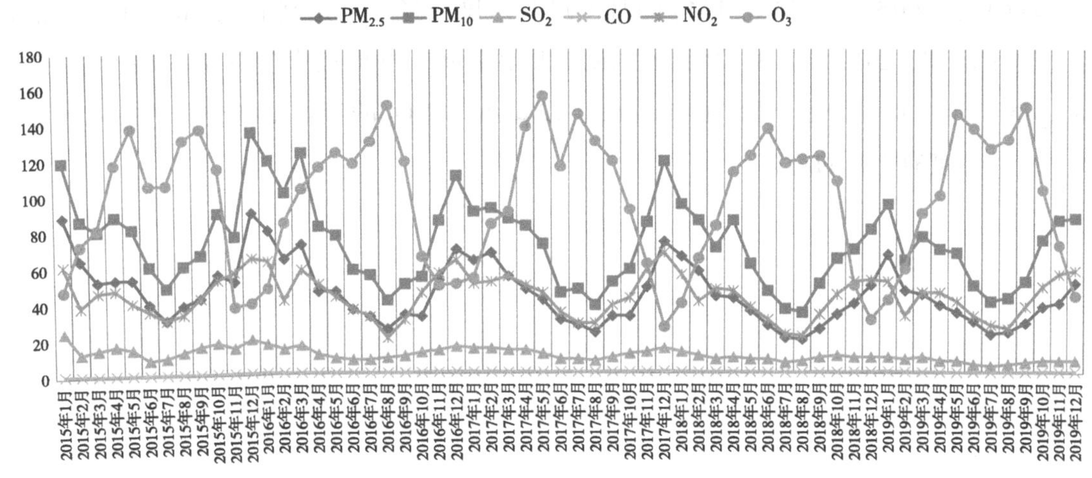

图 4-10　2015—2019 年杭州市 6 种污染物的月度浓度

注：数值单位：μg/m^3（CO 为 mg/m^3）。

由图 4-10 可以看出，杭州的各种污染物浓度也呈现明显的季节特征，$PM_{2.5}$、PM_{10}、SO_2、NO_2 冬季的浓度高于其他季节，O_3 浓度夏季达到最高。除 O_3 外，其他各种污染物均呈逐年下降趋势。杭州的 $PM_{2.5}$ 浓度与南京相差不大，2019 年年均浓度为 38 μg/m^3，比南京低 2 μg/m^3；PM_{10} 浓度比南京稍低，2019 年年均浓度为 66 μg/m^3；但是 O_3 浓度 2017 年却达到最高，为 100 μg/m^3。

4.3.2.4　合肥市

2015—2019 年合肥市 6 种污染物的月浓度变化如图 4-11 所示。

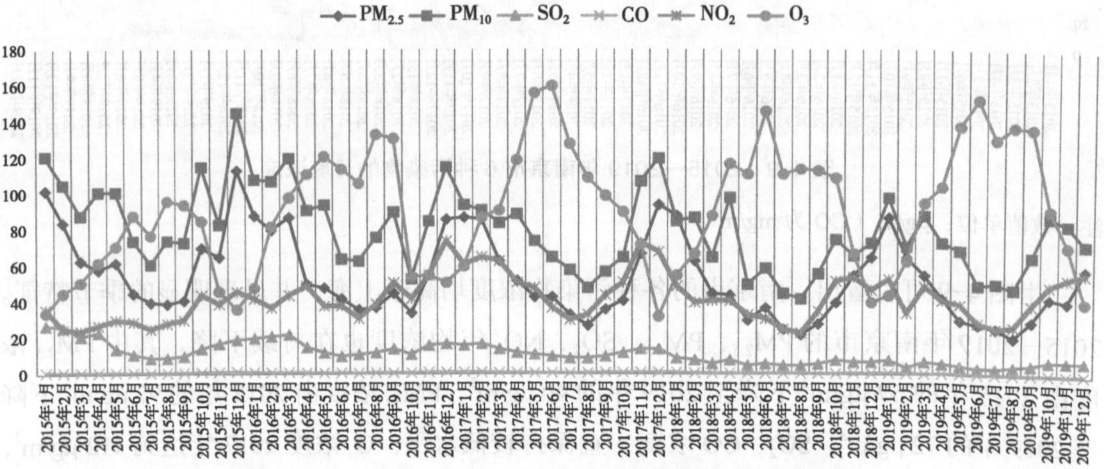

图 4-11　2015—2019 年合肥市 6 种污染物的月度浓度

注：数值单位：μg/m^3（CO 为 mg/m^3）。

与上海、南京、杭州相比，合肥的 $PM_{2.5}$、PM_{10} 最高，各种污染物浓度的季节性趋势也比较明显。2015 年，$PM_{2.5}$、PM_{10} 的月度最高浓度曾经分别达到 113 μg/m^3、145 μg/m^3；经过逐年治理，2019 年，两项污染物浓度大幅下降，月度最大值分别下降 65 μg/m^3、88 μg/m^3；年度均值分别下降为 44 μg/m^3、72 μg/m^3。NO_2 的年均浓度变化趋势不明显，O_3 的年均浓度有上升的趋势。

第5章

长三角区域雾霾污染的影响因素分析

研究表明，雾霾污染的影响因素可以分为两大类：社会经济因素、自然环境因素[92]。

5.1 社会经济因素

雾霾污染的社会经济因素包括人均可支配收入、人均 GDP、人口密度、常住人口、三次产业结构、原煤消费量、工业废气排放量、民用车辆拥有量、城镇化进程等因素[93，94]。

5.1.1 人均可支配收入

人均可支配收入是消费的决定性因素，可以反映一个城市的平均生活水平。根据环境库兹涅茨曲线假说，经济发展水平较低时对应的环境污染程度也较轻；从长期来看，随着人均收入增加，环境污染程度呈先上升后下降的趋势。长三角区域 41 个城市的人均可支配收入较高，在文明城市创建、科技水平等方面比人均可支配收入低的城市会更好、更先进，所以对于雾霾污染治理会更好。

长三角区域 41 个城市的人均可支配收入数据从各城市统计年鉴获取，安徽省部分城市 2019 年的人均可支配收入数据缺失，按三次移动平均法计算得到。

按省份来看，浙江省总体人均可支配收入要高于江苏省和安徽省，安徽省大部分城市低于同年其他省（区、市）的人均可支配收入。从图 5-1 中可以更加直观地看出这三省一市 2015—2019 年的总体变化情况，三省一市省内人均可支配收入逐年增长。从 2015—2019 年增长的幅度来看：上海市增幅最大，2019 年较 2015 年增加了 13 666 元；浙江省次之，增加了 9 977 元；江苏省第 3，增加了 8 494 元；安徽省增幅最小，为 5 874 元。

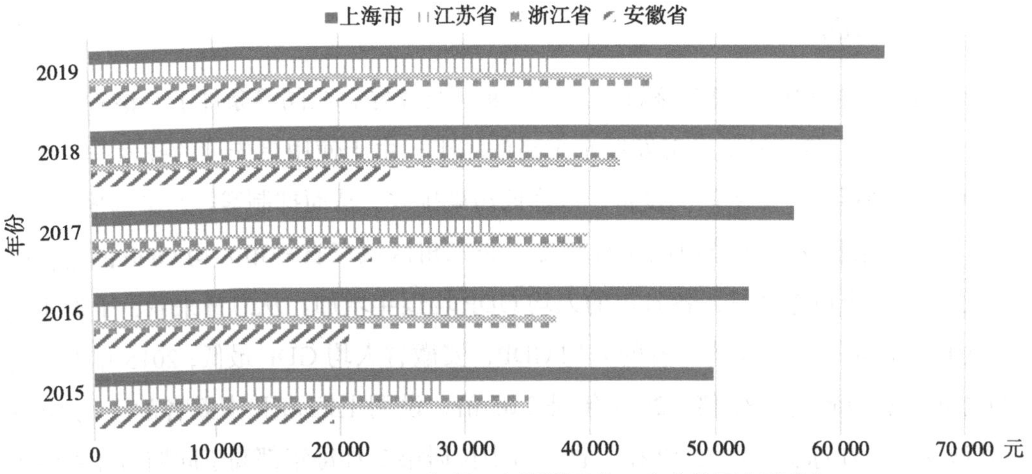

图 5-1 2015—2019 年长三角区域三省一市人均可支配收入

资料来源：各市统计年鉴（2016—2020 年）。

图 5-2 为 2015—2019 年长三角区域 41 个城市的人均可支配收入情况。

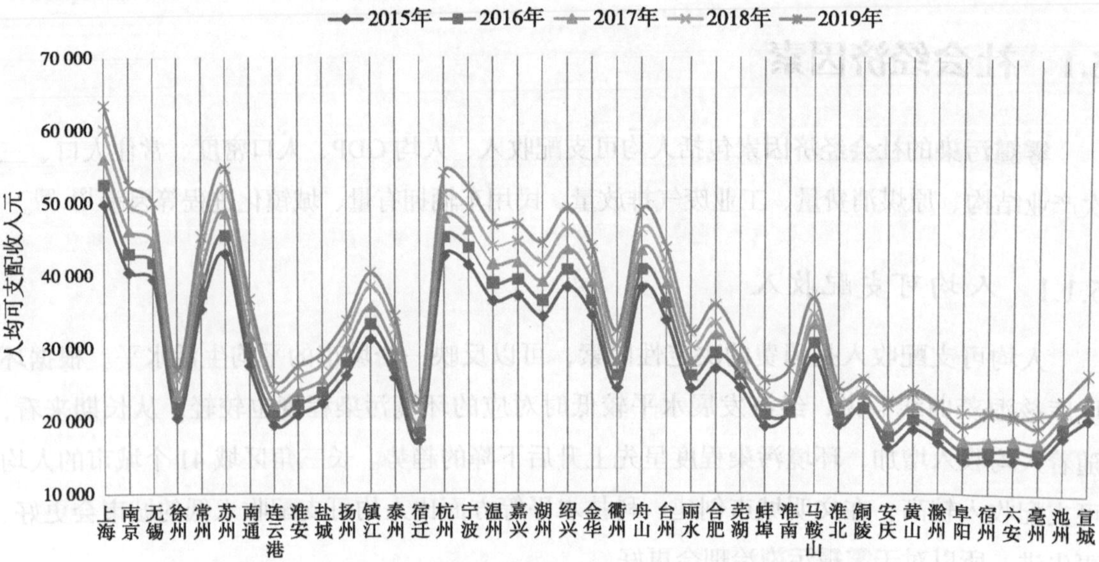

图 5-2　2015—2019 年长三角区域 41 个城市人均可支配收入

资料来源：各市统计年鉴（2016—2020 年）。

由图 5-2 可以看出，41 个城市人均可支配收入 2015—2019 年的总体趋势是逐年增长，但是不同城市之间的人均可支配收入差距较大，上海最高，阜阳、六安、宿州、亳州等城市最低，最高值约为最低值的近 3 倍；同一城市 2015—2019 年的变化差距较大，如上海、南京、无锡、常州、苏州等城市 2019 年较 2015 年人均可支配收入增加 10 000 多元，而阜阳、亳州、池州增加额不到 5 000 元。

5.1.2　人均 GDP

人均 GDP 高的省市，说明该省市经济发展状况较好。在同等条件下，该省市能源消耗总量也可能会更多，但是经济发展水平高的城市，由于使用更先进的技术与设备去改进或替换能源消耗大、效率低的设备，以降低污染排放，从而抑制雾霾污染的形成。

人均 GDP 数据来自各省市的统计年鉴。长三角区域三省一市人均 GDP 的总体情况见图 5-3。从总体趋势来看，各省市的人均 GDP 均逐年增加。从总量来看，上海市每年人均 GDP 明显高于同年其他三省的人均 GDP，安徽省人均 GDP 最低；2015 年上海市的人均 GDP 是安徽省的 2.87 倍，2019 年是 2.65 倍，说明上海市和安徽省的人均 GDP 的差距略微缩小；江苏省人均 GDP 在三省一市中位居第 2 且每年都高于同期浙江省的人均 GDP，平均每年为浙江省的 1.15 倍。

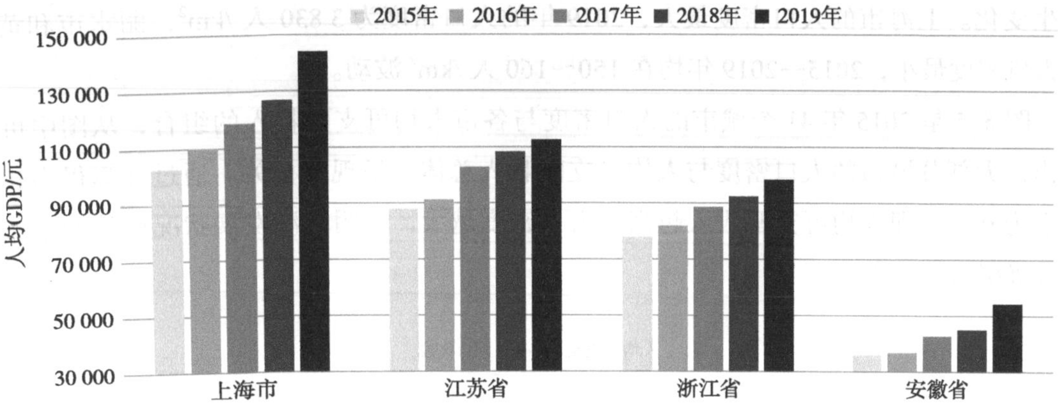

图 5-3　2015—2019 年长三角区域三省一市人均 GDP

资料来源：各省市统计年鉴（2016—2020 年）。

5.1.3　人口密度

人口密度是衡量单位土地面积上人口数量的一个指标。一般来说，人口密度高的城市，经济和社会活动会比人口密度低的地方多，排放的污染物总量也会更多，与雾霾污染应成正比，但是通过计算，长三角区域人均可支配收入与人口密度呈现正相关性。就长三角区域城市而言，人口密度高的城市由于经济发展状况较好，工业生产的设备较完善，污染排放等处理效果好，最终与雾霾污染关系未必呈正相关。

人口密度数据来自各省市统计年鉴，因有些城市没有统计这一项目，便按照该年该市的常住人口与该市的面积的比值计算得出，单位：人 /km^2。从长三角区域人口密度可以直观看出该地区人口分布情况（图 5-4）。41 个城市 2015—2019 年人口密度几乎没有

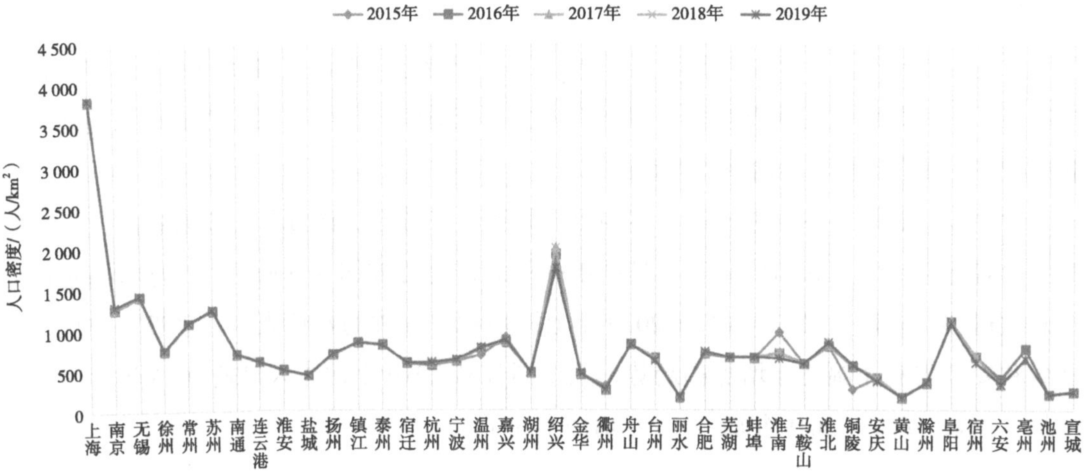

图 5-4　2015—2019 年长三角区域 41 个城市人口密度

资料来源：各省市统计年鉴（2016—2020 年）。

发生变化。上海市的人口密度最大，2019 年的人口密度为 3 830 人 /km²，丽水市和黄山市人口密度最小，2015—2019 年均在 150～160 人 /km² 波动。

图 5-5 是 2015 年 41 个城市的人口密度与各市人均可支配收入的组合，从图中可以看出，大部分城市的人口密度与人均可支配收入总体上呈现正相关。通过计算得出相关系数为 0.56，即人均可支配收入越高，人口密度越大，说明经济发展状况好的城市，也比较吸引人口聚集。

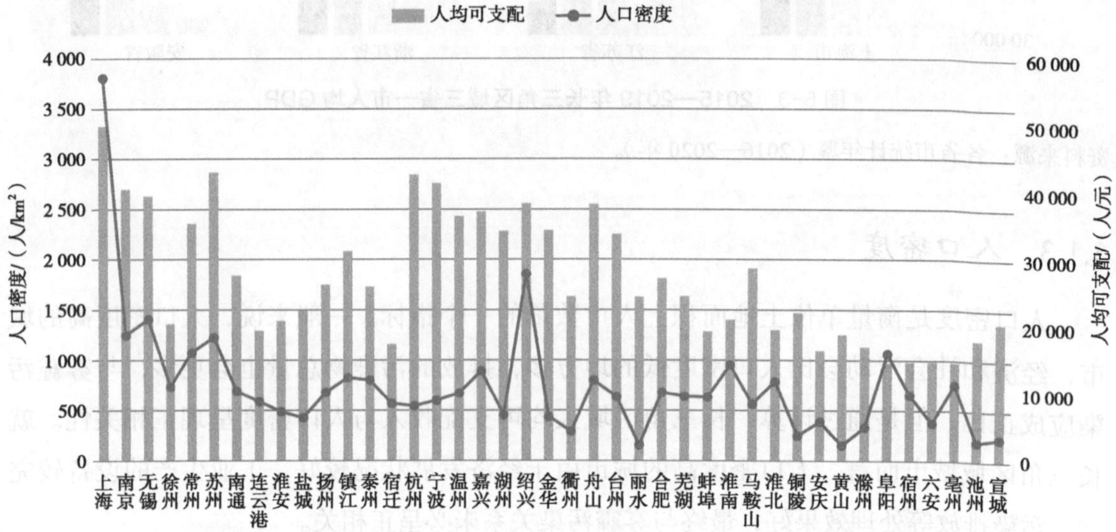

图 5-5　2015 年长三角区域 41 个城市的人口密度与各市人均可支配收入

资料来源：各市统计年鉴（2016 年）。

5.1.4　常住人口

常住人口是衡量一个城市长期居住人口的一个指标。常住人口多的地方，说明该城市吸引人们长久居住的优点较多，相对来说会比较适宜居住。从某一方面可以反映环境状况较好，或者雾霾污染治理能力较高。

常住人口数据在各省市统计年鉴均可查找到。江苏省、浙江省、安徽省的常住人口为省内各地级市常住人口的总和，具体数据和总体趋势如图 5-6 所示。江苏省的常住人口总数最多，安徽省最少；2015—2019 年上海市和江苏省的常住人口几乎没有变化，浙江省和安徽省有小幅逐年增加的趋势，其中浙江省 2019 年常住人口较 2015 年常住人口增加了 5%，安徽省 2019 年较 2015 年增加了 3%。

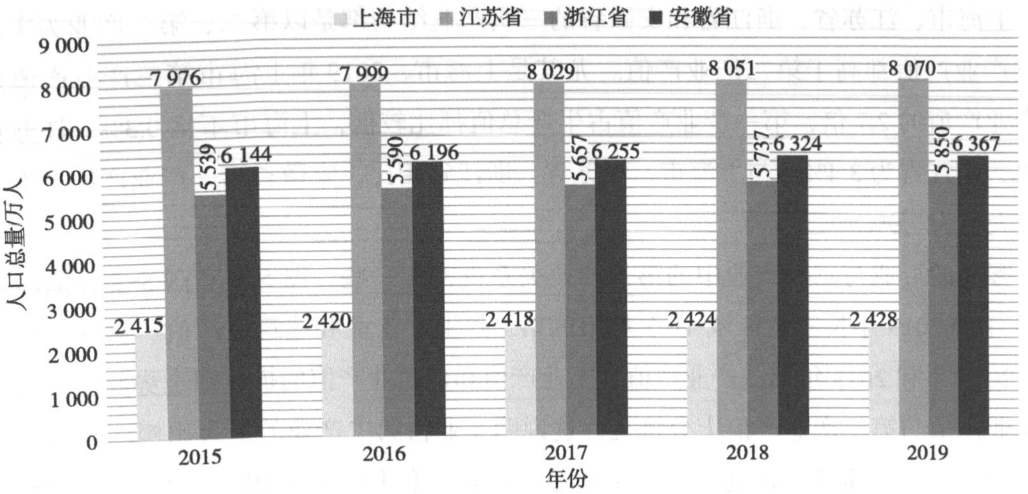

图 5-6　2015—2019 年长三角区域三省一市常住人口总量

资料来源：各省市统计年鉴（2016—2020 年）。

5.1.5　三次产业结构

三次产业中，尤其是第二产业中的工业产值和建筑业产值在生产总值中占比较大的城市，其工业和建筑业较为发达。一方面高能源消耗量导致高废气排放量，另一方面施工工地和装修造成的扬尘，都会导致空气中的悬浮颗粒物增加。第三产业产值占生产总值比重越高，其能源消耗和污染排放量就会越低，对应的雾霾污染就会减少。

长三角区域三省一市 41 个城市的三次产业产值数据均可在统计年鉴获取。2019 年长三角区域三省一市的三次产业结构如图 5-7 所示。

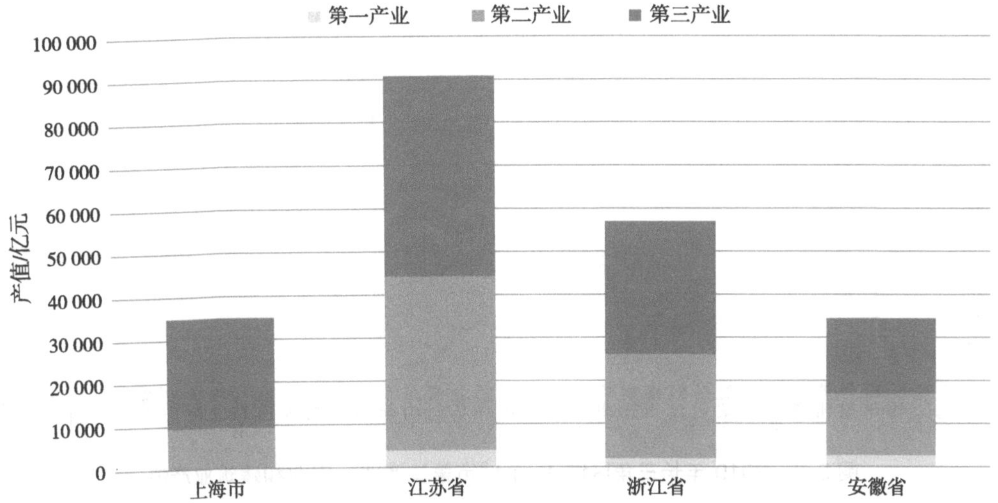

图 5-7　2019 年长三角区域三省一市的三次产业结构

资料来源：各省统计年鉴（2020 年）。

上海市、江苏省、浙江省和安徽省的三次产业结构都是以第二、第三产业为主，且第三产业产值都高于第二产业产值。尤其是上海市，2019 年上海市第三产业产值是第二产业产值的 2.7 倍，第一产业产值占生产总值都比较低，上海市不足 0.3%，江苏省为 4.3%，浙江省为 3.4%；与上海市、江苏省、浙江省相比，安徽省第一产业产值占生产总值较大，为 7.9%。

雾霾的形成与三次产业中的第二产业关系更密切一些。图 5-8 和图 5-9 分别展示了 2015 年和 2019 年长三角区域 41 个城市的第二产业、工业和建筑业产值。从总体趋势上看，2015 年和 2019 年第二产业产值、工业产值和建筑业产值的折线图走势变化不大，其中工业产值与第二产业产值十分接近，这说明工业占第二产业的绝大比例，特别是安徽省，折线图几乎重叠。而建筑业产值占第二产业产值相对则低很多，上海市 2015 年和

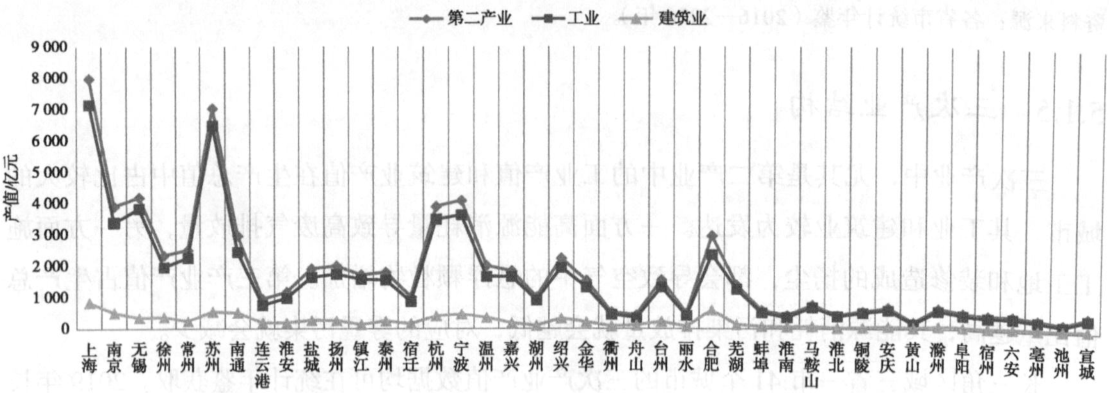

图 5-8　2015 年长三角区域 41 个城市第二产业、工业和建筑业产值

资料来源：各市统计年鉴（2016 年）。

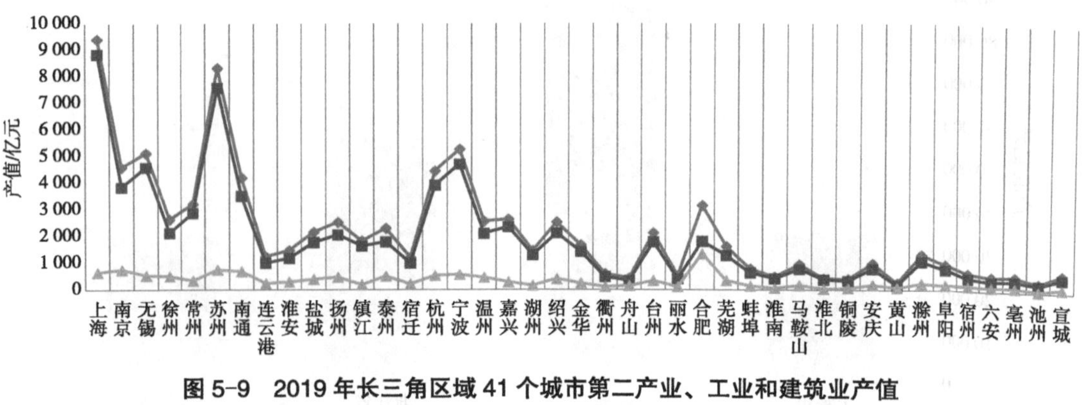

图 5-9　2019 年长三角区域 41 个城市第二产业、工业和建筑业产值

资料来源：各市统计年鉴（2020 年）。

2019 年建筑业产值占第二产业产值的比例分别为 10.7%、7.0%；工业产值分别占第二产业产值的 89.6%、93.9%。上海市工业产值有上升趋势，建筑业产值有下降趋势；合肥市则与该趋势相反，其建筑业产值 2019 年是 2015 年的 2.25 倍，但与此同时，工业产值减少 561 亿元。另外，变化较为明显的是滁州市，2019 年的第二产业、工业、建筑业产值分别是 2015 年的 2 倍、1.9 倍、2.97 倍，说明滁州市的建筑业产值增长速度比工业产值快。

5.1.6 原煤消费量

原煤没有加工前，含有较多有害杂质，是一种高污染、低利用率的非清洁能源，是造成空气污染、雾霾的重要原因之一。原煤的数据来自各城市的统计年鉴，有部分城市的数据缺失，按照该年原煤消费量 =（相邻一年原煤消费量 / 工业产值）× 该年的工业产值，单位为万 t。

图 5-10 为长三角区域 41 个城市 2015—2019 年的原煤消费量，5 年内原煤消费总量总体上没有大的变化，只有徐州市、淮北市有较为明显逐年递减的趋势：徐州市 2019 年较 2015 年减少了 1 092 万 t，淮北市 2019 年较 2015 年减少了 743 万 t。苏州市和淮南市每年的原煤消费量都在 4 000 万 t 以上，为原煤能耗大户。其中宿迁、丽水、黄山、六安、池州和宣城每年的原煤消费量都在 500 万 t 以下，原煤消费量最少的是黄山市，每年都在 10 万 t 以下。

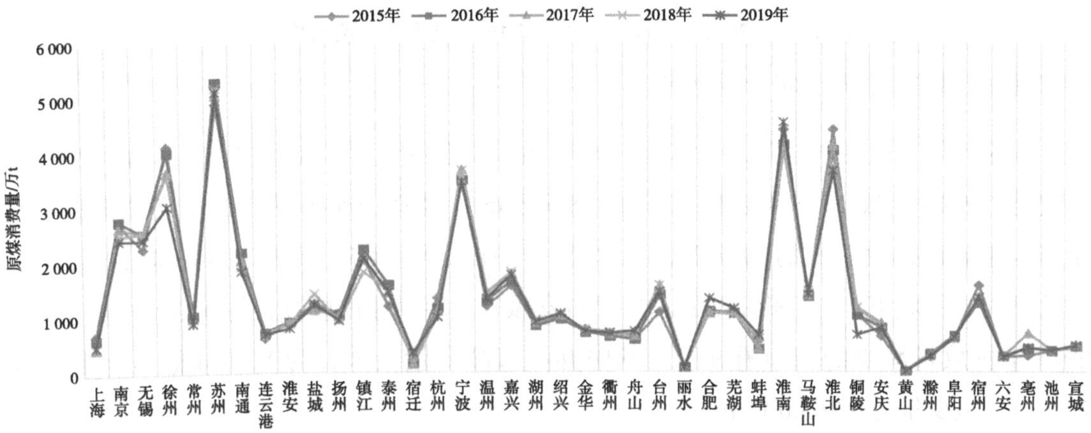

图 5-10　2015—2019 年长三角区域 41 个城市原煤消费量

资料来源：各市统计年鉴（2016—2020 年）。

5.1.7 工业废气排放量

工业废气的排放直接导致空气中污染物增多，工业废气中的二氧化硫、氮氧化物也是雾霾的主要成分。工业废气排放导致空气中的悬浮物增加，加速雾霾形成。

由于长三角区域 41 个城市统计年鉴中，工业废气排放数据统计口径不同，所以为了统一口径以安徽省 2015—2018 年各城市的工业废气排放情况来说明，安徽省 2020 年统计年鉴无 2019 年数据，因此只收集整理了 4 年的安徽省废气排放情况，如图 5-11 所示。

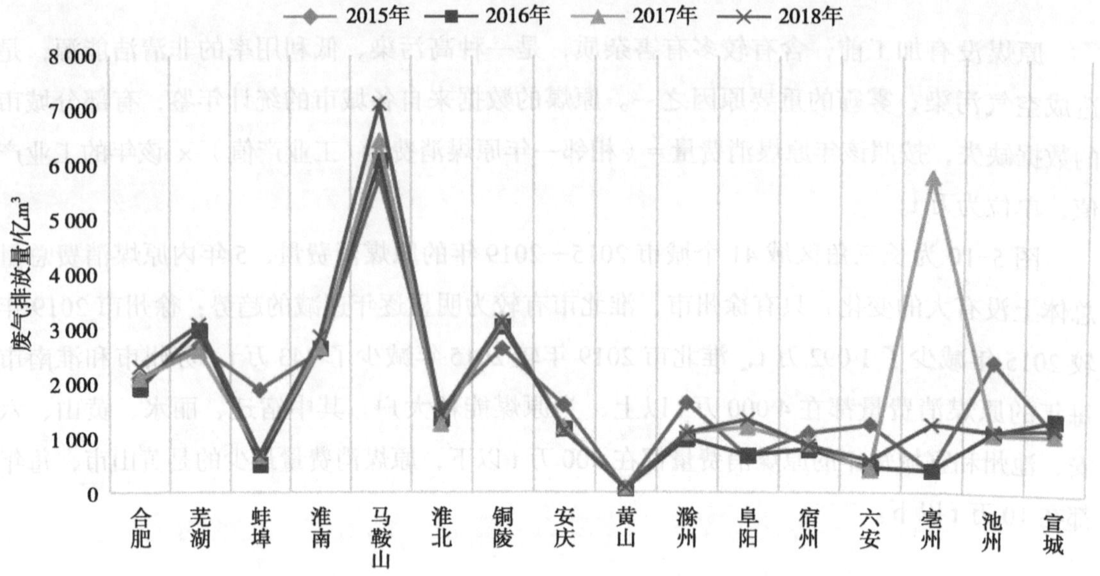

图 5-11　2015—2018 年安徽省 16 个城市工业废气排放量

资料来源：安徽统计年鉴（2016—2019 年）。

从这 4 年工业废气排放总量来看，马鞍山市工业废气排放量最高，且 4 年来呈上升的趋势，2018 年较 2015 年多排放了 1 358.6 亿 m^3，马鞍山 4 年累计工业废气排放量占全省 4 年累计排放总量的 21.98%，占比超过全省总量的 1/5。黄山市是安徽省工业废气排放量最少的城市，4 年累计排放总量仅占安徽省 4 年累计排放总量的 0.23%。2016 年较 2015 年排放量减少的城市有 9 个，其中蚌埠市减少量最大，为 1 354.4 亿 m^3，其次为池州市，减少量为 1 265.0 亿 m^3。

工业烟（粉）尘排放量增加，直接导致空气中的细小颗粒物增加，使悬浮物浓度上升，是形成雾霾天气的重要原因之一。部分缺失数据的城市，按照下面的公式估算：2018 年排放量 ×（1- 前 4 年间的每年下降比率的均值），单位为万 t。图 5-12 为 2015—2019 年工业烟（粉）尘不同量级排放量的城市数量。

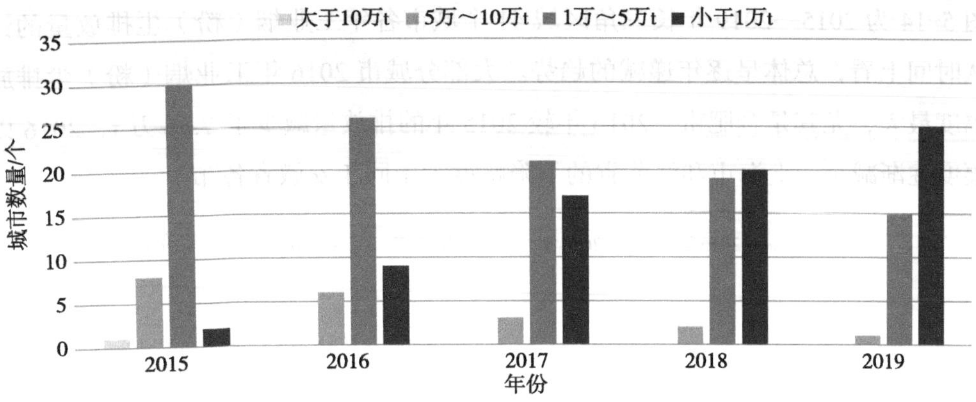

图 5-12　2015—2019 年工业烟（粉）尘不同量级排放量的城市数量

资料来源：《中国城市统计年鉴》（2016—2019 年），各市统计年鉴（2020 年）。

由图 5-12 可以看出，2015—2019 年 41 个城市中，仅 1 个城市在 2015 年烟（粉）尘排放量高于 10 万 t。随着时间的推移，排放量在 1 万～5 万 t 的和 5 万～10 万 t 的城市数量在不断减少，排放量小于 1 万 t 的城市数量呈快速上升趋势。可见工业烟（粉）尘排放量从总体上在逐年下降。

图 5-13 为 2015—2019 年长三角区域 41 个城市的工业烟（粉）尘排放总量的具体情况。其中，马鞍市 2015—2019 年累计排放量最高，为 34.04 万 t，占整个长三角区域 5 年累计排放总量的 8%；舟山市 5 年累计排放量最少，为 0.87 万 t，仅占长三角区域 5 年排放总量的 0.2%。无锡市的排放总量位列第 2，另外，常州、苏州、南京、上海、徐州 5 个城市的排放总量也较高。

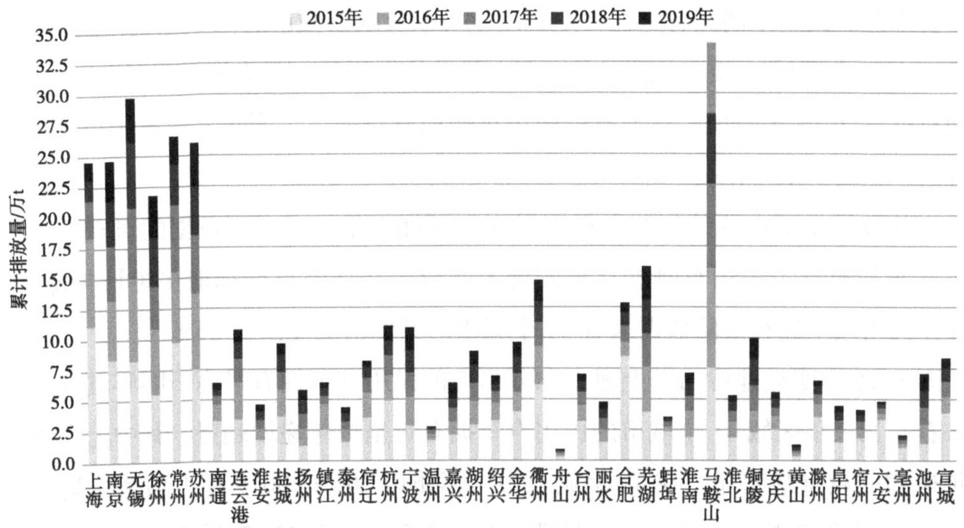

图 5-13　2015—2019 年长三角区域 41 个城市各年工业烟（粉）尘 5 年累计排放总量

资料来源：《中国城市统计年鉴》（2016—2019 年），各市统计年鉴（2020 年）。

图 5-14 为 2015—2019 年长三角区域 41 个城市各年工业烟（粉）尘排放量的详细情况。从时间上看，总体呈逐年递减的趋势。大部分城市 2016 年工业烟（粉）尘排放量下降的幅度最大，尤其是合肥市，2016 年较 2015 年的排放量减少了 7.36 万 t，2016 以后下降的幅度逐渐减小。上海市和江苏省的下降幅度大于同年安徽省各市。

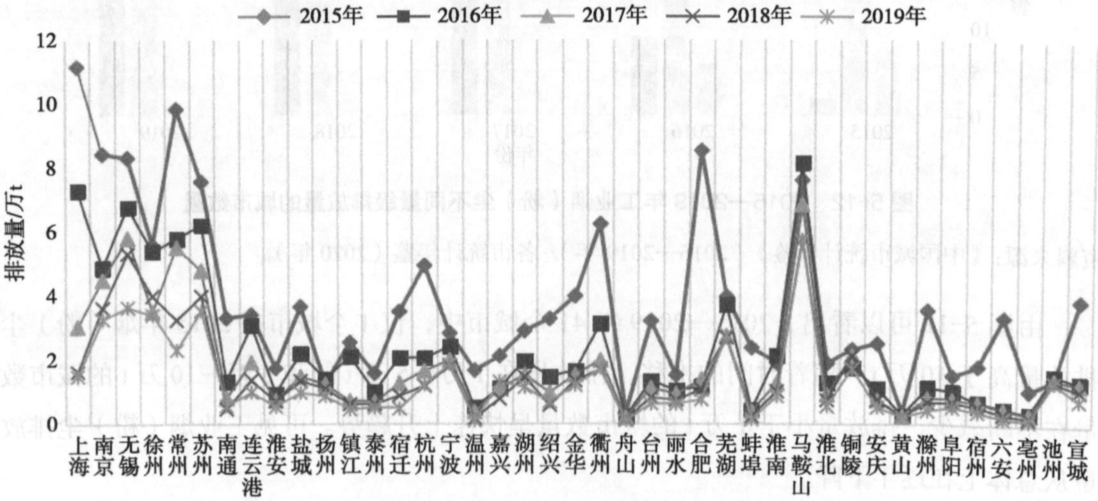

图 5-14　2015—2019 年长三角区域 41 个城市各年工业烟（粉）尘排放量

资料来源：《中国城市统计年鉴》（2016—2019 年），各市统计年鉴（2020 年）。

5.1.8　民用车辆拥有量

汽车尾气是导致空气污染的重要原因之一，也是雾霾污染成分中 $PM_{2.5}$、NO_x 等污染物的重要来源。民用车辆拥有量在一定程度上可以反映该城市的汽车尾气排放量。2015—2019 年，长三角区域三省一市民用车辆拥有量总体上增长，只有浙江省的 2016 年的民用车辆拥有低于 2015 年的量。江苏省的民用车辆拥有量都高于同年其他省（市）的民用车辆拥有量，如图 5-15 所示。

由于部分城市不在统计年鉴上登记民用车辆拥有量，考虑到数据的可获取性，又因为民用汽车拥有量占民用车辆拥有量的绝大部分，并且该数据都能在统计年鉴中找到，所以选择民用汽车拥有量的数据来看 41 个城市的具体情况（图 5-16）。

从图 5-16 中明显地看出，上海市和苏州市的民用汽车拥有量高于同年其他城市。从总体来看，长三角区域 41 个城市的民用汽车拥有量呈逐年递增趋势，其中上海市、苏州市逐年递增的数量最明显。在 41 个城市中，苏州市 2015—2019 年平均增长量最高，为 37.56 万辆；上海市次之，为 32.88 万辆；合肥市第 3，为 25.17 万辆；舟山市最低，为 0.57 万辆。安徽省 16 个城市中仅合肥市 2019 年民用汽车拥有量超过 200 万辆，2015—

2019 年其他 15 个城市的汽车拥有量均未超过 100 万辆。

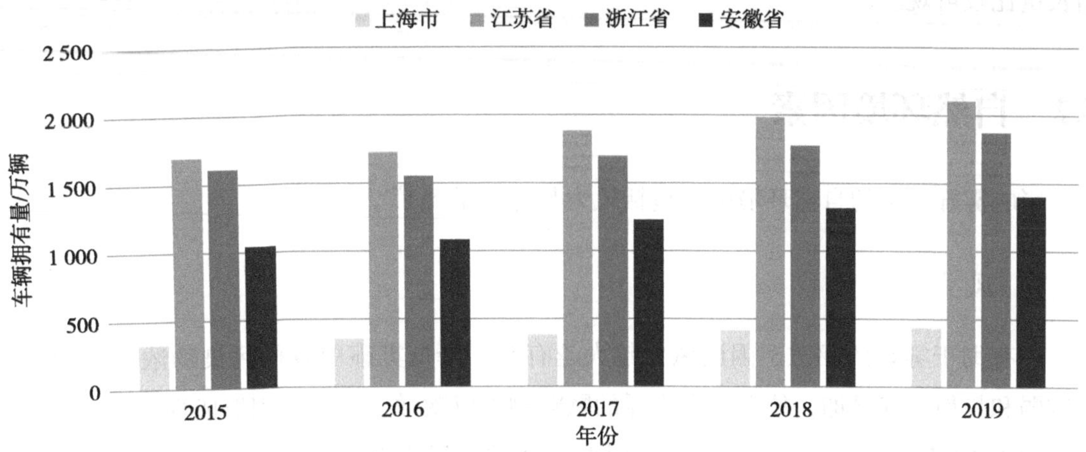

图 5-15　2015—2019 年长三角区域三省一市民用车辆拥有量

资料来源：各省市统计年鉴（2016—2020 年）。

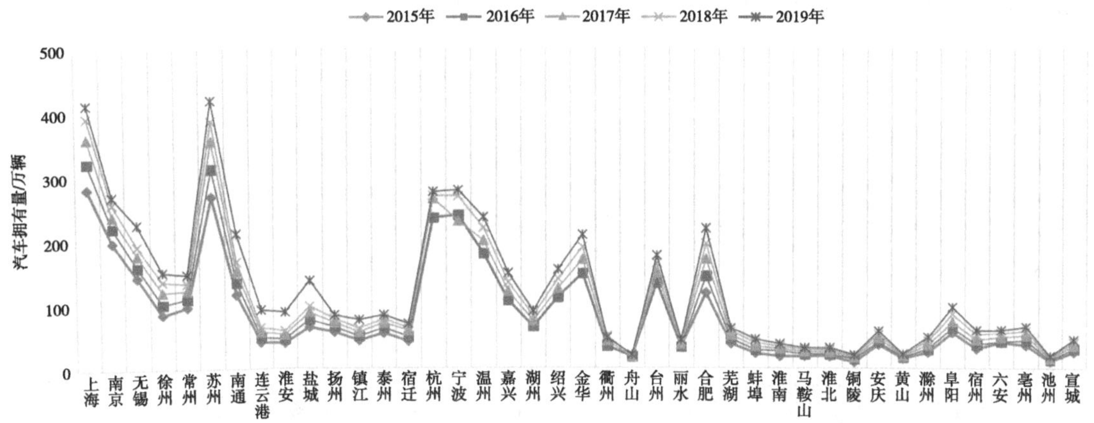

图 5-16　2015—2019 年长三角区域 41 个城市民用汽车拥有量

资料来源：各市统计年鉴（2016—2020 年）。

5.1.9　城镇化进程

城镇化进程的加快，会使能源消费量大幅上升，随之带来污染物排放量的增加，污染排放增加会导致空气中的悬浮物增多，若没有处理好就会加速雾霾形成。长三角区域拥有最密集的交通运输网络，上海市 2019 年铁路运输运营里程为 467 km，正线延展里程为 839 km，较 2018 年有所增长。在 3 个省中，江苏省的 2019 年铁路营业里程和铁路正线延展长度增长幅度最大，分别较 2018 年增长了 16.68%、18.90%。按照国土面积计算，安徽省的公路密度 2019 年为百平方公里 155.81 km，较 2015 年百平方公里增加了

21.71 km；以人口密度计算，2019 年为 30.82 km/ 万人，较 2015 年增加了 3.87 km/ 万人，增长量比较可观。

5.2 自然环境因素

影响雾霾污染的自然环境因素包括风力与降水量等[95]。

5.2.1 风力

风有助于雾霾的驱散，因此风力越大越有利于降低雾霾中各种污染物浓度，相反风力减弱和静稳天气增加，使空气中悬浮的颗粒物难以吹散，就会累积形成霾。

图 5-17 为 2015—2019 年长三角区域 41 个城市风力变化的趋势。由图 5-17 可以发现，41 个城市的风力总体趋势呈现逐年减弱，这不利于驱散雾霾。各市在 2015 年的风力大于 2016 年的风力，2017—2019 年的风力变化不大。江苏、浙江等沿海城市的风力大于非沿海城市，安徽的风力总体上小于江苏、浙江的风力。

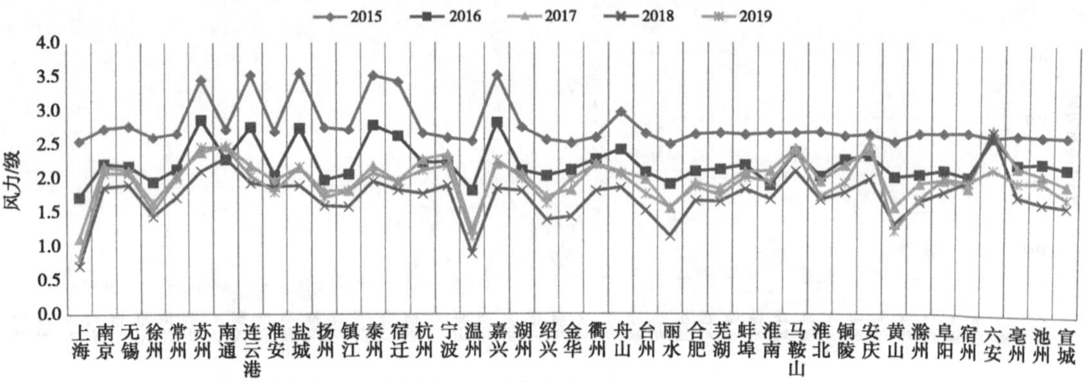

图 5-17　2015—2019 年长三角区域 41 个城市风力变化趋势

资料来源：天气网 https://lishi.tianqi.com/（2015—2019 年）。微风按 0 计；小于 x 级按 x-0.5 计；x 到 y 级按（x+y）/2 计。

5.2.2 降水量

降水是大自然自我清洁的重要方式，有利于空气中的悬浮物沉降，起到减少空气中悬浮物的效果。所以，降水可以对雾霾形成起到一定的抑制作用。降水量数据在各市统计年鉴上获取，其中台州市 2015—2017 年降水量在全国温室数据系统中的气象数据中查找到。2015—2019 年长三角区域 41 个城市 5 年累计降水量如图 5-18 所示。可以看出，黄山市降水量最多，为 9 546.9 mm；亳州市降水量最少，为 3 623.5 mm；浙江省总体降水量比江苏省和安徽省的多，安徽省各城市间的降水量差距比较大。

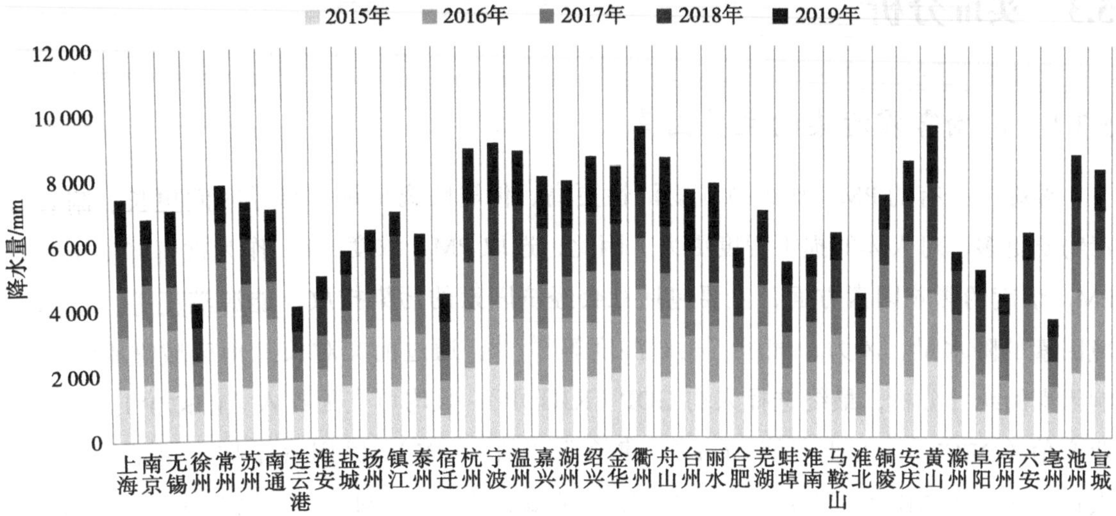

图 5-18　2015—2019 年长三角区域 41 个城市 5 年累计降水量

资料来源：各市统计年鉴（2016—2020 年），全国温室数据系统：http://data.sheshiyuanyi.com/WeatherData/（2015—2017 年）。

图 5-19 为长三角区域 41 个城市每年的降水量。从总体变化来看，2015—2019 年长三角区域 41 个城市的降水量中，2016 年宣城市的降水量达到最多，为 2 619.8 mm；衢州市次之，在 2015 年降水量为 2 559.6 mm。从横向降水量来看，有 16 个城市在 2016 年降水量达到 5 年最大值，有 23 个城市在 2019 年降水量达到 5 年内最少。综观每个城市的 5 年降水量来看，徐州市 5 年平均降水量变化最小，宣城市年平均降水量变化最大。

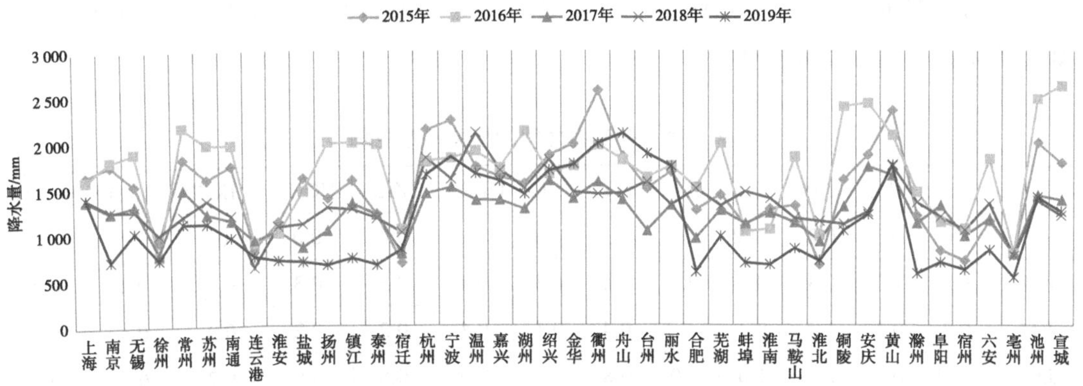

图 5-19　2015—2019 年长三角区域 41 个城市每年的降水量

资料来源：各市统计年鉴（2016—2020 年），全国温室数据系统：http://data.sheshiyuanyi.com/WeatherData/（2015—2017 年）。

5.3 实证分析

5.3.1 影响雾霾污染的主要因素

雾霾中含有的 $PM_{2.5}$ 比大颗粒物活性更高、传输距离更远、悬浮时间更长、附着有毒物质更多、对人体的损害程度更大。因此，选取 $PM_{2.5}$ 浓度（Y）作为被解释变量。对 $PM_{2.5}$ 浓度的影响因素方面，主要包括社会经济因素的污染排放、能源消耗等，自然环境因素的降水量、风力、气压、相对湿度等[96, 97]。通过前文对长三角区域雾霾污染影响因素的统计分析，最终选择人均 GDP（RJGDP）、人均可支配收入（RJKZP）、第二产业产值（DECY）、工业产值（GY）、建筑业产值（JZY）、民用汽车拥有量（MYQC）、人口密度（RKMD）、常住人口（CZRK）、原煤消费量（YM）、工业烟（粉）尘排放量（YFC）、风力（FL）、降水量（JSL）12 个变量。运用长三角区域三省一市共 41 个城市 2015—2019 年的面板数据进行分析。

5.3.2 变量的相关性检验和模型变量确定

相关性检验可以衡量两个变量之间的相关密切程度，相关系数的绝对值在 0.8～1 为高度相关，在 0.5～0.8 为显著相关，在 0.5 以下为弱相关。本研究使用 Eviews7 软件对变量进行相关性检验，相关系数矩阵见表 5-1。为避免多重共线性的干扰，剔除高度相关和显著相关的变量，通过检验后选择了相关系数在 0.5 以下的变量：RJGDP（人均 GDP）、YM（原煤消费量）、YFC［工业烟（粉）尘排放量］、CZRK（常住人口）、FL（风力）、JSL（降水量）共 6 个解释变量。

表 5-1 各变量之间的相关系数矩阵

变量	Y	YFC	YM	JZY	JSL	GY	FL	DECY	CZRK	RKMD	RJKZP	RJGDP	MYQC
Y	1.0	0.3	0.2	−0.2	−0.3	−0.1	0.3	−0.1	0.0	0.0	−0.5	−0.3	−0.3
YFC	0.3	1.0	0.3	0.3	0.2	0.4	0.3	0.4	0.3	0.3	0.2	0.4	0.3
YM	0.2	0.3	1.0	0.3	−0.1	0.4	0.1	0.4	0.2	0.2	0.3	0.4	0.4
JZY	−0.2	0.3	0.3	1.0	0.0	0.8	−0.1	0.9	0.8	0.6	0.7	0.7	0.8
JSL	−0.3	0.2	−0.1	0.0	1.0	0.1	0.0	0.1	0.0	0.0	0.3	0.2	0.1
GY	−0.1	0.4	0.4	0.8	0.1	1.0	−0.1	1.0	0.8	0.7	0.8	0.8	0.9
FL	0.3	0.3	0.1	−0.1	0.0	−0.1	1.0	−0.1	−0.2	−0.2	−0.2	0.0	−0.1
DECY	−0.1	0.4	0.4	0.9	0.1	1.0	−0.1	1.0	0.8	0.7	0.8	0.8	0.9

续表

变量	Y	YFC	YM	JZY	JSL	GY	FL	DECY	CZRK	RKMD	RJKZP	RJGDP	MYQC
CZRK	0.0	0.3	0.2	0.8	0.0	0.8	−0.2	0.8	1.0	0.8	0.5	0.4	0.8
RKMD	0.0	0.3	0.2	0.6	0.0	0.7	−0.2	0.7	0.8	1.0	0.6	0.5	0.6
RJKZP	−0.5	0.2	0.3	0.7	0.3	0.8	−0.2	0.8	0.5	0.6	1.0	0.9	0.8
RJGDP	−0.3	0.4	0.4	0.7	0.2	0.8	0.0	0.8	0.4	0.5	0.9	1.0	0.7
MYQC	−0.3	0.3	0.4	0.8	0.1	0.9	−0.1	0.9	0.8	0.6	0.8	0.7	1.0

5.3.3 模型的选择

（1）F 检验

首先对模型进行 F 检验，以此判断应使用混合效应模型还是固定效应模型进行估计。分别记录两种模型的残差平方和，将结果代入式（5-1）进行计算。

$$F=\frac{(\mathrm{SSE}_r-\mathrm{SSE}_f)/(N-1)}{\mathrm{SSE}_f/(NT-N-K)}-F(N-1,\ NT-N-K) \tag{5-1}$$

式中，SSE_r——混合估计模型的残差平方和；

SSE_f——固定效应模型的残差平方和；

N——截面数；

T——时间序列数；

K——解释变量个数。

其中，SSE_r=12 979.76，SSE_f=3 023.508，N=41，T=5，K=6，N-1=40，NT-N-K=158，代入式子可得 F=13.007 1，查表得，$F>F_{0.01}(40,158)$，所以选择个体固定效应模型。

（2）豪斯曼检验

通过 F 检验确定了模型存在个体效应，下面考虑模型的个体效应与解释变量是否相关。通过豪斯曼检验结果中 P 值 =0<0.01，即说明在 99% 的置信水平下拒绝原假设。豪斯曼检验是假设个体效应与解释变量不相关，结果是拒绝原假设的，因此选择固定效应模型。

通过上述检验，最终选择个体固定效应模型。

5.3.4 模型的实证结果及检验

使用个体固定效应模型，对不加权和加权两种情况下的个体固定效应模型回归结果进行对比：不加权的可决系数 R^2=0.866 7，加权之后可决系数 R^2=0.962 9，加权的可决系数要优于不加权的结果，并且变量的显著性也有所提高，因此选择加权的个体固定效应模型，回归结果见表 5-2。

表 5-2　第一次回归结果

项目	*C*	RJGDP	YM	YFC	CZRK	FL	JSL
系数	126.426 6	−0.000 2	−0.005 5	0.541 8	−0.121 7	4.962 4	0.000 2
P 值	0.000 0	0.000 0	0.001 9	0.013 1	0.000 0	0.000 0	0.753 6
t 统计量	9.262 4	−7.618 3	−3.160 3	2.508 3	−4.957 9	9.746 5	0.314 4
Std. Error	13.649 5	0.000 0	0.001 7	0.216 0	0.024 5	0.509 2	0.000 5

人均 GDP（RJGDP）与 $PM_{2.5}$ 浓度（*Y*）呈负相关，即随着人均 GDP 的升高，$PM_{2.5}$ 的浓度下降。因为在研究期内，各市均在大力加强雾霾污染的治理，人均 GDP 高的城市，城市的环保工作力度大、处理污染排放的工业设备也更好。原煤消费量（YM）与 $PM_{2.5}$ 浓度（*Y*）呈负相关，即随着原煤消费量的增加，$PM_{2.5}$ 的浓度下降，与现实情况不符，显然不合理，所以剔除。工业烟（粉）尘排放量（YFC）与 $PM_{2.5}$ 浓度（*Y*）呈正相关，即随着工业烟（粉）尘排放量的增加，$PM_{2.5}$ 的浓度随之增加，合理。常住人口（CZRK）与 $PM_{2.5}$ 浓度（*Y*）呈负相关，即常住人口多的地方，$PM_{2.5}$ 浓度低。考虑到长三角区域的情况，前文也曾分析，长三角区域 41 个城市人均可支配收入高的城市，人口密度也大，也就是说经济越发达的城市越吸引人才的聚集，因此经济状况好的城市，污染治理情况较好一些，人口素质和受教育水平也相对较高，公众的绿色意识更高、绿色行为更多，因此是合理的。

风力（FL）和 $PM_{2.5}$ 浓度（*Y*）呈正相关，预期是呈负相关，结果显示呈正相关，考虑到长三角区域都属于季风气候，受季节影响较大，又由于风会将雾霾输送到其他周边城市，还会受到其他周边城市的影响，与预期结果相反，所以剔除。降水量（JSL）和 $PM_{2.5}$ 浓度（*Y*）呈正相关，即降水量越大，$PM_{2.5}$ 浓度越高，而且 *P* 值不显著，剔除。

最终通过符号和关系检验的有人均 GDP（RJGDP）、工业烟（粉）尘排放量（YFC）、常住人口（CZRK）。因此将这 3 个变量重新进行回归，结果见表 5-3。

表 5-3　第二次回归结果

项目	*C*	RJGDP	YFC	CZRK
系数	139.478 1	−0.000 3	1.429 4	−0.129 1
P 值	0.000 0	0.000 0	0.000 0	0.000 1
t 统计量	8.225 5	−8.869 2	5.713 1	−4.070 7
Std. Error	16.956 8	0.000 0	0.250 2	0.031 7

对参数估计量大小的检验：在其他因素不变的情况下，人均 GDP 每增加 1 个单位，$PM_{2.5}$ 浓度降低 0.000 3 个单位，合理。在其他因素不变的情况下，工业烟（粉）尘排放量每增加 1 个单位，$PM_{2.5}$ 浓度增加 1.429 4 个单位，合理。在其他因素不变的情况下，常住人口每增加 1 个单位，$PM_{2.5}$ 浓度减少 0.129 1 个单位，合理。

进行拟合优度检验。加权的可决系数 R^2=0.910 4，优于不加权的可决系数 R^2=0.849 0，且变量的显著性也提高了，因此选择加权的个体固定效应模型回归结果。从回归结果来看，模型拟合情况较好，表明 $PM_{2.5}$ 浓度变化的 91.04% 可由这些变量解释。

进行变量的显著性检验。在 5% 显著性水平下，$t_{0.025}(37)=2.026$，分别对常数项 C 和变量：RJGDP、YFC、CZRK 3 个变量进行假设检验：$H_0: \beta_j=0, H_1: \beta_j \neq 0$，得到结果如下：对于 C：$|t_1|=8.225\ 5>t_{0.025}(37)$，拒绝原假设，检验通过；对于 RJGDP：$|t_2|=-8.869\ 2>t_{0.025}(37)$，拒绝原假设，检验通过；对于 YFC：$|t_3|=5.713\ 1>t_{0.025}(37)$，拒绝原假设，检验通过；对于 CZRK：$|t_4|=-4.070\ 7>t_{0.025}(37)$，拒绝原假设，检验通过。即模型的常数项和 3 个变量都通过了显著性水平为 5% 的检验。

对方程的显著性进行 F 检验。$H_0: \beta_j=0, H_1: \beta_j$ 不全为 0，在 5% 显著性水平下，$F_{0.05}(3,37)=2.286$，$F=38.062\ 3>F_{0.05}(3,37)$，因此拒绝原假设 H_0，所以原方程总体上的线性关系显著成立。

5.3.5 实证结果分析

从最终的回归结果中可以看出，人均 GDP、工业烟（粉）尘排放量、常住人口对 $PM_{2.5}$ 浓度有显著性影响，其中工业烟（粉）尘排放量与 $PM_{2.5}$ 浓度呈显著正相关，即在其他变量不变的条件下，工业烟（粉）尘排放量每增加 1 个单位，$PM_{2.5}$ 浓度就增加 1.429 4 个单位，是这 3 个变量影响的最大的一个变量。人均 GDP 和常住人口与 $PM_{2.5}$ 浓度呈显著负相关。

从长三角区域三省一市来看，人均 GDP 水平高的、常住人口多的地方，往往都是综合发展程度较高的城市，像上海、苏州、杭州、合肥等城市。这些城市的共同特点是经济发展状况很好、气候适宜、人口多、交通便利等，从而吸引各层次人才聚集，有利于引进较先进技术、设备、工艺等，减少污染排放量，所以雾霾污染排放的控制较好，因此雾霾治理方面也比经济欠发达地区要好。

第 6 章

长三角区域雾霾污染引起的公众健康经济损失及收入不平等波动

公众健康既关乎民生福祉、社会稳定和经济高质量发展，又关乎国家全局与民族复兴。党的十八大以来，以习近平同志为核心的党中央坚持以人民为中心的发展思想，于2016 年出台了《"健康中国 2030" 规划纲要》，系统推进健康中国建设，提高人民健康水平。党的十九届五中全会又审议通过了《关于制定国民经济和社会发展第十四个五年规划和二〇三五年远景目标的建议》，进一步强调应面向人民生命健康，把保障人民健康放在优先发展的战略位置，全面推进健康中国建设。

健康中国建设需要医疗卫生事业的支撑，本章将在分析长三角区域三省一市的卫生事业发展与公众健康状况的基础上，根据第 4 章长三角区域 41 个城市的空气质量数据与第 5 章的经济发展数据，估算长三角区域因雾霾污染引起的公众健康经济损失，并将其与国内其他五大区域进行对比。

6.1 长三角区域的卫生事业及公众健康状况

新中国成立以来，我国的医疗卫生事业一直受到党和政府的重视，并随着社会经济及科学技术的不断发展而蓬勃发展。近年来，医疗卫生领域不断深化改革，提高医疗技术水平，保障医疗质量安全，维护公众健康权益。为适应经济社会发展，不断满足公众多层次、多样化的健康需求，医疗机构的类别也在增加。《医疗机构管理条例实施细则》历经 1994 年、2006 年、2017 年 3 个版本日益完善。根据 2017 年的《医疗机构管理条例实施细则》（国家卫生和计划生育委员会令　第 12 号），医疗机构按服务功能可分为以下类别，如表 6-1 所示。

表 6-1　医疗机构分类

序号	类别	具体医疗机构	序号	类别	具体医疗机构
1	医院	综合医院、中西医结合医院、中医医院、专科医院、民族医院、康复医院	6	急救	急救中心、急救站
2	专科疾病	专科疾病防治院、专科疾病防治所、专科疾病防治站	7	社区	社区卫生服务中心、社区卫生服务站
3	妇幼	妇幼保健院、妇幼保健计划生育服务中心	8	卫生院	中心卫生院、乡（镇）卫生院、街道卫生院
4	门诊部	综合门诊部、专科门诊部、中医门诊部、中西医结合门诊部、民族医门诊部	9	卫生室	村卫生室（所）
5	诊所	诊所、中医诊所、民族医诊所、卫生所、医务室、卫生保健所、卫生站	10	疗养	疗养院

续表

序号	类别	具体医疗机构	序号	类别	具体医疗机构
11	护理	护理院、护理站	13		医学检验实验室、病理诊断中心、医学影像诊断中心、血液透析中心、安宁疗护中心
12	检验	临床检验中心	14	其他	其他诊疗机构

资料来源：根据相关资料整理。

长三角区域三省一市的经济水平与人口状况的差异较大，如表 6-2 所示。2019 年，全国的 GDP 达到 99.08 万亿元，2020 年达到 100 万亿元。2019 年，上海的人均 GDP 达到 15.73 万元，是安徽 5.85 万元的 2.69 倍；居民可支配收入方面，上海是安徽的 2.63 倍；地方一般公共预算收入方面，上海是安徽的 2.25 倍。除安徽的人均 GDP、居民可支配收入均低于全国平均水平外，其余二省一市均超过全国平均水平。

上海的人口稠密程度远超过其他地区，为 3 829 人 /km²，超过北京的 1 313 人 /km²，是全国人口最稠密的城市，远超过其他城市。从 65 岁以上人口占总人口比例来看，上海的老龄化程度最严重，其次是江苏，已经进入老龄社会；浙江与安徽的老龄化程度稍低，长三角区域三省一市的老龄化程度均高于全国平均水平。从人口出生率来看，除安徽为严重少子化（人口出生率为 13.0‰～11.0‰）外，全国、上海、江苏、浙江已经进入超少子化（人口出生率低于 11.0‰）阶段，比安徽的情况更甚。

表 6-2　2019 年长三角区域的经济与人口相关指标

类别	指标	上海	江苏	浙江	安徽	全国
经济水平	GDP/ 亿元	38 155	99 632	62 352	37 114	990 865
	人均 GDP/ 元	157 279	123 607	107 624	58 496	70 725
	居民人均可支配收入 / 元	69 442	41 400	49 899	26 415	30 733
	地方一般公共预算收入 / 亿元	7 165	8 802	7 049	3 183	101 081
人口状况	人口密度 /（人 /km²）	3 829	753	554	454	146
	常住人口 / 万人	2 428	8 070	5 850	6 366	140 005
	65 岁以上人口占总人口比例 /%	16.26	15.08	14.03	13.97	12.57
	出生率 /‰	7.00	9.12	10.51	12.03	10.48
	死亡率 /‰	5.50	7.04	5.52	6.04	7.14

资料来源：《中国统计年鉴》。

6.1.1 上海市的卫生事业及公众健康状况

6.1.1.1 医疗卫生事业基本情况

上海除经济发达以外，也是我国卫生事业最发达的城市之一。2010—2019 年，上海市的医疗卫生机构从 3 270 个增加到 5 597 个，卫生技术人员从 13.54 万人增加到 21.33 万人，卫生机构床位数从 10.51 万张增加到 15.46 万张，每万人医生数达到 32 人，每万人医院床位数达到 56 张，具体如表 6-3 所示。

表 6-3　2010—2019 年上海市医疗卫生事业基本情况

年份	医疗卫生机构		卫生技术人员		卫生机构床位数		每万人医生数 / 人	每万人医院床位数 / 张
	总数 / 个	其中：医院 / 个	总数 / 个	执业（助理）医师 / 万人	总数 / 个	其中：医院 / 万张		
2010	3 270	306	13.54	5.13	10.51	8.48	22	37
2011	3 358	308	13.91	5.21	10.71	8.75	22	37
2012	3 465	317	14.61	5.42	10.96	9.00	23	38
2013	4 929	328	15.64	5.81	11.43	9.47	24	39
2014	4 987	332	16.40	6.13	11.75	9.83	25	41
2015	5 016	338	17.02	6.31	12.28	10.35	26	42
2016	5 011	349	17.82	6.55	12.92	11.01	27	46
2017	5 144	363	18.8	6.83	13.46	11.59	28	48
2018	5 298	364	20.65	7.49	14.72	12.9	31	53
2019	5 597	374	21.33	7.77	15.46	13.67	32	56

注：① 2002 年开始，卫生指标按照新的《中国卫生统计调查制度》统计。其中，医生为执业医师和执业助理医师；护师、护士为注册护士。

② 2007 年开始，医院统计范围按照新的《2007 国家卫生统计调查制度》统计，不再包括社区卫生服务中心、妇幼保健院和专科防治院。

③ 2013 年开始，卫生机构、卫生技术人员和床位数中包含村卫生室相关数据。

资料来源：《上海统计年鉴》。

6.1.1.2 诊疗人次

随着居民对健康越来越重视，居民在医疗机构的诊疗人次持续增加，2018 年达到 27 638 万人次，占全国诊疗人次的 3.2%；其中急诊、门诊人次达到 26 082 万人次，占全国急诊、门诊人次的 3.1%，如图 6-1 所示。

图 6-1 2015—2018 年上海市医疗机构诊疗人次

6.1.1.3 期望寿命

上海居民的健康水平也高于全国其他区域。2019 年，上海居民的期望寿命为 83.66 岁，主要健康指标已达到发达国家和地区水平，保证了劳动力资源的有效供给。2010—2019 年上海市户籍人口的期望寿命如表 6-4 所示。

表 6-4 2010—2019 年上海市户籍人口期望寿命

年份	户籍人口期望寿命 / 岁		
	全部	男性	女性
2010	82.13	79.82	84.44
2011	82.51	80.23	84.80
2012	82.41	80.18	84.67
2013	82.47	80.19	84.79
2014	82.29	80.04	84.59
2015	82.75	80.47	85.09
2016	83.18	80.83	85.61
2017	83.37	80.98	85.85
2018	83.63	81.25	86.08
2019	83.66	81.27	86.14

资料来源：《上海统计年鉴》。

6.1.1.4 前 10 位疾病死亡原因和构成

由表 6-5 可见，2015—2018 年上海市居民疾病死亡的前 7 位原因没有变化，依次是循环系病、肿瘤、呼吸系病、内分泌营养代谢病、损伤中毒、消化系病、神经系病，但是其死亡率稍有差别。另外，传染病及寄生虫病、精神病、泌尿生殖系病 3 种疾病也是造成上海居民死亡的主要原因。

表 6-5　2015—2018 年上海市前 10 位疾病死亡原因和构成

位次	2015 年			2016 年			2017 年			2018 年		
	死亡原因	死亡专率 /（1/10 万）	占死亡总数 /%	死亡原因	死亡专率 /（1/10 万）	占死亡总数 /%	死亡原因	死亡专率 /（1/10 万）	占死亡总数 /%	死亡原因	死亡专率 /（1/10 万）	占死亡总数 /%
1	循环系病	338.69	39.32	循环系病	343.12	40.24	循环系病	350.85	40.40	循环系病	352.08	41.25
2	肿瘤	264.30	30.69	肿瘤	262.54	30.79	肿瘤	265.02	30.52	肿瘤	262.78	30.79
3	呼吸系病	81.53	9.47	呼吸系病	75.11	8.81	呼吸系病	72.55	8.35	呼吸系病	70.05	8.21
4	内分泌营养代谢病	43.29	5.03	内分泌营养代谢病	44.03	5.16	内分泌营养代谢病	45.96	5.29	内分泌营养代谢病	44.88	5.26
5	损伤中毒	40.52	4.70	损伤中毒	38.22	4.48	损伤中毒	40.92	4.71	损伤中毒	39.44	4.62
6	消化系病	19.80	2.30	消化系病	19.46	2.28	消化系病	20.36	2.34	消化系病	19.44	2.28
7	神经系病	11.80	1.37	神经系病	12.31	1.44	神经系病	12.41	1.43	神经系病	12.83	1.50
8	传染病及寄生虫病	9.27	1.08	精神病	9.14	1.07	精神病	9.23	1.06	精神病	9.38	1.10
9	精神病	9.26	1.07	传染病及寄生虫病	8.56	1.00	传染病及寄生虫病	8.10	0.93	泌尿生殖系病	7.55	0.88
10	泌尿生殖系病	7.10	0.82	泌尿生殖系病	6.94	0.81	泌尿生殖系病	7.56	0.87	传染病及寄生虫病	7.13	0.84
合计	—	—	95.85	—	—	96.08	—	—	95.90	—	—	96.73

资料来源：《上海统计年鉴》。

其中，循环系病的死亡专率逐年小幅上升，占死亡总数的比例从2015年的39.32%上升到2018年的41.25%；肿瘤的死亡专率基本不变，占死亡总数的比例一直稳定在30%～31%；2015—2019年，前两种疾病占死亡总数的比例均超过70%，而且比例还有进一步升高的趋势。呼吸系病的死亡专率逐年小幅下降，从81.53人/10万人下降到70.05人/10万人，占死亡总数的比例从9.47%下降到8.21%；内分泌营养代谢病的死亡专率也呈逐年小幅上升趋势。

6.1.2 江苏省的卫生事业及公众健康状况

江苏省的医疗卫生机构数量众多，种类齐全。经过持续的医药卫生体制改革，医疗卫生行业实现了跨越式发展，医疗卫生机构总数保持较高水平，截至2019年年末，江苏省共有医疗卫生机构总计34 796个，其中医院1 941个，如表6-6所示。

表6-6 江苏省医疗卫生机构数量

单位：个

年份	医院	卫生院	门诊部	妇幼保健院（所、站）	专科疾病防治院（所、站）	疾病预防控制中心（防疫站）	医疗卫生机构总计
1980	2 457		—	99	17	119	9 943
1990	2 491		—	114	108	135	12 366
2000	634	1 877	106	112	118	142	12 813
2005	1 014	1 472	372	107	49	154	15 324
2007	1 087	1 384	458	106	49	166	19 129
2010	1 157	1 276	535	103	46	130	30 961
2011	1 283	1 223	708	106	53	129	31 680
2012	1 426	1 117	813	110	48	128	31 054
2013	1 490	1 066	921	109	45	124	31 001
2014	1 524	1 046	992	110	43	123	32 000
2015	1 581	1 035	1 100	109	44	120	31 925
2016	1 679	1 041	1 300	110	42	117	32 135
2017	1 727	1 058	1 481	110	43	116	32 037
2018	1 853	1 057	1 932	114	41	117	33 253
2019	1 941	1 041	2 279	111	42	118	34 796

资料来源：《江苏统计年鉴》。

1980年以来，江苏省医疗卫生工作人员数以及其中的技术人员数持续增加。截至2019年年末，江苏全省医疗卫生工作人员总数达78.64万人，其中执业（助理）医师

25.47 万人，注册护士 27.89 万人，卫生技术人员总数 63.33 万人，每万人拥有医师数达到 31.6 人，如表 6-7 所示。

表 6-7 江苏省医疗卫生人员变动趋势

年份	卫生工作人员 / 万人	卫生技术人员 / 万人			每万人拥有医师数 / 人
		总数	执业（助理）医师	注册护士	
1980	19.03	15.04	6.10	2.08	10.2
1990	27.58	21.35	9.94	5.34	14.6
2000	32.18	25.36	11.44	7.39	15.6
2005	31.61	25.71	10.87	8.05	15.0
2007	35.53	28.62	11.87	9.45	16.1
2010	45.93	32.84	12.90	12.26	16.4
2011	48.18	35.05	13.47	13.56	17.1
2012	52.02	39.61	15.80	15.53	19.9
2013	55.12	42.90	16.97	17.42	21.4
2014	58.96	45.85	17.86	18.88	22.4
2015	61.89	48.70	18.92	20.40	23.7
2016	65.42	51.71	20.47	22.12	25.6
2017	69.28	54.80	21.72	23.72	27.1
2018	78.64	59.00	23.33	26.04	29.0
2019	78.64	63.33	25.47	27.98	31.6

注：①卫生工作人员包括卫生技术人员、乡村医生和卫生员、其他技术人员、管理人员、工勤技能人员。按在岗职工数统计，包括在编、合同制、返聘和临聘半年以上人员。

②卫生技术人员包括执业（助理）医师、注册护士、药师（士）、技师（士）、卫生监督员（含公务员中取得卫生监督员证书的人数）、其他卫生技术人员。

③执业（助理）医师指取得医师执业证书且实际从事临床工作的人员，不含取得医师执业证书但实际从事管理工作的人员。

④注册护士指取得注册护士证书且实际从事护理工作的人员，不含取得护士执业证书但实际从事管理工作的人员。

⑤每千人口卫生技术人员数、执业（助理）医师数、注册护士数、医疗卫生机构床位数按常住人口计算。

资料来源：《江苏统计年鉴》。

江苏省各类医疗机构床位数近 20 多年来持续增加。与其他医疗卫生机构相比，医院在各种软硬件上都优于其他医疗卫生机构，因此医院床位数远高于卫生院、社区卫生服务中心等其他医疗卫生机构。截至 2019 年年末，江苏省医院共有 51.59 万张床位，每万人拥有医院、卫生院、社区卫生服务中心床位数 59.7 张，如表 6-8 所示。

表 6-8 江苏省医疗卫生机构床位数

年份	总计 / 万张	医院 / 万张	卫生院 / 万张	社区卫生服务中心 / 万张	每万人拥有医院、卫生院、社区卫生服务中心床位数 / 张
1990	16.45	14.54			—
2000	17.31	10.01	6.18	—	22.1
2005	19.75	13.18	5.41	—	24.5
2007	22.00	15.15	5.3	0.92	27.8
2010	26.97	19.55	5.2	1.58	31.5
2011	29.64	22.17	5.13	1.57	34.6
2012	33.31	25.59	5.18	1.67	38.8
2013	36.83	28.62	5.51	1.81	43.0
2014	39.23	30.93	5.56	1.85	45.8
2015	41.36	32.85	5.64	1.9	48.3
2016	44.31	35.62	5.88	1.82	51.9
2017	46.98	37.03	6.80	2.11	54.6
2018	49.15	38.80	7.07	2.23	59.7
2019	51.59	40.72	7.46	2.27	59.7

资料来源：《江苏统计年鉴》。

由表 6-9 可以看出，江苏省医疗卫生机构诊疗人次 10 多年来快速增加，2019 年诊疗 61 722 万人次，其中门诊 55 375 万人次、急诊 4 575 万人次；分别为 2005 年的 3.76 倍、3.76 倍、3.91 倍。入院人次年均增长率低于诊疗人次的增长率，2019 年入院 1 528 万人次，为 2005 年入院人次的 3.44 倍。

表 6-9 江苏省医疗卫生机构诊疗及入院人次 单位：万人次

年份	诊疗			入院
	总数	门诊	急诊	
2005	16 399	14 697	1 170	444
2006	17 784	16 042	1 263	480
2007	25 357	20 441	1 528	550
2008	25 660	23 276	1 623	620
2009	28 573	25 943	1 929	681
2010	38 527	27 661	2 107	741
2011	40 694	36 847	2 310	830
2012	45 289	41 102	2 622	953
2013	49 420	44 940	2 899	1 053

续表

年份	诊疗			入院
	总数	门诊	急诊	
2014	52 669	48 006	3 106	1 152
2015	54 628	49 821	3 346	1 218
2016	55 216	50 279	3 395	1 309
2017	58 437	52 769	4 026	1 418
2018	59 442	53 593	4 162	1 449
2019	61 722	55 375	4 575	1 528

资料来源：《江苏统计年鉴》。

6.1.3 浙江省的卫生事业及公众健康状况

6.1.3.1 医疗卫生机构数

2010—2019 年是浙江省医疗卫生事业蓬勃发展的阶段，政府一般预算支出中医疗卫生支出从 2015 年的 485.5 亿元增加至 2019 年的 735.61 亿元。医疗卫生机构增加了 14%，2019 年达 34 126 个。其中，医院的数量增加了 1 倍，达 1 374 个；诊所医务室卫生所增加了 86%，达 12 312 个；门诊部为原来的 3 倍多，达 2 229 个，如表 6-10 所示。

表 6-10 2010—2019 年浙江省医疗卫生机构数 单位：个

年份	总计	医院	疗养院	社区卫生服务中心（站）	卫生院	门诊部	诊所医务室卫生所	妇幼保健机构	卫生监督所	村卫生室
2010	29 941	687	14	6 105	1 550	712	6 634	87	100	13 643
2011	30 515	731	12	6 526	1 205	746	6 879	85	100	13 851
2012	30 267	782	16	6 622	1 151	822	7 253	86	100	13 091
2013	30 060	843	18	6 264	1 146	917	7 824	87	103	12 504
2014	30 360	935	14	6 166	1 148	1 060	8 257	89	103	12 042
2015	31 139	1 049	13	6 020	1 199	1 247	9 098	88	103	11 867
2016	31 548	1 131	15	5 870	1 201	1 390	9 673	87	103	11 677
2017	31 981	1 204	14	5 687	1 161	1 605	10 201	88	102	11 535
2018	32 755	1 288	13	5 310	1 168	1 831	11 090	89	102	11 483
2019	34 126	1 374	12	4 922	1 092	2 229	12 312	92	102	11 593

资料来源：《浙江统计年鉴》。

6.1.3.2 医疗卫生人员

医疗事业的发展离不开医疗卫生人员。2010—2019 年，所有类别的卫生技术人员中，注册护士的总量最多，增长量也最高，从2010年的9.96万人增加至2019年的21.98万人，为2010年的1.21倍；其次是执业医师，从9.94万人增加至18.00万人，增加了81.18%；检验人员从1.56万人增加至2.61万人，增加了66.83%；药剂人员从1.92万人增加至3.03万人，增加了58.00%；执业（助理）医师的增加量最少，从2.11万人增加至2.56万人。卫生技术人员总数从28.85万人增加至52.03万人，医疗卫生机构人员总数从35.29万人增加至62.85万人，如图6-2所示。

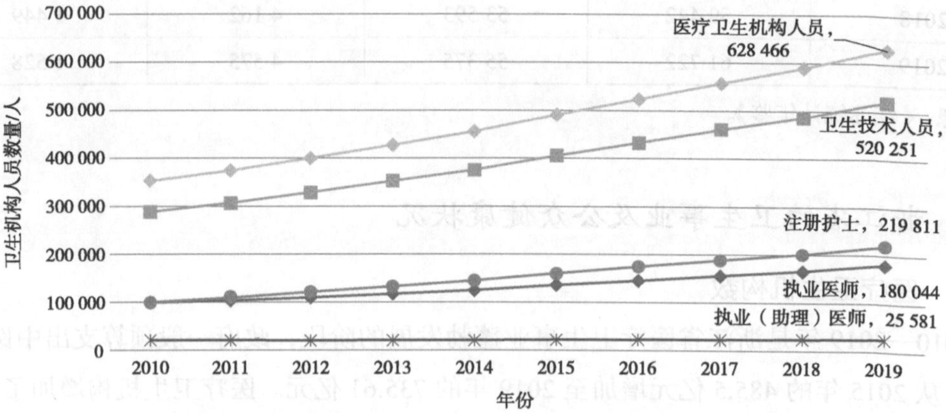

图6-2　2010—2019年浙江省医疗卫生机构人员数

按常住人口计算，浙江省每万人拥有的卫生技术人员数从53人增加至88.9人，其中每万人拥有的医生数从22.1人增加至35.1人，如图6-3所示。

图6-3　2010—2019年浙江省每万人口拥有卫生技术人员数（其中含医生）

6.1.3.3　诊疗次数和入院人数

2015—2019年，浙江省医院数、诊疗次数和入院人数持续攀升。医院数量从2015年的 1 049 家增加至 2019 年的 1 374 家；诊疗人次数从 24 642 万人次上升至 29 725 万人次，上升了 20.62%；入院人数从 716.67 万人上升至 992.51 万人，上升了 38.49%。平均每个医院的诊疗量从 23.49 万人下降至 21.63 万人，入院人数从 0.68 万人上升至 0.72 万人。按常住人口计算，平均诊疗次数从 5.06 人次 / 年上升至 5.90 人次 / 年，入院人数从 0.15 人次 / 年上升至 0.20 人次 / 年。出院者平均住院日从 10.1 天下降至 9.3 天，如表 6-11 所示。

表 6-11 医院诊疗次数和入院人数

年份	医院数 / 家	诊疗人次数 / 万人次		入院人数 / 万人次	每百门急诊次入院人数 / 人	出院者平均住院日 / 日
		总数	门、急诊			
2015	1 049	24 642	24 448	716.67	2.93	10.1
2016	1 131	25 357	25 177	783.54	3.11	9.9
2017	1 204	27 642	27 438	855.38	3.12	9.8
2018	1 288	28 292	28 118	923.69	3.29	9.6
2019	1 374	29 725	29 507	992.51	3.36	9.3

资料来源：《浙江统计年鉴》。

《浙江统计年鉴》中仅统计医院、妇幼保健院、社区卫生服务中心、卫生院、门诊部的诊疗人次。若按此口径计算，2019 年医疗机构数为 5 239 个，诊疗人次数为 56 219 万人次，较 2015 年的 44 915 万人次增加了 25.17%。2019 年平均每个医疗机构的诊疗量为 10.73 万人次，稍低于 2015 年的 11.17 万人次。按常住人口计算，平均诊疗次数从 11.16 人次 / 年，较 2015 年的 9.22 人次 / 年高 1.94 人次 / 年。

6.1.3.4 前 10 位疾病死亡原因和构成

2015—2019 年，浙江省城市居民的前 10 位死亡原因的排序为恶性肿瘤、脑血管病、呼吸系统疾病、心脏病、损伤和中毒、内分泌与营养和代谢的其他疾病、消化系统疾病、神经系统疾病、传染病和寄生虫病、泌尿生殖系统疾病，见表 6-12。

恶性肿瘤、脑血管病一直是占死亡总数排名前 2 的原因，二者占全部死亡总数的比例接近 50%。2015—2016 年，排名第 3 的原因为呼吸系统疾病，占死亡总数 14.54%～15.31%，第 4 为心脏病，占死亡总数 13.79%～14.25%；2017—2019 年，排名第 3 的原因为心脏病，而且占死亡总数的比例在逐年缓慢上升，达到近 15%，呼吸系统疾病成为排名第 4 的死亡原因，占死亡总数的比例呈下降趋势，至 2019 年降为 12.20%。损伤和中毒、内分泌与营养和代谢的其他疾病、消化系统疾病、神经系统疾病、传染病和寄生虫病、泌尿生殖系统疾病的排名不变，分列第 5～第 10 名。农村居民的前 10 位死亡原因与城市居民稍有差别。

表 6-12　2015—2019 年浙江省城市居民前 10 位死亡原因

位次	2015 年		2016 年		2017 年		2018 年		2019 年	
	死因	占死亡总数 /%	死因	占死亡总数 /%	死因	占死亡总数 /%	死因	占死亡总数 /%	死因	占死亡总数 /%
1	恶性肿瘤	30.16	恶性肿瘤	30.27	恶性肿瘤	30.77	恶性肿瘤	30.03	恶性肿瘤	30.72
2	脑血管病	18.06	脑血管病	18.62	脑血管病	17.43	脑血管病	17.25	脑血管病	17.86
3	呼吸系统疾病	15.31	呼吸系统疾病	14.54	心脏病	14.34	心脏病	14.63	心脏病	14.95
4	心脏病	14.25	心脏病	13.79	呼吸系统疾病	13.36	呼吸系统疾病	13.99	呼吸系统疾病	12.21
5	损伤和中毒	8.24	损伤和中毒	8.55	损伤和中毒	9.15	损伤和中毒	9.15	损伤和中毒	9.07
6	内分泌，营养和代谢的其他疾病	2.77	内分泌、营养和代谢的其他疾病	2.99	内分泌、营养和代谢的其他疾病	3.00	内分泌，营养和代谢的其他疾病	3.12	内分泌，营养和代谢的其他疾病	3.09
7	消化系统疾病	1.95	消化系统疾病	1.96	消化系统疾病	2.12	消化系统疾病	2.21	神经系统疾病	2.29
8	神经系统疾病	1.93	神经系统疾病	1.93	神经系统疾病	2.05	神经系统疾病	2.14	消化系统疾病	2.26
9	传染病和寄生虫病	1.11	传染病和寄生虫病	1.13	传染病和寄生虫病	1.09	传染病和寄生虫病	1.03	泌尿生殖系统疾病	1.17
10	泌尿生殖系统疾病	1.10	泌尿生殖系统疾病	1.05	泌尿生殖系统疾病	1.03	泌尿生殖系统疾病	1.18	传染病和寄生虫病	1.03
合计	94.88		94.83		94.34		94.73		94.65	

资料来源：《浙江统计年鉴》。

6.1.4 安徽省的卫生事业及公众健康状况

6.1.4.1 医疗卫生机构数

安徽省政府一般预算支出中医疗卫生支出持续增加，从 2010 年的 184.22 亿元增加至 2015 年的 485.59 亿元，再增加至 2019 年的 687.36 亿元。2010—2019 年，医疗卫生机构数量从 2010 年的 23 019 个增加至 2019 年的 26 436 个，增加了 3 417 个；医院从 730 家增加至 1 241 家，增加了 511 家；社区卫生服务中心（站）增加了 128 家，如表 6-13 所示。

表 6-13 2010—2019 年安徽省医疗卫生机构数 单位：个

年份	总计	医院	社区卫生服务中心（站）	乡卫生院	镇卫生室	疾病预防控制中心（防疫站）	专科疾病防治院（所、站）	妇幼保健所	急救中心（站）	卫生监督所
2010	23 019	730	1 730	1 437	15 636	124	50	119	11	110
2011	22 884	916	1 924	1 395	15 321	124	52	119	11	111
2012	23 278	930	1 948	1 384	15 306	121	52	118	12	119
2013	24 645	938	1 942	1 387	15 310	120	50	121	13	113
2014	24 824	968	1 941	1 398	15 288	121	48	121	14	113
2015	24 853	1 018	1 930	1 382	15 295	121	47	121	14	113
2016	24 388	1 042	1 908	1 371	15 276	121	47	120	14	112
2017	24 484	1 095	1 882	1 367	15 331	121	48	118	15	113
2018	24 926	1 140	1 891	1 365	15 317	120	45	120	16	112
2019	26 436	1 241	1 858	1 380	15 549	119	42	121	15	113

资料来源：《安徽统计年鉴》。

与上海、江苏、浙江相比，安徽省的卫生事业硬件发展稍显滞后，但是，安徽省在鼓励社会办医方面一直走在全国前列。为了建立促进优质医疗资源上下贯通，助力构建分级诊疗制度，加快推进医联体建设，安徽省卫生健康委发布了《关于印发安徽省医疗联合体综合绩效考核工作实施方案（试行）的通知》（皖卫医〔2019〕5 号），进一步引导三级医院和公共卫生机构履行责任，明确将民营医院参与医联体建设的情况，将纳入各市卫健委和医联体的绩效考核之中。这些举措将给安徽省民营医院的发展带来政策空间，也将进一步丰富安徽的医疗资源。

6.1.4.2 医疗卫生人员

据统计，安徽省的各类别医疗卫生人员在 2010—2019 年均有大幅增加。其中注册护士数量从 2010 年的 7.66 万人增加至 2019 年的 16.34 万人，增加了 1.13 倍；执业（助理）医师数量从 8.11 万人增加至 13.84 万人，增加了 71%；卫生技术人员总数从 20.54 万人增加至 36.12 万人，增加了 75.87%，快于执业（助理）医师的增加速度；医疗卫生机构人员总数从 24.75 万人增加至 45.46 万人，增加了 83.69%，快于卫生技术人员的增加速度，如图 6-4 所示。

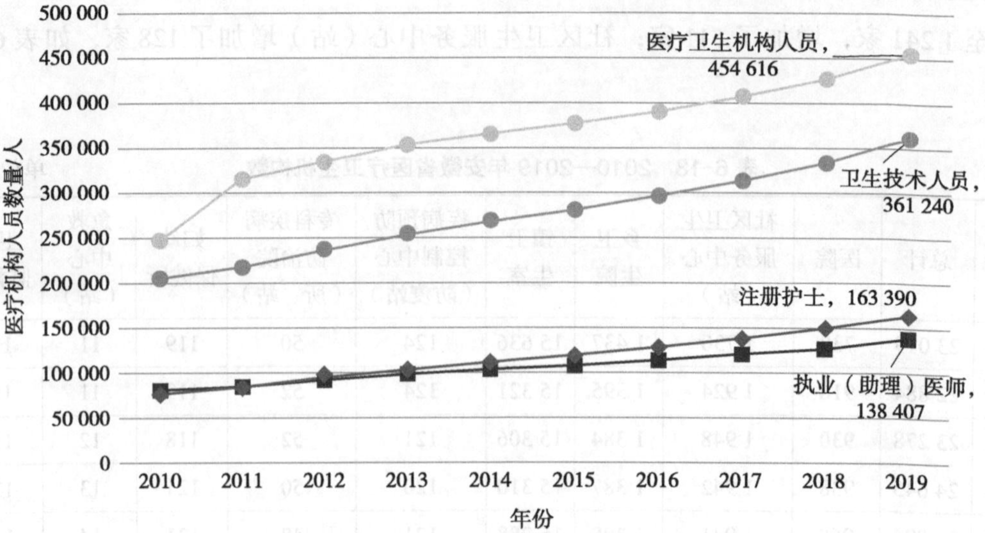

图 6-4　2010—2019 年安徽省医疗卫生机构人员数

按常住人口计算，每万人拥有的卫生技术人员数从 34.48 人增加至 56.75 人，增加了 64.59%，如图 6-5 所示。

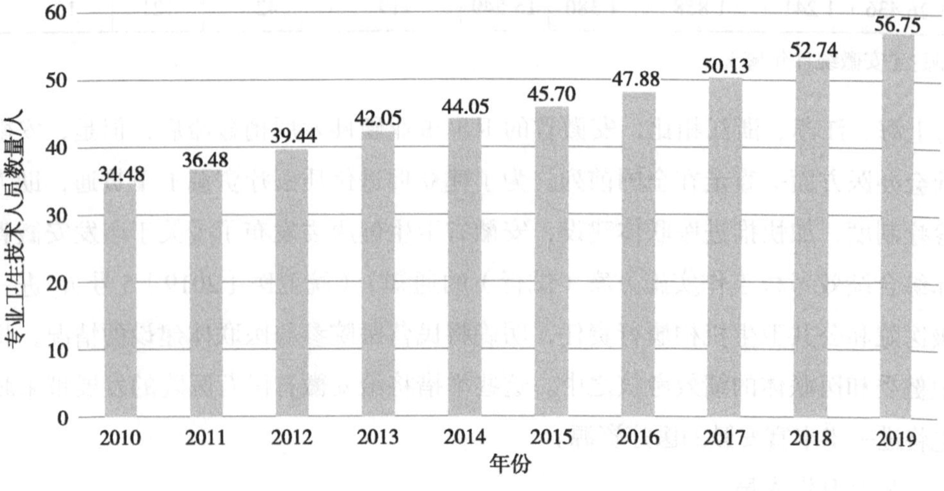

图 6-5　2010—2019 年安徽省每万人拥有专业卫生技术人员数

6.1.4.3 诊疗次数和住院人数

2015—2019 年，安徽省医疗机构的诊疗人次持续增加，2019 年比 2015 年增加 6 848.54 万人次，增加了 25.90%；平均每家医疗机构的诊疗量从 1.06 万人上升至 1.26 万人；入院人数增加了 22.88%。按常住人口计算，诊疗量从 2015 年的 4.35 人次 / 年增加至 2019 年的 5.23 人次 / 年；入院人数从 0.14 人次 / 年上升至 0.16 人次 / 年，如表 6-14 所示。

表 6-14　2015—2019 年医疗机构门诊、住院服务情况

年份	机构类别	总诊疗人次数 / 万人次		入院人数 / 万人	出院人数 / 万人	每百门诊、急诊入院人数 / 人
		总数	门诊、急诊			
2015	总计	26 446.86	25 332.70	842.99	838.68	5.0
	医院	9 366.08	9 073.12	653.52	650.29	7.0
2016	总计	27 108.85	25 924.89	897.09	891.29	5.3
	医院	9 827.80	9 526.01	707.64	703.76	7.4
2017	总计	28 182.03	26 845.24	992.95	988.65	5.4
	医院	10 863.45	10 510.62	787.76	784.13	7.5
2018	总计	29 764.69	28 497.58	1 011.06	1 009.68	5.0
	医院	11 822.75	11 488.09	824.82	822.80	7.2
2019	总计	33 295.40	31 203.56	1 035.89	1 032.42	4.6
	医院	13 065.78	12 699.52	879.40	876.58	6.9

资料来源：《安徽统计年鉴》。

6.1.4.4 各市医疗资源（2019 年统计）

2019 年统计，在安徽省的 16 个地级市中，各种医疗资源的差异较大。作为省会城市的合肥拥有的医疗资源最为丰富，医疗卫生机构数、医疗卫生机构人员数、医疗卫生机构床位数均最多。阜阳的医疗卫生机构数、医疗卫生机构人员数、医疗卫生机构床位数排名第二。宿州、亳州、安庆分别位列医疗卫生机构人员数的第 3～5；六安、亳州、安庆分别位列医疗卫生机构数的第 3～5；宿州、亳州、蚌埠分别位列医疗卫生机构床位数的第 3～5。

每万人拥有的卫生技术人员数最多的是合肥，为 87.82 人 / 万人；其次是黄山，为 68.17 人 / 万人；最少的是宿州，为 42.88 人 / 万人。每万人拥有的执业（助理）医师数最多的是合肥，为 32.7 人 / 万人；其次是黄山，为 26.02 人 / 万人；最少的是亳州，为 15.91 人 / 万人。每万人护士数最多的仍是合肥，为 42.38 人 / 万人；黄山与蚌埠差别较小，均刚过 30 人 / 万人；最少的是六安，为 18.00 人 / 万人。医护比方面，合肥为 1：1.29；最高的滁州为 1：1.36；最不合理的是芜湖，为 1：0.91，如表 6-15 所示。

表 6-15　2019 年安徽省各市医疗资源情况

地区	医疗卫生机构人员数 / 人				医疗卫生机构数 / 个		医疗卫生机构床位数 / 张		病床周转次数 / 次	病床使用率 /%	出院者平均住院日 / 日
	总数	卫生技术人员	执业（助理）医师	注册护士	总数	医院	总数	医院			
全省	454 616	361 240	138 407	163 390	26 436	1 241	347 395	272 086	34	83.0	9
合肥	85 926	71 918	26 816	34 706	3 232	199	59 050	52 285	34	89.6	10
淮北	15 566	12 619	4 942	5 717	811	82	12 922	10 406	28	75.9	10
亳州	31 756	22 650	8 374	9 875	2 103	89	24 475	16 448	40	81.3	7
宿州	32 377	24 443	9 826	10 309	1 831	89	25 488	17 665	38	83.2	8
蚌埠	26 845	21 346	7 818	10 311	1 415	88	22 560	18 086	34	84.0	9
阜阳	56 070	42 679	16 217	18 666	2 983	120	46 694	34 938	34	79.1	8
淮南	23 721	18 696	6 494	8 856	1 393	79	19 165	14 991	32	79.1	9
滁州	27 711	22 387	8 357	10 691	1 726	80	21 694	16 437	35	78.7	8
六安	28 203	21 969	9 634	8 773	2 367	37	21 257	13 393	39	91.3	8
马鞍山	16 916	13 905	5 377	6 284	1 022	64	10 326	8 599	30	78.0	9
芜湖	27 664	22 890	9 085	10 532	1 479	79	20 990	17 901	32	83.4	9
宣城	18 056	14 670	5 699	6 435	1 239	50	14 533	11 741	34	80.3	8
铜陵	11 591	9 493	3 565	4 306	616	30	9 351	7 761	26	81.7	11
池州	10 248	8 231	3 091	3 566	1 043	37	7 862	6 550	33	74.6	8
安庆	30 442	23 657	9 414	9 993	2 074	85	22 170	17 915	36	86.4	9
黄山	11 524	9 687	3 698	4 370	1 102	33	8 858	6 970	32	79.3	9

资料来源：《安徽统计年鉴》。

6.1.5　长三角区域的卫生事业及公众健康状况对比

6.1.5.1　诊疗次数

长三角区域三省一市中，上海的人口密度最大，生活水平最高，医疗水平也最高，居民对健康的需求也非常高。上海的常住人口占全国的 1.73%，但诊疗次数却占全国的 3.23%；浙江的常住人口占全国的 4.18%，但诊疗次数却占全国的 7.81%；安徽的常住人口占全国的 4.55%，但诊疗次数仅占全国的 3.82%，如图 6-6 所示。

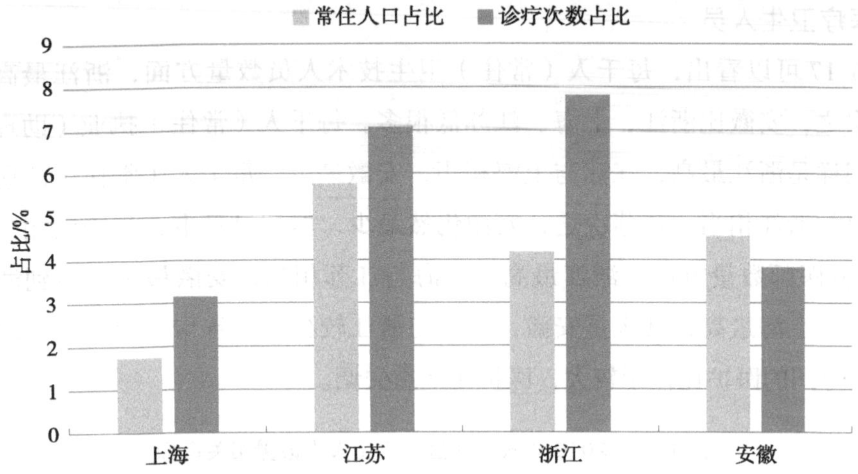

图 6-6　2019 年长三角区域三省一市常住人口与诊疗次数占全国的比重

从全国的普遍情况来看，经济发达的地区，其诊疗次数占全国的比重较高；经济欠发达地区，其诊疗次数占全国的比重较小。究其原因，一方面是因为经济发达地区本地居民对健康更加重视，就医需求较多，另一方面，也存在有一部分其他地区居民到长三角区域异地就诊。2019 年人均可支配收入在全国排名前 6 位及后 6 位的地区及其居民平均就诊次数排序如表 6-16 所示。

表 6-16　2019 年人均可支配收入与居民平均就诊次数排名前 6 与后 6 的地区

人均可支配收入排序	地区	人均可支配收入 / 元	居民平均就诊次数 /（次 / 年）	居民平均就诊次数排序
1	上海	69 442	11.35	3
2	北京	67 756	11.55	2
3	浙江	49 899	11.65	1
4	天津	42 404	7.87	4
5	江苏	41 400	7.65	6
6	广东	39 014	7.74	5
26	新疆	23 103	4.77	23
27	青海	22 618	4.37	26
28	云南	22 082	5.81	13
29	贵州	20 397	4.85	21
30	西藏	19 501	4.66	24
31	甘肃	19 139	4.79	22

资料来源：《中国统计年鉴》。

6.1.5.2 医疗卫生人员

由表 6-17 可以看出，每千人（常住）卫生技术人员数量方面，浙江最高，上海稍低，江苏次之，安徽比浙江、上海、江苏低很多。每千人（常住）执业（助理）医师数量方面，同样是浙江最高，江苏与上海相当，安徽最少。每千人（常住）注册护士数量方面，上海与浙江相当，江苏次之，安徽仍然最少，但超过日本，与美国相当。每万人（常住）全科医师数量方面，浙江最高，上海与江苏相当，安徽最少，不到浙江的 1/3。医护比方面，上海最高，其次是安徽，江苏与浙江较少，二省均不及全国平均水平。与日本、美国等国的医护比差距较大，医护比严重失调。

表 6-17　2019 年长三角区域卫生人力数量相关指标

指标	上海	江苏	浙江	安徽	全国	日本	美国
每千人（常住）卫生技术人员	8.42	7.85	8.89	5.67	7.26	—	—
每千人（常住）执业（助理）医师	3.08	3.16	3.51	2.17	2.77	—	—
每千人（常住）注册护士	3.82	3.47	3.76	2.57	3.18	2.40	2.60
每万人（常住）全科医生	4.09	5.90	4.68	2.37	—	11.52	8.55
医护比［执业（助理）医师 / 注册护士］	1：1.24	1：1.10	1：1.07	1：1.18	1：1.15	1：4.80	1：3.29

注：日本、美国的数据为 2016 年数据，美国每千人注册护士数为 2015 年数据。

资料来源：《长三角区域卫生发展比较研究》（上海市卫生和健康发展研究中心的张晓溪博士课题组）、《中国卫生健康统计年鉴》。

为了引导优质医疗资源下沉，帮助患者建立正确的就医观念、提高医疗效率、降低庞大的医疗支出。2015 年 9 月，国务院办公厅印发了《关于推进分级诊疗制度建设的指导意见》，提出建立符合我国国情的“基层首诊、双向转诊、急慢分治、上下联动”的分级诊疗制度。2015—2019 年，随着分级诊疗改革的持续推进，基层医疗机构的服务能力提升越来越成为分级诊疗制度成功的关键，全科医生的发展也备受关注。全科医生是居民健康管理服务的主要提供者，可以向家庭成员提供综合性、连续性的医疗、照顾、健康维持和预防服务。但是根据数据对比发现，即便是长三角区域这样的发达地区，每万人全科医生的数量与日本、美国相比差距非常大，远低于英国（以医疗系统分级诊疗）、美国（以商业保险分级诊疗）、加拿大（以公有医保系统分级诊疗）等国的每万人全科医生数量。

2021 年 1 月，深圳市卫生健康委员会发布了《深圳市全科医师管理办法》，成为全国首部完整的全科医师管理办法，针对深圳市全科医生建设中面临的能力和激励两大难题提出了具体的解决办法。无论是对深圳，还是对全国的全科医生能力提高、数量提升，以及更好地发挥分级诊疗体系的作用，确保新医改的成效，更好地完成“健康中国 2030 目标”都具有重要意义。

6.1.5.3 卫生经费结构

在卫生经费来源方面，浙江、江苏、上海三地的政府卫生支出占卫生总费用的比例为 20%～22%；卫生健康支出占财政支出的比例方面，这三地的比例为 6%～7.5%。安徽的政府卫生支出占卫生总费用的比例为 31.76%、卫生健康支出占财政支出的比例为 9.3%，均明显高于长三角区域其他地区，这两个指标值也高于全国平均水平（27.74%、8.06%），说明安徽省的社会筹资能力较弱，偏重于靠政府和财政负担。如图 6-7 所示。

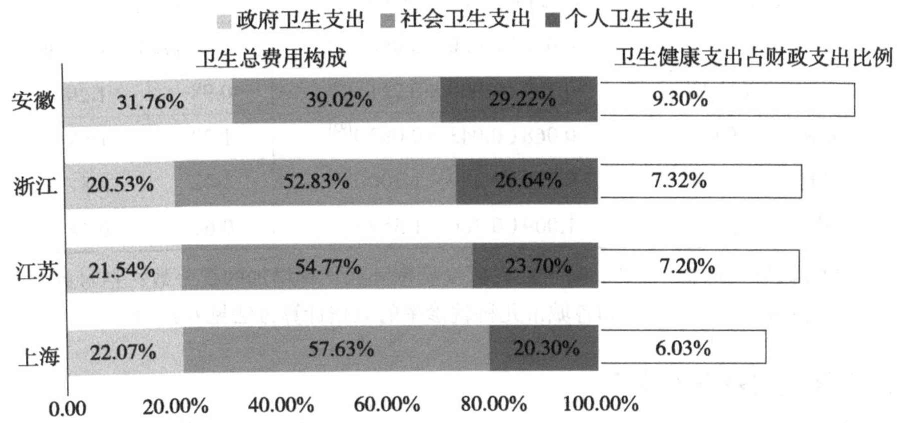

图 6-7　2019 年长三角区域卫生总费用构成及卫生健康支出占比

6.2 雾霾污染的公众健康经济损失评价

6.2.1 公众健康损失的研究方法与资料来源

6.2.1.1 暴露人口与暴露水平

本节研究的城市包括长三角区域的 41 个城市，其中上海 1 个、江苏 13 个、浙江 11 个，安徽 16 个。暴露人口选择为各市的常住人口。

2015 年是“十二五”的最后一年，而且从 2015 年开始才有比较详细的各市 ρ（$PM_{2.5}$）监测数据，因此研究的基准年选择为 2015 年。本书选取《环境空气质量标准》（GB 3095—2012）的二级浓度限值 35 μg/m^3 为基准浓度，当 ρ（$PM_{2.5}$）>35 μg/m^3 时称为超标。仅研究超标城市的健康效应与健康经济损失。

6.2.1.2 健康终点与暴露—反应关系

近年来的环境流行病学及环境毒理学研究已证实，长期或短期暴露于污染（尤其是重污染）空气中，会造成人体的心血管、呼吸、神经和免疫系统疾病，甚至致人早逝。考虑到数据的可得性，本节选取的健康风险终点为早逝、住院（呼吸系统疾病与心血管系统疾病)、门诊(内科与儿科)和患病(慢性支气管炎与急性支气管炎)。选取的暴露—反应关系系数如表 6-18 所示。

表 6-18　各健康终点的暴露 - 反应关系系数及基准发病率

项目		暴露—反应系数 β/%(95% 置信区间)	基准发生率 /%		
			东部	中部	西部
早逝	全因死亡	0.296(0.076～0.504)[55]	各城市死亡率		
门诊	内科	00.049(0.027～0.070)[55]	各城市内科就诊率		
	儿科	0.056(0.020～0.090)[55]	各城市儿科就诊率		
住院	呼吸系统疾病	0.109(0.000～0.221)[98]	0.98	1.29	1.72
	心血管系统疾病	0.068(0.043～0.093)[92]	1.29	1.67	1.21
患病	急性支气管炎	0.790(0.270～1.300)[92]	3.42	2.87	4.08
	慢性支气管炎	1.009(0.366～1.559)[92]	0.61	0.54	1.00

注:① β 值为 $PM_{2.5}$ 浓度每增加 1 μg/m³ 导致的人群发病率和死亡率增加的百分数;括号内为 95%CI 值。②各城市死亡率、各城市内科就诊率和各城市儿科就诊率的数据计算方法见 6.2.1.3。

6.2.1.3　健康终点的基准发生率

各市全因死亡率资料来源与人口资料来源相同。由于很难获得各城市的详细卫生数据,本节对其他健康终点基准发生率进行估算,所用的原始数据均来自《中国卫生健康统计年鉴》,具体方法如下:①对于各城市内科与儿科的门诊基准发生率,按以下步骤估算而得。首先,假设同一省内各城市的内科、儿科门诊发生率与全省平均状况相同;其次,根据各省医疗卫生机构中的各科就诊比例估算出各省平均的内科和儿科就诊率,作为省内每个城市内科和儿科的基准发生率[99]。②对于各城市住院和患病的基准发生率数据,按照各城市所属的区域,选用文献 [100] 的东部、中部和西部居民的相应疾病住院率与患病率,如表 6-18 所示。

6.2.1.4　$PM_{2.5}$ 污染归因的健康损失

大气污染对人体健康的影响是一个复杂非线性过程,影响的结果包括过早死亡、门诊和住院等各种健康终点引发的直接损失与间接损失。对于总人口来说,健康终点的发生人数作为一种时间序列,实际分布近似泊松分布。由流行病学的研究结果可知,$PM_{2.5}$ 浓度与健康风险之间存在暴露—反应关系。根据泊松回归比例风险模型,归因于 $PM_{2.5}$ 的人群健康风险如式(6-1)所示:

$$RR = RR_0 \times \exp\left[\beta \times (c - c_0)\right] \tag{6-1}$$

式中,RR——$PM_{2.5}$ 污染实际浓度下的健康风险;

RR_0——$PM_{2.5}$ 污染参考基准浓度下的健康风险;

β——暴露—反应关系系数;

c——实际 $\rho(PM_{2.5})$，μg/m³；

c_0——$PM_{2.5}$ 参考基准浓度，μg/m³。

当暴露人群数量为 P，则归因于 $PM_{2.5}$ 的健康效应变化量 ΔE 如式（6–2）所示：

$$\Delta E = P\times(\mathrm{RR}-\mathrm{RR}_0) = P\times\mathrm{RR}\times\left\{1-1/\exp\left[\beta\times(c-c_0)\right]\right\} \tag{6-2}$$

6.2.1.5 健康终点的单位成本

早逝的单位成本，以北京市居民统计寿命价值（Value of Statistical Life，VSL）168 万元[101]为基础，运用各市人均可支配收入及 CPI 指数折算为 2015—2019 年各城市的相应值。

门诊成本与住院成本，采用疾病成本法计算。它是一种事后计算方法，该方法以已经发生的医疗费用、收入损失等为标准，更加接近现实支出[95]。疾病成本法对某种疾病 i 单位成本的计算公式如式（6–3）所示：

$$C_i = C_{pi} + \mathrm{GDP}_p \times T_i \tag{6-3}$$

式中，C_i——$PM_{2.5}$ 污染导致健康终点 i 的单位成本；

C_{pi}——健康终点 i 的单位病例医药费；

GDP_p——人均日误工成本，元 /（人 · d）；

T_i——因治疗健康终点 i 导致的误工时间。病人前往医院进行门诊的误工（儿科为陪护）时间统一按 1 d 计算，住院的误工时间按住院日计算。

各城市内科、儿科单位病例医药费按如下方法推算：首先假设各城市门诊内科和儿科的医药费占全部门诊医药费的比例与全国的比例相同，其次由省的门诊医药费、省和市的人均可支配收入推算得出市的门诊医药费，最后按照相应比例推算出各市内科和儿科的门诊医药费[102]。

各城市住院单位病例医药费按如下方法推算：首先，假设各城市呼吸系统、心血管系统疾病住院医药费比例及住院日比例与全国平均情况相同；其次，从年鉴中得到全国呼吸系统疾病、心血管系统疾病的人均医药费及平均住院日；最后，根据全国各种疾病平均住院医药费与两种疾病住院医药费的比例、各省的平均住院医药费、省和市的人均可支配收入，折算出各市两种疾病住院医药费[43]。

慢性支气管炎病程缓慢，一般不易痊愈，患病时间难以确定，显著降低病人生活质量，因此不宜采用疾病成本法计算单位成本。本研究采用 Viscusi 等（1991）[103]与陈晓兰（2008）[104]的研究结果的中间值，即慢性支气管炎的单位成本为统计寿命价值的 40%。对于急性支气管炎的单位经济损失，假设它与门诊损失的比例在各城市相同，依据黄德生等（2013）[55]对于门诊与急性支气管炎单位损失比例，结合各市的门诊损失，估算各市急性支气管炎的单位损失。

卫生数据均来自《中国卫生健康统计年鉴》。GDP、可支配收入资料来源与人口资料来源相同。2015—2019 年 GDP 和可支配收入数据以 2015 年为基准年，用 CPI 指数进行平减。

6.2.1.6 健康终点的经济损失

$PM_{2.5}$ 引起所有不良健康终点的总经济损失如式（6-4）所示：

$$L = \sum_{i=1}^{m} L_i = \sum_{i=1}^{m} P \times \Delta \mathrm{RR}_i \times L_{pi} \tag{6-4}$$

式中，L——$PM_{2.5}$ 污染导致所有健康终点的损失；

L_i——$PM_{2.5}$ 污染导致健康终点 i 的损失；

m——健康终点个数；

L_{pi}——$PM_{2.5}$ 污染导致健康终点 i 的单位损失。为定量描述估算过程中的不确定性，本书除估算总损失的平均值外，还估算了 95%CI（置信区间）的值。

6.2.2 长三角区域雾霾污染的公众健康效应及健康经济损失

6.2.2.1 公众健康效应

从总体上看，长三角区域的各类指标值呈下降趋势，2019 年比 2015 年大幅减少，但个别区域的个别年份有所反复。具体来说，$PM_{2.5}$ 浓度大于 35 μg/m³ 的城市从 2015 年的 38 个减少至 2019 年的 30 个，超标城市的 $PM_{2.5}$ 浓度由 2015 年的 55 μg/m³ 下降至 2019 年的 45 μg/m³。上海、宁波、温州、嘉兴、湖州、金华、衢州、舟山、台州、丽水、黄山 11 个城市 2019 年的 $PM_{2.5}$ 浓度均不超过 35 μg/m³。

表 6-19 列出了 2019 年 $PM_{2.5}$ 浓度超标城市的各种健康效应及健康终点发生率。由于上海的 $PM_{2.5}$ 浓度小于 35 μg/m³，所以表中无该市。可以看出，归因于 $PM_{2.5}$ 污染早逝的前 5 名城市分别为徐州、阜阳、宿州、亳州、淮南；因呼吸系统疾病住院的前 5 名城市分别为阜阳、徐州、亳州、宿州、合肥；因循环系统疾病住院的前 5 名城市分别为阜阳、徐州、亳州、宿州、合肥；因内科门诊的前五名城市分别为徐州、阜阳、杭州、亳州、宿州；因儿科门诊的前 5 名的城市分别为徐州、阜阳、杭州、亳州、宿迁；患急性支气管炎前 5 名的城市分别为徐州、阜阳、亳州、宿州、合肥；患慢性支气管炎的前五名城市分别为阜阳、徐州、亳州、宿州、合肥；健康终点总人数的前 5 名城市分别为徐州、阜阳、亳州、宿州、宿迁。综合来看，早逝、内科门诊、儿科门诊、患急性支气管炎人数最多的为江苏徐州，呼吸疾病住院、心血管疾病住院、患慢性支气管炎人数最多的均为安徽阜阳；各种健康终点发生总人数、健康终点发生率最多的仍为江苏徐州。究其原因，一方面与徐州、阜阳常住人口数量多有关系，另一方面是，这些城市的雾霾污染较重。

表 6-19　2019 年长三角区域各城市雾霾污染的健康效应

城市	ρ（$PM_{2.5}$）/（μg/m³）	早逝 / 10^2 人	住院		门诊		患病		健康终点人数 / 10^2 人	健康终点发生率 / %
			呼吸疾病 / 10^2 人	心血管疾病 /10^2 人	内科 / 10^2 人	儿科 / 10^2 人	急性支气管炎 / 10^2 人	慢性支气管炎 / 10^2 人		
南京	40	6.84（1.76，11.58）	6.84（0.01，13.82）	4.92（3.11，6.72）	334.23（184.27，477.22）	169.16（60.47，271.63）	183.04（63.37，297.42）	26.76（9.86，40.79）	731.78（322.86，1 119.18）	0.86（0.38，1.32）
无锡	40	6.22（1.60，10.53）	5.30（0.03，10.72）	3.81（2.41，5.21）	259.18（142.89，370.07）	131.18（46.89，210.64）	141.94（49.14，230.64）	20.75（7.65，31.63）	568.39（250.60，869.45）	0.86（0.38，1.32）
徐州	57	29.76（7.83，49.54）	30.95（0.03，61.99）	22.34（14.17，30.47）	1 520.59（839.90，2 167.27）	769.14（275.78，1 231.51）	782.84（282.99，1 220.56）	112.44（43.70，164.00）	3 268.07（1 464.40，4 925.35）	3.70（1.66，5.58）
常州	48	11.79（3.07，19.81）	9.86（0.01，19.85）	7.11（4.50，9.70）	483.23（266.65，689.39）	244.50（87.53，392.09）	257.01（90.82，409.44）	37.26（14.08，55.61）	1 050.77（466.67，1 595.89）	2.22（0.99，3.37）
苏州	40	9.97（2.57，16.88）	8.65（0.01，17.48）	6.22（3.94，8.50）	422.69（233.04，603.53）	213.93（76.47，343.53）	231.49（80.15，376.14）	33.85（12.48，51.59）	926.80（408.65，1 417.66）	0.86（0.38，1.32）
南通	37	3.72（0.96，6.33）	2.36（0.00，4.78）	1.70（1.07，2.32）	115.18（63.48，164.51）	58.30（20.83，93.67）	63.78（21.91，104.43）	9.36（3.42，14.38）	254.40（111.67，390.41）	0.35（0.15，0.53）
连云港	42	4.85（1.25，8.19）	5.07（0.00，10.25）	3.65（2.31，4.99）	248.20（136.87，354.32）	125.61（44.92，201.64）	134.93（46.96，218.16）	19.69（7.30，29.85）	542.01（239.62，827.40）	1.20（0.53，1.83）
淮安	44	8.55（2.22，14.43）	7.13（0.01，14.38）	5.13（3.25，7.01）	348.77（192.37，497.78）	176.50（63.14，283.22）	188.22（65.84，302.82）	27.40（10.23，41.33）	761.71（337.05，1 160.96）	1.54（0.68，2.35）
盐城	40	5.44（1.41，9.22）	5.80（0.01，11.72）	4.17（2.64，5.70）	283.46（156.28，404.73）	143.46（51.28，230.37）	155.24（53.75，252.24）	22.70（8.37，34.60）	620.27（273.72，948.59）	0.86（0.38，1.32）
扬州	43	8.04（2.08，13.58）	5.85（0.01，11.80）	4.21（2.66，5.75）	285.98（157.72，408.20）	144.72（51.76，232.28）	154.90（54.05，249.83）	22.58（8.40，34.14）	626.28（276.68，955.57）	1.38（0.61，2.10）
镇江	45	6.77（1.76，11.41）	5.14（0.00，10.36）	3.70（2.34，5.06）	251.62（138.80，359.08）	127.33（45.56，204.28）	135.30（47.45，217.13）	19.68（7.37，29.60）	549.53（243.28，836.92）	1.72（0.76，2.61）
泰州	45	11.69（3.03，19.70）	7.44（0.01，15.00）	5.36（3.39，7.32）	364.14（200.87，519.66）	184.27（65.93，295.64）	195.80（68.67，314.23）	28.48（10.66，42.83）	797.17（352.56，1 214.38）	1.72（0.76，2.62）

续表

城市	$\rho(PM_{2.5})$/（$\mu g/m^3$）	早逝/10^2人	住院：呼吸疾病/10^2人	住院：心血管疾病/10^2人	门诊：内科/10^2人	门诊：儿科/10^2人	患病：急性支气管炎/10^2人	患病：慢性支气管炎/10^2人	健康终点人数/10^2人	健康终点发生率/%
宿迁	48	11.12（2.90，18.68）	10.28（0.01，20.70）	7.41（4.69，10.12）	503.83（278.02，718.78）	254.93（91.26，408.80）	267.96（94.69，426.90）	38.85（14.68，57.98）	1 094.38（486.26，1 661.95）	2.22（0.98，3.37）
江苏合计		124.76（32.45，209.88）	110.66（0.10，222.85）	79.73（50.50，108.88）	5 421.13（2 991.17，7 734.55）	2 743.02（981.81，4 399.29）	2 892.45（1 019.79，4 619.93）	419.80（158.20，628.32）	11 791.56（5 234.02，17 923.70）	1.46（0.65，2.22）
杭州	38	4.67（1.20，7.93）	5.01（0.00，10.13）	3.60（2.28，4.92）	348.72（192.22，498.02）	158.97（56.81，255.36）	134.91（46.47，220.32）	19.77（7.24，30.30）	675.65（306.22，1 026.98）	0.65（0.30，0.99）
绍兴	38	2.86（0.74，4.86）	2.44（0.00，4.95）	1.76（1.11，2.40）	170.22（93.83，243.10）	77.60（27.73，124.65）	65.85（22.68，107.55）	9.65（3.53，14.79）	330.39（149.62，502.38）	0.65（0.30，0.99）
浙江合计	—	7.53（1.94，12.49）	7.45（0.01，15.08）	5.36（3.39，7.32）	518.95（286.04，741.12）	236.57（84.53，380.01）	200.76（69.15，327.87）	29.42（10.77，45.08）	1 006.04（455.84，1 529.26）	0.17（0.08，0.26）
合肥	44	9.43（2.44，15.91）	17.67（0.02，35.64）	13.19（8.35，18.02）	410.67（226.51，586.11）	188.69（67.50，302.78）	303.49（106.16，488.26）	62.20（23.22，93.80）	1 005.33（434.20，1 540.53）	1.23（0.53，1.88）
芜湖	44	5.29（1.37，8.93）	8.15（0.01，16.44）	6.09（3.85，8.31）	189.46（104.50，270.40）	87.05（31.14，139.69）	140.02（48.98，225.26）	28.70（10.71，43.28）	464.75（200.56，712.31）	1.23（0.53，1.89）
蚌埠	52	10.85（2.84，18.15）	13.84（0.01，27.80）	10.35（6.56，14.13）	322.57（178.08，459.99）	148.17（53.08，237.44）	231.55（82.66，365.33）	47.06（18.01，69.51）	784.39（341.23，1 192.36）	2.30（1.00，3.49）
淮南	54	13.46（3.53，22.47）	15.81（0.01，31.72）	11.83（7.50，16.14）	368.58（203.52，525.50）	169.29（60.67，271.20）	262.67（94.24，412.46）	53.27（20.51，78.29）	894.91（389.98，1 357.77）	2.56（1.12，3.89）
马鞍山	43	3.30（0.86，5.58）	4.53（0.00，9.14）	3.38（2.14，4.62）	105.27（58.06，150.26）	48.37（17.30，77.63）	78.08（27.24，125.93）	16.02（5.96，24.22）	258.96（111.56，397.39）	1.10（0.47，1.68）
淮北	55	5.83（1.53，9.73）	10.82（0.01，21.69）	8.10（5.13，11.04）	252.29（139.32，359.66）	115.87（41.53，185.60）	179.15（64.44，280.64）	36.30（14.02，53.21）	608.36（265.99，921.57）	2.68（1.17，4.06）
铜陵	48	3.38（0.88，5.68）	5.10（0.00，10.27）	3.81（2.41，5.21）	118.75（65.53，169.42）	54.55（19.53，87.48）	86.49（30.56，137.79）	17.65（6.67，26.34）	289.75（125.59，442.19）	1.77（0.77，2.69）

续表

城市	$\rho(PM_{2.5})$/（μg/m³）	早逝/10^2人	住院		门诊		患病		健康终点人数/10^2人	健康终点发生率/%
			呼吸疾病/10^2人	心血管疾病/10^2人	内科/10^2人	儿科/10^2人	急性支气管炎/10^2人	慢性支气管炎/10^2人		
安庆	45	7.30（1.90，12.30）	11.32（0.01，22.81）	8.45（5.35，11.54）	263.10（145.14，375.47）	120.88（43.25，193.95）	193.73（67.94，310.91）	39.66（14.85，59.66）	644.45（278.43，986.64）	1.36（0.59，2.09）
滁州	49	10.44（2.72，17.52）	13.88（0.01，27.92）	10.37（6.57，14.16）	323.11（178.31，460.91）	148.43（53.14，237.98）	234.17（83.07，372.63）	47.80（18.12，71.15）	788.50（341.96，1 202.27）	1.90（0.82，2.90）
阜阳	52	24.16（6.32，40.42）	33.51（0.03，67.30）	25.06（15.88，34.20）	780.81（431.04，1 113.45）	358.65（128.48，574.74）	560.48（200.08，884.32）	113.91（43.59，168.25）	1 896.57（825.43，2 882.68）	2.30（1.00，3.49）
宿州	51	17.45（4.56，29.23）	21.78（0.02，43.76）	16.28（10.32，22.23）	507.30（280.03，723.50）	233.03（83.46，373.50）	365.47（130.14，578.03）	74.35（28.37，110.11）	1 235.68（536.90，1 880.36）	2.17（0.94，3.30）
六安	42	6.23（1.61，10.52）	8.19（0.01，16.53）	6.11（3.87，8.35）	190.16（104.86，271.46）	87.38（31.25，140.26）	141.57（49.27，228.89）	29.08（10.79，44.08）	468.70（201.65，720.10）	0.96（0.41，1.48）
亳州	54	16.41（4.30，27.39）	23.84（0.02，47.83）	17.84（11.31，24.34）	555.83（306.91，792.46）	255.29（91.49，408.97）	396.12（142.12，622.00）	80.34（30.94，118.06）	1 345.66（587.08，2 041.05）	2.56（1.12，3.88）
池州	41	1.53（0.40，2.59）	2.14（0.00，4.32）	1.60（1.01，2.18）	49.68（27.39，70.93）	22.83（8.16，36.65）	37.12（12.89，60.17）	7.63（2.82，11.60）	122.54（52.67，188.46）	0.83（0.35，1.27）
宣城	42	4.34（1.12，7.34）	4.47（0.00，9.03）	3.34（2.11，4.56）	103.84（57.26，148.24）	47.71（17.06，76.59）	77.31（26.90，124.99）	15.88（5.89，24.07）	256.89（110.36，394.82）	0.97（0.41，1.48）
安徽合计	—	139.40（36.38，233.78）	195.04（0.18，392.22）	145.79（92.36，199.02）	4 541.43（2 506.47，6 477.77）	2 086.20（747.04，3 344.46）	3 287.22（1 166.69，5 217.61）	669.86（254.48，995.63）	11 065.44（4 803.59，16 860.48）	1.74（0.75，2.65）

注：括号内为 95%CI 值。

长三角区域中上海 2019 年的 $PM_{2.5}$ 浓度小于等于 35 μg/m³，所以不计算其健康效应。由表 6-20 可以发现，其他 3 个省份中，江苏的各种健康终点发生总人数最高，其次是安徽；健康终点发生率则为安徽的最高，其次是江苏；浙江的健康终点人数与健康终点发生率均远低于江苏与安徽两省。虽然江苏的常住总人口比安徽高出 1 500 多万人，但是江苏的各种健康终点发生总人数仅比安徽高 7 万余人，并且健康终点发生率比安徽低约 0.28%。而且，安徽的早逝、呼吸系统疾病住院、心血管疾病住院、患急性支气管炎、慢性支气管炎方面的人数均高于江苏，而江苏在内科门诊、儿科门诊人数方面超过安徽。

表 6-20　2019 年长三角区域各省雾霾污染的健康效应

省份	早逝 / 10^2 人	住院		门诊		患病		健康终点人数 / 10^2 人	健康终点发生率 / %
		呼吸疾病 / 10^2 人	心血管疾病 / 10^2 人	内科 / 10^2 人	儿科 / 10^2 人	急性支气管炎 / 10^2 人	慢性支气管炎 / 10^2 人		
江苏	124.76（32.45 209.88）	110.66（0.10 222.85）	79.73（50.50 108.88）	5 421.13（2 991.17 7 734.55）	2 743.02（981.81 4 399.29）	2 892.45（1 019.79 4 619.93）	419.80（158.20 628.32）	11 791.56（5 234.02 17 923.70）	1.46（0.65 2.22）
浙江	7.53（1.94 12.49）	7.45（0.01 15.08）	5.36（3.39 7.32）	518.95（286.04 741.12）	236.57（84.53 380.01）	200.76（69.15 327.87）	29.42（10.77 45.08）	1 006.04（455.84 1 529.26）	0.17（0.08 0.26）
安徽	139.40（36.38 233.78）	195.04（0.18 392.22）	145.79（92.36 199.02）	4 541.43（2 506.47 6 477.77）	2 086.20（747.04 3 344.46）	3 287.22（1 166.69 5 217.61）	669.86（254.48 995.63）	11 065.44（4 803.59 16 860.48）	1.74（0.75 2.65）

注：括号内为 95%CI 值。

表 6-21 显示，2015—2019 年，长三角区域的 $PM_{2.5}$ 浓度超标城市个数持续减少，超标城市的 $PM_{2.5}$ 浓度也呈下降趋势；虽然长三角区域的常住人口在连年增加，2019 年比 2015 年增加约 688 万人，但是各种健康终点发生总人数、健康终点发生率呈现逐年降低。然而，并非所有年份归因于 $PM_{2.5}$ 污染的各种健康效应人数均为下降，个别年份仍有所反复。例如，2017 年的早逝人数较 2016 年增加约 1.21 万人，2019 年又下降至约 2.72 万人；2018 年的呼吸系统疾病住院人数较 2017 年增加约 0.56 万人，2018 年的心血管系统疾病住院人数较 2017 年增加约 0.11 万人，2018 年的患急性支气管炎人数较 2017 年增加约 18.03 万人。

表 6-21　2015—2019 年长三角区域雾霾污染的健康效应

年份	超标城市数 / 个	超标城市 $\rho(PM_{2.5})$ / ($\mu g/m^3$)	早逝 / 万人	住院		门诊		患病		健康终点人数 / 万人	健康终点发生率 /%
				呼吸疾病 / 万人	心血管疾病 / 万人	内科 / 万人	儿科 / 万人	急性支气管炎 / 万人	慢性支气管炎 / 万人		
2015	38	55	7.98（2.10，13.28）	5.05（0.00，10.11）	4.14（2.62，5.64）	318.90（176.13，454.56）	147.13（52.75，235.60）	103.05（37.25，160.72）	23.28（9.04，33.96）	609.52（279.90，913.88）	2.76（1.27，4.14）
2016	37	50	5.26（1.38，8.79）	3.70（0.00，7.42）	3.02（1.92，4.13）	210.95（116.44，300.85）	97.99（35.10，157.05）	73.32（26.20，115.62）	16.72（6.41，24.68）	410.95（187.44，618.54）	1.85（0.84，2.79）

续表

年份	超标城市数 / 个	超标城市 ρ（$PM_{2.5}$）/（μg/m^3）	早逝 / 万人	住院		门诊		患病		健康终点人数 / 万人	健康终点发生率 /%
				呼吸疾病 / 万人	心血管疾病 / 万人	内科 / 万人	儿科 / 万人	急性支气管炎 / 万人	慢性支气管炎 / 万人		
2017	37	51	6.47（1.70，10.79）	3.52（0.00，7.05）	2.88（1.83，3.93）	189.80（104.80，270.63）	95.51（34.23，153.01）	66.33（23.85，104.02）	15.16（5.85，22.25）	379.68（172.26，571.68）	1.70（0.77，2.56）
2018	33	47	3.74（0.98，6.27）	4.06（0.00，8.15）	2.99（1.89，4.08）	137.94（76.13，196.75）	67.13（24.04，107.61）	84.36（30.00，133.63）	14.43（5.50，21.40）	314.64（138.54，477.88）	1.40（0.61，2.12）
2019	30	45	2.72（0.70，4.49）	3.13（0.00，6.71）	2.31（1.56，3.36）	104.48（62.88，162.53）	50.66（19.85，88.89）	63.81（24.43，109.35）	11.19（4.52，17.71）	238.63（113.95，393.03）	1.05（0.50，1.73）

注：括号内为 95%CI 值。

6.2.2.2 公众健康经济损失

表 6-22 为 2019 年 $PM_{2.5}$ 超标城市的健康经济损失，其中，早逝经济损失前 5 名的城市分别为徐州、苏州、常州、阜阳、泰州；呼吸系统疾病住院经济损失前 5 名的城市分别为徐州、合肥、阜阳、苏州、亳州；因心血管系统疾病住院经济损失前 5 名的城市分别为徐州、合肥、阜阳、亳州、宿州；内科门诊经济损失前 5 名的城市分别为徐州、苏州、常州、南京、合肥；儿科门诊经济损失前 5 名的城市分别为徐州、苏州、常州、南京、合肥；急性支气管炎经济损失前 5 名的城市分别为徐州、苏州、合肥、常州、阜阳；慢性支气管炎经济损失前 5 名的城市分别为徐州、合肥、阜阳、苏州、亳州。健康经济损失合计总损失前 5 名的城市分别为徐州、阜阳、苏州、合肥、常州；健康经济损失占 GDP 比重前 5 名的城市分别为淮南（4.18%）、亳州（3.92%）、宿州（3.39%）、阜阳（3.14）、淮北（2.96%），排名前 6 的城市均隶属安徽，排名前 13 的城市仅徐州（第 7）、宿迁（第 12）隶属江苏；人均健康经济损失前 5 名的城市分别为常州（1 660 元）、淮南（1 552 元）、徐州（1 489 元）、淮北（1 405 元）、蚌埠（1 404 元）。出现这种排名的主要原因在于城市的雾霾污染水平较高、健康终点人数较多、人均可支配收入较高等。

从表 6-23 可以发现，长三角区域中上海在 2019 年的 $PM_{2.5}$ 浓度小于等于 35 μg/m^3，所以不计算其健康经济损失；其他 3 个省份中，江苏的健康经济损失最高，其次是安徽；江苏在早逝、内科门诊、儿科门诊、患急性支气管炎方面的健康经济损失最高，安徽在呼吸系统疾病住院、心血管疾病住院、患慢性支气管炎方面的健康经济损失最高，浙江的各项指标值均比较低。

表 6-22　2019 年长三角区域各城市雾霾污染的健康经济损失

城市	早逝 / 10^7 元	住院		门诊		患病		健康经济损失合计 / 亿元	占 GDP 比重 /%	人均健康经济损失 / 元
		呼吸疾病 / 10^6 元	心血管疾病 / 10^6 元	内科 / 10^6 元	儿科 / 10^6 元	急性支气管炎 / 10^6 元	慢性支气管炎 / 10^7 元			
南京	227.31（58.69，385.04）	14.12（0.01，28.55）	19.71（12.47，26.94）	26.64（14.69，38.04）	12.26（4.38，19.68）	70.76（24.50，114.98）	356.03（131.23，542.67）	59.77（19.55，95.05）	0.43（0.14，0.68）	703（230，1 118）
无锡	196.76（50.80，333.29）	10.72（0.01，21.68）	14.80（9.36，20.22）	21.12（11.64，30.16）	9.72（3.47，15.60）	56.10（19.42，91.16）	262.76（96.85，400.51）	47.08（15.20，75.17）	0.40（0.13，0.63）	714.20（231，1 140）
徐州	510.69（134.31，850.17）	32.64（0.03，65.37）	45.92（29.12，62.63）	60.88（33.63，86.77）	27.99（10.04，44.82）	152.01（54.95，237.00）	771.79（299.94，1 125.69）	131.44（44.70，202.55）	1.84（0.63，2.83）	1 489（507，2 295）
常州	339.12（88.32，569.74）	17.94（0.02，36.12）	24.90（15.77，34.00）	34.91（19.26，49.80）	16.06（5.75，25.75）	90.04（31.82，143.44）	428.67（162.03，639.71）	78.62（25.76，123.84）	1.06（0.35，1.67）	1 660（544，2 615）
苏州	345.70（89.25，585.59）	18.77（0.02，37.94）	26.12（16.53，35.70）	35.82（19.75，51.15）	16.48（5.89，26.47）	95.14（32.94，154.60）	469.64（173.10，715.84）	83.46（26.99，133.20）	0.43（0.14，0.69）	776（251，1 239）
南通	86.62（22.29，147.18）	3.48（0.00，7.05）	4.82（3.05，6.58）	6.78（3.74，9.69）	3.12（1.12，5.01）	18.22（6.26，29.82）	87.08（31.79，133.82）	17.73（5.55，28.68）	0.19（0.06，0.31）	242（76，392）
连云港	78.58（20.33，132.84）	4.96（0.00，10.02）	7.02（4.44，9.59）	8.94（4.93，12.77）	4.11（1.47，6.60）	23.58（8.21，38.12）	127.67（47.36，193.56）	21.11（6.96，33.41）	0.67（0.22，1.06）	468（154，741）
淮安	149.03（38.64，251.41）	7.56（0.01，15.25）	10.65（6.74，14.55）	13.84（7.63，19.75）	6.37（2.28，10.22）	36.23（12.67，58.28）	190.99（71.29，288.02）	34.75（11.29，55.12）	0.90（0.29，1.42）	704（229，1 118）
盐城	100.81（26.03，170.77）	6.48（0.01，13.09）	9.15（5.79，12.51）	11.65（6.42，16.63）	5.36（1.92，8.61）	30.94（10.71，50.27）	168.17（61.98，256.33）	27.53（9.05，43.72）	0.48（0.16，0.77）	382（126，606）
扬州	172.06（44.57，290.56）	8.10（0.01，16.34）	11.12（7.04，15.19）	16.27（8.97，23.22）	7.48（2.68，12.01）	42.74（14.91，68.92）	193.21（71.89，292.14）	37.38（11.98，59.63）	0.64（0.20，1.02）	822（263，1 311）
镇江	172.93（44.89，291.43）	8.17（0.01，16.48）	11.41（7.22，15.59）	15.51（8.56，22.14）	7.14（2.55，11.45）	40.46（14.19，64.93）	201.03（75.28，302.36）	38.22（12.34，60.68）	0.93（0.30，1.47）	1 193（385，1 894）

续表

城市	早逝 / 10^7 元	住院		门诊		患病		健康经济损失合计 / 亿元	占 GDP 比重 /%	人均健康经济损失 / 元
		呼吸疾病 / 10^6 元	心血管疾病 / 10^6 元	内科 / 10^6 元	儿科 / 10^6 元	急性支气管炎 / 10^6 元	慢性支气管炎 / 10^7 元			
泰州	254.83（66.15，429.45）	10.11（0.01，20.38）	14.10（8.93，19.26）	19.22（10.60，27.43）	8.84（3.16，14.19）	50.13（17.58，80.44）	248.30（92.97，373.46）	51.34（16.32，81.91）	1.00（0.32，1.60）	1 107（352，1 767）
宿迁	160.01（41.67，268.81）	8.96（0.01，18.03）	12.66（8.02，17.28）	16.26（8.97，23.19）	7.48（2.68，11.99）	41.93（14.82，66.80）	223.63（84.53，333.73）	39.24（12.97，61.63）	1.27（0.42，1.99）	795（263，1 248）
江苏合计	279.45（72.59，470.63）	1.52（0.00，3.06）	2.12（1.34，2.90）	2.88（1.59，4.11）	1.32（0.47，2.12）	7.48（2.63，11.99）	372.90（140.02，559.78）	667.67（218.66，1 054.59）	0.67（0.22，1.06）	827（271，1 307）
杭州	159.74（41.15，271.15）	8.83（0.01，17.87）	12.24（7.74，16.73）	23.96（13.21，34.21）	9.93（3.55，15.95）	44.95（15.48，73.41）	270.43（99.04，414.43）	44.02（14.42，70.14）	0.29（0.09，0.46）	425（139，677）
绍兴	88.90（22.90，150.89）	3.77（0.00，7.63）	5.30（3.36，7.25）	9.60（5.29，13.71）	3.98（1.42，6.39）	18.01（6.20，29.41）	119.93（43.92，183.79）	21.29（6.84，34.11）	0.37（0.12，0.59）	421（135，675）
浙江合计	24.86（6.41，42.20）	0.13（0.00，0.26）	0.18（0.11，0.24）	0.34（0.18，0.48）	0.14（0.05，0.22）	0.63（0.22，1.03）	39.04（14.30，59.82）	65.31（21.26，104.25）	0.10（0.03，0.17）	111（36，178）
合肥	211.15（54.75，356.20）	25.02（0.02，50.47）	36.51（23.11，49.87）	26.05（14.37，37.19）	10.88（3.89，17.46）	93.39（32.67，150.24）	557.18（207.98，840.25）	78.75（27.01，122.70）	0.84（0.29，1.30）	962（330，1 498）
芜湖	95.18（24.68，160.57）	9.33（0.01，18.82）	13.58（8.60，18.55）	9.81（5.41，14.00）	4.10（1.47，6.58）	35.16（12.30，56.57）	206.39（77.04，311.25）	30.88（10.45，48.33）	0.85（0.29，1.34）	817（277，1 279）
蚌埠	171.74（44.92，287.35）	13.17（0.01，26.45）	19.67（12.46，26.84）	12.74（7.03，18.17）	5.32（1.91，8.53）	44.35（15.83，69.98）	297.94（114.02，440.07）	47.92（16.27，74.24）	2.33（0.79，3.61）	1 404（477，2 176）
淮南	206.07（54.02，344.09）	13.76（0.01，27.61）	21.07（13.35，28.74）	12.10（6.68，17.26）	5.05（1.81，8.10）	41.83（15.01，65.69）	326.34（125.67，479.58）	54.18（18.34，83.84）	4.18（1.41，6.47）	1 552（525，2 402）
马鞍山	75.85（19.65，128.09）	6.27（0.01，12.66）	9.34（5.91，12.76）	6.09（3.36，8.69）	2.54（0.91，4.08）	21.90（7.64，35.32）	147.12（54.74，222.45）	22.76（7.62，35.79）	1.08（0.36，1.70）	964（323，1 516）

续表

城市	早逝/10^7元	住院		门诊		患病		健康经济损失合计/亿元	占GDP比重/%	人均健康经济损失/元
		呼吸疾病/10^6元	心血管疾病/10^6元	内科/10^6元	儿科/10^6元	急性支气管炎/10^6元	慢性支气管炎/10^7元			
淮北	89.45（23.47，149.21）	9.70（0.01，19.44）	14.66（9.30，20.00）	8.96（4.95，12.77）	3.74（1.34，5.99）	30.86（11.10，48.34）	222.67（86.01，326.39）	31.89（11.22，48.63）	2.96（1.04，4.51）	1 405（494，2 142）
铜陵	54.25（14.13，91.14）	4.89（0.00，9.84）	7.31（4.63，9.99）	4.68（2.58，6.67）	1.95（0.70，3.13）	16.52（5.84，26.32）	113.25（42.80，169.00）	17.10（5.83，26.57）	1.78（0.61，2.77）	1 042（355，1 619）
安庆	106.24（27.58，179.03）	9.76（0.01，19.69）	14.64（9.27，20.00）	9.22（5.09，13.16）	3.85（1.38，6.18）	32.93（11.55，52.85）	230.87（86.45，347.24）	34.41（11.68，53.75）	1.45（0.49，2.26）	729（247，1 138）
滁州	152.10（39.66，255.27）	12.63（0.01，25.42）	18.55（11.75，25.33）	12.95（7.15，18.47）	5.41（1.94，8.67）	45.57（16.15，72.43）	278.65（105.65，414.75）	44.03（14.90，68.51）	1.51（0.51，2.35）	1 062（359，1 652）
阜阳	288.56（75.48，482.82）	23.06（0.02，46.32）	35.07（22.23，47.87）	20.76（11.46，29.61）	8.67（3.11，13.89）	72.28（25.80，114.05）	544.28（208.30，803.92）	84.88（29.00，131.19）	3.14（1.07，4.85）	1 028（351，1 588）
宿州	243.55（63.64，407.92）	17.32（0.02，34.81）	26.47（16.77，36.12）	15.30（8.44，21.82）	6.39（2.29，10.24）	53.45（19.03，84.54）	415.01（158.34，614.55）	67.05（22.66，104.12）	3.39（1.15，5.26）	1 176（398，1 827）
六安	84.60（21.89，143.00）	6.33（0.01，12.79）	9.66（6.11，13.20）	5.56（3.07，7.94）	2.32（0.83，3.73）	20.08（6.99，32.46）	158.04（58.62，239.60）	24.70（8.22，38.96）	1.52（0.51，2.40）	507（169，800）
亳州	227.28（59.58，379.52）	18.76（0.02，37.64）	28.72（18.21，39.19）	16.47（9.10，23.48）	6.88（2.46，11.02）	56.93（20.43，89.40）	445.20（171.43，654.24）	68.53（23.60，105.38）	3.92（1.35，6.03）	1 302（448，2 002）
池州	21.91（5.66，37.08）	1.85（0.00，3.73）	2.75（1.74，3.75）	1.79（0.99，2.56）	0.75（0.27，1.20）	6.50（2.26，10.53）	43.67（16.15，66.39）	6.69（2.23，10.56）	0.80（0.27，1.27）	451（150，711）
宣城	72.28（18.70，122.18）	4.42（0.00，8.93）	6.62（4.19，9.05）	4.19（2.31，5.98）	1.75（0.63，2.81）	15.12（5.26，24.44）	105.68（39.20，160.22）	18.12（5.91，28.75）	1.16（0.38，1.84）	681（222，1 080）
安徽合计	210.02（54.78，352.35）	1.76（0.00，3.55）	2.65（1.68，3.61）	1.67（0.92，2.38）	0.70（0.25，1.12）	5.87（2.08，9.33）	409.23（155.24，608.99）	631.89（214.95，981.32）	1.70（0.58，2.64）	993（338，1 542）

注：括号内为95%CI值。

表 6-23　2019 年长三角区域各省雾霾污染的健康经济损失

省份	早逝 / 10^7 元	住院		门诊		患病		健康经济损失合计 / 亿元	占 GDP 比重 /%	人均健康经济损失 / 元
		呼吸疾病 / 10^6 元	心血管疾病 / 10^6 元	内科 / 10^6 元	儿科 / 10^6 元	急性支气管炎 / 10^6 元	慢性支气管炎 / 10^7 元			
江苏合计	279.45（72.59，470.63）	1.52（0.00，3.06）	2.12（1.34，2.90）	2.88（1.59，4.11）	1.32（0.47，2.12）	7.48（2.63，11.99）	372.90（140.02，559.78）	667.67（218.66，1 054.59）	0.67（0.22，1.06）	827（271，1 307）
浙江合计	24.86（6.41，42.20）	0.13（0.00，0.26）	0.18（0.11，0.24）	0.34（0.18，0.48）	0.14（0.05，0.22）	0.63（0.22，1.03）	39.04（14.30，59.82）	65.31（21.26，104.25）	0.10（0.03，0.17）	111（36，178）
安徽合计	210.02（54.78，352.35）	1.76（0.00，3.55）	2.65（1.68，3.61）	1.67（0.92，2.38）	0.70（0.25，1.12）	5.87（2.08，9.33）	409.23（155.24，608.99）	631.89（214.95，981.32）	1.70（0.58，2.64）	993（338，1 542）

注：括号内为 95%CI 值。

如表 6-24 所示，与健康效应趋势类似，2015—2019 年长三角区域的健康经济损失、经济损失占 GDP 比重、人均健康经济损失也在总体上呈下降趋势，2015—2016 年下降较多。其中，健康经济损失从 2015 年的约 3 394.36 亿元减少至 2019 年的约 1 364.87 亿元；经济损失占 GDP 比重从 2015 年的约 2.09% 减少至 2019 年的约 0.63%；人均健康经济损失从 2015 年的约 1538 元减少至 2019 年的约 601 元。

表 6-24　2015—2019 年长三角区域各省市雾霾污染的健康经济损失

年份	健康经济损失 / 亿元				
	上海	江苏	浙江	安徽	长三角区域
2015	655.91（211.09，1 034.03）	1 437.82（478.22，2 229.76）	706.77（236.24，1 101.42）	593.85（199.19，917.20）	3 394.36（1 124.74，5 282.41）
2016	397.58（126.11，634.74）	931.68（310.25，1 455.21）	392.85（129.41，619.16）	585.50（194.46，909.78）	2 307.62（760.23，3 618.89）
2017	174.83（54.71，282.08）	1 080.28（339.44，1 717.69）	315.03（103.09，499.21）	701.90（235.21，1 084.26）	2 272.01（732.44，3 583.17）
2018	39.41（12.81，63.12）	951.50（311.38，1 497.69）	132.60（43.29，210.93）	702.10（240.56，1 084.84）	1 825.60（608.04，2 856.58）
2019	0	667.67（218.66，1 054.59）	65.31（21.26，104.25）	631.89（214.95，981.32）	1 364.87（454.87，2 140.16）

续表

健康经济损失占 GDP 比重 /%					
年份	上海	江苏	浙江	安徽	长三角区域
2015	2.61（0.84，4.12）	2.05（0.68，3.18）	1.65（0.55，2.57）	2.70（0.91，4.17）	2.09（0.69，3.25）
2016	1.44（0.46，2.30）	1.23（0.41，1.92）	0.85（0.28，1.34）	2.45（0.81，3.81）	1.32（0.43，2.07）
2017	0.59（0.19，0.95）	1.30（0.41，2.07）	0.63（0.21，1.00）	2.69（0.90，4.16）	1.19（0.38，1.88）
2018	0.13（0.04，0.20）	1.07（0.35，1.68）	0.25（0.08，0.40）	2.44（0.84，3.77）	0.90（0.30，1.41）
2019	0	0.67（0.22，1.06）	0.10（0.03，0.17）	1.70（0.58，2.64）	0.63（0.21，0.98）
人均健康经济损失 / 元					
年份	上海	江苏	浙江	安徽	长三角区域
2015	2 716（874，4 282）	1 803（600，2 796）	1 276（426，1 988）	966（324，1 493）	1 538（510，2 393）
2016	1 643（521，2 623）	1 165（388，1 819）	703（232，1 108）	945（314，1 468）	1 060（349，1 662）
2017	723（226，1 167）	1 345（422，2 139）	557（182，882）	1 122（376，1 733）	1 053（339，1 661）
2018	163（53，260）	1 182（387，1 860）	231（75，368）	1 110（380，1 716）	810（270，1 268）
2019	0	827（271，1 307）	111（36，178）	993（338，1 542）	601（200，942）

注：括号内为 95%CI 值。

健康经济损失方面，上海、浙江持续下降；江苏、安徽在 2017 年出现了反复，2017 年江苏的健康经济损失比 2016 年高出约 150 亿元，安徽高出约 117 亿元。而且安徽 2017—2018 年的健康经济损失基本没有变化。

健康经济损失占 GDP 比重方面，上海、浙江持续降低；江苏、安徽在 2017 年出现了反复。其中，江苏 2017 年的健康经济损失占 GDP 比重比 2016 年高出约 0.07 个百分点，安徽高出约 0.24 个百分点，2019 年，安徽的健康经济损失占 GDP 比重仍高达约 1.7%，比浙江 2015 年的比重还要高。

人均健康经济损失方面，上海与浙江连年持续减少，2019 年基本可以忽略不计；江苏与安徽的人均健康经济损失 2017 年分别比 2016 年上升 180 元、177 元，而且，江苏 2018 年的人均健康经济损失仍比 2016 年稍高，安徽则高出 165 元，安徽 2019 年的人均健康经济损失仍比 2015 年、2016 年高，仅比 2017 年、2018 年低。

6.2.3 其他五大区域雾霾污染的公众健康效应及健康经济损失

6.2.3.1 公众健康效应

根据国务院《打赢蓝天保卫战三年行动计划》(国发〔2018〕22 号),京津冀及周边地区、长三角区域、汾渭平原地区 3 个区域 80 个城市为大气污染防治的重点区域,珠三角地区、成渝地区、长江中游地区 3 个区域 52 个城市也是需要重点关注的区域,六大区域共 132 个城市[99],如表 6-25 所示。

表 6-25 大气污染防治的重点区域及城市数量

区域名称	城市名称	城市数量 / 个
京津冀及周边地区	北京,天津,河北省的石家庄、唐山、邯郸、邢台、保定、沧州、廊坊、衡水,山西省太原、阳泉、长治、晋城,山东省的济南、淄博、济宁、德州、聊城、滨州、菏泽,河南省的郑州、开封、安阳、鹤壁、新乡、焦作、濮阳	28
长三角区域	上海,江苏省的南京、苏州、无锡、常州、扬州、镇江、南通、泰州、徐州、连云港、淮安、盐城、宿迁,浙江省的杭州、宁波、湖州、嘉兴、绍兴、舟山、温州、金华、衢州、台州、丽水,安徽省的宿州、淮北、亳州、阜阳、蚌埠、淮南、滁州、六安、马鞍山、安庆、芜湖、铜陵、宣城、池州、黄山	41
珠三角地区	广东省的广州、深圳、珠海、佛山、江门、东莞、中山、惠州、肇庆	9
汾渭平原地区	山西省的晋中、运城、临汾、吕梁,河南省的洛阳、三门峡,陕西省的西安、铜川、宝鸡、咸阳、渭南	11
成渝地区	重庆,四川省的成都、绵阳、德阳、内江、资阳、遂宁、自贡、泸州、宜宾、南充、广安、达州、眉山、乐山	15
长江中游地区	湖北省的武汉、黄石、鄂州、黄冈、孝感、咸宁、襄阳、宜昌、荆州、荆门,湖南省的长沙、株洲、湘潭、岳阳、益阳、常德、衡阳、娄底,江西省的南昌、九江、景德镇、鹰潭、新余、宜春、萍乡、上饶、抚州、吉安	28
合计		132

资料来源:根据《打赢蓝天保卫战三年行动计划》(国发〔2018〕22 号)整理而得。

为了对长三角区域雾霾污染引发的公众健康效应与健康经济损失有更好的认识,本部分将京津冀及周边地区、珠三角地区、汾渭平原地区、成渝地区、长江中游地区五大区域雾霾污染引发的公众健康效应与健康经济损失也进行估算,并与长三角区域的相应损失进行对比。其他五大区域的研究方法与资料来源同长三角区域,估算结果如表 6-26 所示。

表 6-26　2015—2019 年其他五大区域雾霾污染的健康效应

区域	年份	超标城市数 / 个	超标城市 ρ（$PM_{2.5}$）/（$\mu g/m^3$）	早逝 / 万人	住院 / 万人		门诊 / 万人		患病 / 万人		健康终点人数 / 万人	健康终点发生率 /%
					呼吸疾病	心血管疾病	内科	儿科	急性支气管炎	慢性支气管炎		
京津冀及周边地区	2015	28	84	14.83（4.03，23.93）	10.66（0.01，20.99）	8.80（5.60，11.95）	628.82（348.48，893.42）	278.51（100.44，443.53）	204.98（79.96，298.39）	44.73（19.05，60.76）	1 191.32（557.57，1 752.98）	6.28（2.94，9.24）
	2016	28	77	13.37（3.61，21.76）	9.14（0.01，18.07）	7.52（4.78，10.23）	540.56（299.29，768.70）	278.51（89.22，395.24）	179.85（68.72，266.62）	39.58（16.45，54.78）	1 037.81（482.07，1 535.41）	5.43（2.52，8.04）
	2017	28	68	12.42（3.32，20.39）	7.26（0.01，14.43）	5.97（3.79，8.13）	447.29（247.41，636.65）	247.80（72.89，323.92）	146.92（55.00，221.90）	32.60（13.21，46.00）	855.24（395.63，1 271.44）	4.45（2.06，6.62）
	2018	28	60	8.01（2.12，13.27）	8.43（0.01，16.85）	6.18（3.92，8.42）	324.33（179.21，462.09）	147.29（52.85，235.66）	183.65（67.11，283.54）	29.12（11.48，42.02）	707.00（316.70，1 061.85）	3.71（1.66，5.58）
	2019	28	57	7.00（1.84，11.59）	7.24（0.01，14.38）	5.27（3.34，7.17）	277.24（152.93，394.59）	121.12（43.36，193.56）	158.50（57.24，245.85）	25.27（9.82，36.64）	601.65（268.52，903.78）	3.14（1.40，4.71）
汾渭平原地区	2015	11	61	2.16（0.57，3.57）	2.09（0.00，4.16）	1.30（0.83，1.78）	57.52（31.80，81.92）	31.76（11.40，50.80）	31.82（11.67，48.96）	8.62（3.41，12.42）	135.27（59.68，203.61）	2.73（1.21，4.11）
	2016	11	67	2.80（0.75，4.59）	2.78（0.00，5.52）	1.66（1.06，2.27）	76.20（42.16，108.42）	45.44（16.34，72.56）	41.30（15.50，62.22）	11.27（4.58，15.85）	181.45（80.39，271.43）	3.64（1.61，5.45）
	2017	11	65	2.68（0.72，4.41）	2.68（0.00，5.33）	1.61（1.02，2.19）	85.48（47.28，121.66）	40.34（14.50，64.45）	40.04（14.96，60.59）	10.94（4.43，15.45）	183.77（82.90，274.08）	3.66（1.65，5.47）

续表

区域	年份	超标城市数 / 个	超标城市 ρ（$PM_{2.5}$）/（$\mu g/m^3$）	早逝 / 万人	住院 / 万人		门诊 / 万人		患病 / 万人		健康终点人数 / 万人	健康终点发生率 /%
					呼吸疾病	心血管疾病	内科	儿科	急性支气管炎	慢性支气管炎		
汾渭平原地区	2018	11	58	2.01（0.53，3.33）	3.38（0.00，6.76）	1.82（1.16，2.48）	57.36（31.70，81.73）	35.20（12.63，56.33）	57.96（21.15，89.59）	12.58（4.94，18.18）	170.32（72.12，258.41）	3.37（1.43，5.11）
	2019	11	55	1.92（0.51，3.19）	3.01（0.00，6.02）	1.60（1.02，2.18）	54.24（29.97，77.29）	33.69（12.09，53.93）	51.88（18.85，80.52）	11.30（4.42，16.41）	157.64（66.85，239.54）	3.11（1.32，4.72）
成渝地区	2015	15	57	4.23（1.12，7.03）	4.15（0.00，8.30）	1.83（1.16，2.49）	116.12（64.16，165.46）	57.71（20.70，92.35）	65.63（23.89，101.66）	20.01（7.85，29.00）	269.68（118.89，406.28）	2.79（1.23，4.20）
	2016	14	55	3.88（1.02，6.46）	3.77（0.00，7.55）	1.66（1.05，2.27）	107.87（59.59，153.74）	51.82（18.58，82.97）	60.10（21.75，93.63）	18.37（7.15，26.78）	247.49（109.15，373.38）	2.54（1.12，3.83）
	2017	14	50	3.64（0.95，6.09）	2.51（0.00，5.05）	1.11（0.70，1.51）	88.06（48.61，125.58）	43.89（15.72，70.33）	40.85（14.57，64.54）	12.57（4.80，18.59）	192.63（85.36，291.69）	1.96（0.87，2.97）
	2018	14	42	1.55（0.40，2.60）	2.35（0.00，4.74）	0.86（0.55，1.18）	45.62（25.17，65.08）	23.01（8.24，36.90）	43.92（15.48，70.16）	10.18（3.83，15.23）	127.49（53.67，195.90）	1.29（0.54，1.98）
	2019	13	42	1.02（0.27，1.73）	1.54（0.00，3.11）	0.57（0.36，0.77）	31.79（17.53，45.39）	16.16（5.78，25.94）	29.25（10.19，47.26）	6.81（2.53，10.32）	87.15（36.65，134.53）	0.88（0.37，1.36）
长江中游地区	2015	28	55	4.60（1.22，7.63）	3.66（0.00，7.31）	2.99（1.90，4.07）	117.82（65.12，167.82）	65.65（23.57，105.01）	54.38（19.90，83.89）	12.71（5.01，18.33）	261.81（116.71，394.06）	2.10（0.94，3.17）
	2016	28	50	3.55（0.93，5.93）	2.75（0.00，5.52）	2.24（1.42，3.06）	87.96（48.57，125.41）	49.64（17.79，79.52）	42.01（15.05，66.07）	9.90（3.81，14.58）	198.05（87.57，300.09）	1.58（0.70，2.40）

续表

区域	年份	超标城市数 / 个	超标城市 ρ（$PM_{2.5}$）/（$\mu g/m^3$）	早逝 / 万人	住院 / 万人		门诊 / 万人		患病 / 万人		健康终点人数 / 万人	健康终点发生率 /%
					呼吸疾病	心血管疾病	内科	儿科	急性支气管炎	慢性支气管炎		
长江中游地区	2017	28	49	3.84（1.00，6.33）	2.60（0.00，5.16）	2.12（1.34，2.87）	105.59（58.30，149.56）	52.62（18.85，83.61）	39.96（14.27，62.32）	9.43（3.61，13.78）	216.17（97.37，323.63）	1.72（0.77，2.57）
长江中游地区	2018	21	45	1.76（0.46，2.95）	2.55（0.00，5.14）	1.91（1.21，2.61）	48.62（26.83，69.35）	28.97（10.37，46.44）	43.13（15.29，68.53）	8.79（3.34，13.09）	135.73（57.50，208.10）	1.07（0.45，1.64）
长江中游地区	2019	21	45	1.74（0.45，2.93）	2.53（0.00，5.10）	1.89（1.20，2.59）	49.61（27.38，）	30.27（10.84，48.54）	42.78（15.16，67.99）	8.72（3.31，12.98）	137.56（58.34，210.88）	1.08（0.46，1.66）
珠三角地区	2015	4	38	0.19（0.05，0.32）	0.11（0.00，0.22）	0.09（0.06，0.12）	6.62（3.65，9.45）	4.33（1.55，6.95）	2.77（0.96，4.52）	0.63（0.23，0.96）	14.74（6.49，22.55）	0.20（0.09，0.31）
珠三角地区	2016	3	37	0.07（0.02，0.11）	0.04（0.00，0.09）	0.04（0.02，0.05）	2.58（1.42，3.69）	1.64（0.59，2.64）	1.09（0.37，1.78）	0.25（0.09，0.38）	5.70（2.51，8.72）	0.08（0.03，0.12）
珠三角地区	2017	2	39	0.09（0.02，0.15）	0.05（0.00，0.10）	0.04（0.03，0.06）	3.91（2.15，5.58）	1.95（0.70，3.13）	1.25（0.43，2.04）	0.28（0.10，0.43）	7.57（3.43，11.49）	0.10（0.04，0.15）
珠三角地区	2018	1	36	0.01（0.00，0.01）	0.01（0.00，0.01）	0.00（0.00，0.01）	0.28（0.15，0.39）	0.18（0.06，0.28）	0.18（0.06，0.30）	0.03（0.01，0.04）	0.68（0.29，1.05）	0.01（0.00，0.01）
珠三角地区	2019	0	<35	—	—	—	—	—	—	—	—	—

注：括号内为95%CI值。

由表 6-26 可以看出，在 $PM_{2.5}$ 浓度超标城市数量及具体浓度方面，2015—2019 年京津冀及周边地区、汾渭平原地区 $PM_{2.5}$ 浓度超标城市没有变化，所有城市的 $PM_{2.5}$ 浓度均超标，这两个区域的污染程度也最严重；京津冀及周边地区 $PM_{2.5}$ 浓度逐年降低并且降幅较大，但仍为所有区域中的最高值；汾渭平原地区 2016—2017 年 $PM_{2.5}$ 浓度比 2015 年不降反增，2019 年小幅下降，年均 $PM_{2.5}$ 浓度仅次于京津冀及周边地区。长江中游地区的 $PM_{2.5}$ 浓度与长三角区域相差不大，2016—2017 年 $PM_{2.5}$ 浓度仅下降 1 μg/m³；2015—2017 年 28 个城市的 $PM_{2.5}$ 浓度均超标，2018 年超标城市大幅下降至 21 个城市，2019 年没有变化仍为 21 个城市；2019 年的 $PM_{2.5}$ 浓度也与 2018 年保持不变，均为 45 μg/m³。成渝地区 $PM_{2.5}$ 浓度逐年降低，2018 年有 1 个城市的 $PM_{2.5}$ 浓度小于 35 μg/m³，14 个超标城市的 $PM_{2.5}$ 浓度平均值为 42 μg/m³，2019 年超标城市的数量又减少 1 个，为 13 个，超标城市的 $PM_{2.5}$ 浓度平均值保持 42 μg/m³ 不变。珠三角地区的空气质量一直居全国之首，2015 年仅 4 个城市 $PM_{2.5}$ 浓度超标，超标城市的 $PM_{2.5}$ 浓度平均值为 38 μg/m³，2018 年仅有 1 个城市的 $PM_{2.5}$ 浓度超标，2019 年所有城市的 $PM_{2.5}$ 浓度均在 38 μg/m³ 以下。

在健康效应方面，2015—2019 年，与长三角区域类似，五大区域的健康效应从总体上看，各类指标值呈现下降趋势，2019 年较 2015 年大幅减少，但个别区域的个别年份有所反复。

具体来看，京津冀及周边地区的各类指标值均居六大区域之首，但保持逐年下降。早逝人数从 2015 年的 14.83（95%CI：4.03，23.93）万人减少至 2019 年的 7.00（95%CI：1.84，11.59）万人，健康终点发生率从 2015 年的 6.28%（95%CI：2.94%，9.24%）下降至 2019 年的 3.14%（95%CI：1.40，4.71）。

汾渭平原地区 2016 年的各健康终点人数比 2015 年有所上升，其中早逝人数增加了 0.64（95%CI：0.18，1.02）万人；2015—2016 年的各健康终点发生率没有太大变化，但是 11 个城市中仅 2 个城市的 $PM_{2.5}$ 浓度下降，其余 9 个全部上升，整个区域 $PM_{2.5}$ 浓度上升了 6 μg/m³。2017 年各类健康终点人数小幅下降；2019 年，早逝人数比 2015 年下降了 0.24（95%CI：0.06，0.38）万人，但是各类健康终点总人数仍比 2015 年增加 22.37（95%CI：7.17，35.93）万人，健康终点发生率比 2015 年增加 0.38%（95%CI：0.11，0.61）。

长江中游地区 2017 年的早逝、内科门诊、儿科门诊人数均比 2016 年上升，各类健康终点总人数比 2016 年增加 18.12（95%CI：9.80，23.54）万人。2017—2018 年各类健康效应指标大幅下降后，2019 年的各类指标与 2018 年基本相同。

珠三角地区各类健康终点人数总体较少，但 2016 年、2017 年各类健康终点人数均比 2015 年小幅上升，2019 年所有城市的 $PM_{2.5}$ 浓度均没有超标，不估算其健康效应。成渝地区的各类指标值均逐年下降。

6.2.3.2 公众健康经济损失

与其他区域相比，长三角区域的各项指标值优于京津冀及周边地区、汾渭平原地区，但是不及长江中游地区、珠三角地区的指标值。如表 6-27 所示。

表 6-27　2015—2019 年其他五大区域雾霾污染的健康经济损失

区域	年份	健康经济损失 / 亿元	经济损失占 GDP 比重 /%	人均健康经济损失 / 元
京津冀及周边地区	2015	4 796.74（1 714.67，7 086.49）	4.23（1.51，6.25）	2 528.63（903.90，3 735.69）
	2016	4 550.61（1 593.25，6 816.31）	3.79（1.33，5.68）	2 381.90（833.94，3 567.82）
	2017	4 073.09（1 382.01，6 217.88）	3.22（1.09，4.91）	2 121.36（719.79，3 238.42）
	2018	3 368.82（1 151.62，5 168.45）	2.57（0.88，3.94）	1 769.72（604.97，2 715.10）
	2019	2 987.72（1 009.35，4 596.04）	2.32（0.78，3.57）	1 557.73（526.25，2 396.27）
汾渭平原地区	2015	699.97（242.61，1 065.52）	3.41（1.18，5.19）	1 413.61（489.95，2 151.87）
	2016	977.75（347.50，1 461.29）	4.52（1.61，6.75）	1 961.80（697.23，2 931.99）
	2017	1 009.35（358.04，1 511.64）	4.19（1.49，6.28）	2 012.99（714.05，3 014.72）
	2018	1 009.36（360.46，1 520.98）	3.95（1.41，5.95）	1 996.28（712.90，3 008.13）
	2019	978.92（346.36，1 483.10）	3.76（1.33，5.69）	1 929.28（682.61，2 922.93）
成渝地区	2015	1 473.24（512.98，2 243.23）	3.39（1.18，5.16）	1 523.56（530.50，2 319.86）
	2016	1 455.84（503.87，2 226.61）	3.11（1.07，4.75）	1 494.07（517.10，2 285.09）
	2017	1 228.74（407.78，1 918.44）	2.41（0.80，3.76）	1 253.08（415.86，1 956.44）
	2018	760.88（262.03，1 179.74）	1.42（0.49，2.20）	770.93（265.49，1 195.32）
	2019	603.85（205.61，944.84）	1.02（0.35，1.60）	608.92（207.33，952.76）
长江中游地区	2015	1 392.54（440.82，2 150.05）	2.14（0.68，3.31）	1 118.57（354.10，1 727.05）
	2016	1 131.97（371.25，1 772.46）	1.63（0.53，2.55）	903.56（296.34，1 414.81）
	2017	1 240.20（399.23，1 938.24）	1.66（0.53，2.59）	985.01（317.08，1 539.41）
	2018	955.16（325.06，1 484.06）	1.22（0.42，1.90）	753.49（256.42，1 170.71）
	2019	984.92（334.77，1 531.38）	1.17（0.40，1.82）	773.76（263.00，1 203.06）
珠三角地区	2015	109.08（35.05，174.66）	0.16（0.05，0.26）	148.12（47.59，237.17）
	2016	42.58（13.79，68.16）	0.06（0.02，0.10）	56.81（18.40，90.93）
	2017	47.17（15.13，75.55）	0.06（0.02，0.12）	61.68（19.78，98.78）
	2018	2.60（0.84，4.18）	0.00（0.00，0.01）	3.33（1.08，5.35）
	2019	0	0	0

注：括号内为 95%CI 值。

京津冀及周边地区 2019 年比 2015 年的健康经济损失减少 1 809.02（95%CI：563.05，1 918.04）亿元，占 GDP 的比重减少 1.91%（95%CI：0.73，2.68），人均健康经济损失减少 970.90（95%CI：377.65，1 339.42）元。成渝地区的各项指标值均与京津冀及周边地区同样呈逐年下降态势。

汾渭平原地区 2015—2017 年的各项指标值均逐年上升，2018 年虽有所下降，但 2019 年各项指标值仍高于 2015 年；2019 年较 2015 年的健康经济损失增加 278.95（95%CI：103.75，417.58）亿元，占 GDP 的比重增加 0.35%（95%CI：0.15，0.50），人均健康经济损失增加 515.67（95%CI：192.66，771.06）元。

长江中游地区的各项指标值虽在 2017 年有所上升，但 2018 年又大幅下降，与 $PM_{2.5}$ 浓度超标城市数量由 28 个减少至 21 个，减少了 2 532.36 万暴露人口有较大关系；2019 年较 2015 年的健康经济损失减少 407.62（95%CI：106.05，618.67）亿元，占 GDP 的比重减少 0.97%（95%CI：0.28，1.49），但是健康经济损失、人均健康经济损失仍比 2018 年稍高。

6.3 雾霾污染引起的收入不平等波动

空气污染显著阻碍了公众的健康改善，并且使居民的医疗支出增加[105]。1990—2015 年，中国 GDP 增长 35.1 倍（名义值），城镇居民可支配收入增长 19.6 倍，但是个人医疗保健支出却增长 43.9 倍，远超收入增长幅度。研究表明，环境质量显著影响医疗支出，环境污染越严重，医疗支出水平越高[106]；而均等化的城镇居民医疗保险与新型农村合作医疗保险，使得高收入参保人群的受益超过低收入人群[107]。这进一步加剧了贫富差距与社会不公，继而引发一系列社会公平与社会保障问题[108]。所以，世界银行将我国的环境污染负担总结成四大特征，即总量大、区域差距大、城乡差距大、群体差距大[109]。

6.3.1 收入不平等现象的测度方法

基尼系数是国际经济学界测度收入不平等程度的最常用指标，它能够很好地反映群体间的收入分配差异程度，即按人口分布形成的收入平均差距对收入总体期望值偏离的相对程度[110, 111]。

若将人口等分为 N 组，则基尼系数的计算如式（6-5）所示：

$$G=\frac{1}{2\mu N^2}\sum_{i=1}^{N}\sum_{j=1}^{N}\left|y_i-y_j\right| \tag{6-5}$$

式中，G——基尼系数；

μ——总体收入的期望值；

N——总分组数；

y_i——第 i 组平均收入水平。

若人口不易以等分组形式体现，则非等分组的基尼系数计算如式（6-6）所示：

$$G=\frac{1}{\mu}\sum_{i=2}^{N}\sum_{j=1}^{i-1}p_i\left|y_i-y_j\right|p_j \tag{6-6}$$

式中，G、μ、N、y_i 的含义同式（6-5）；

p_i——第 i 组的人口占总人口比重。

根据联合国的有关规定，基尼系数 $G<0.3$ 为最佳平均状态，$0.3<G<0.4$ 为正常状态，$G>0.4$ 为警戒状态。

根据第 5 章得出的各城市扣除健康经济损失后人均可支配收入，按照收入不平等现象的测度式（6-1）、式（6-2），计算出各区域内的基尼系数及区域间的基尼系数。通过比较空气污染造成健康损失前后人均可支配收入的基尼系数变化，可以判断出空气污染的收入分配效应。

6.3.2 长三角区域雾霾污染引起的收入不平等波动

6.3.2.1 波动情况

6.2 节已经估算出长三角区域雾霾污染引起的公众健康经济损失，由于江苏省各市的收入在统计年鉴中并未按照分组方式列出，所以根据式（6-2），计算出长三角区域 2015—2019 年的基尼系数，如表 6-28 所示。

表 6-28　2015—2019 年长三角区域雾霾污染引起的收入不平等波动情况

年份	不考虑空气污染损失		考虑空气污染损失		基尼系数变化	
	原人均可支配收入 / 元	基尼系数	现人均可支配收入 / 元	基尼系数	每年变化百分比 /%	五年变化平均值 /%
2015	30 714	0.212 021	30 299	0.212 382	0.17	1.77
2016	33 588	0.209 500	33 312	0.210 769	0.61	
2017	36 899	0.205 278	36 622	0.207 887	1.27	
2018	40 856	0.197 535	40 075	0.204 037	3.29	
2019	44 728	0.188 375	44 054	0.194 941	3.49	

由表 6-28 可知，在未考虑空气污染时，2015—2019 年长三角区域居民的可支配收入在持续增加，基尼系数在逐年降低。

在考虑空气污染后，假设每个城市雾霾污染引起的健康经济损失全部由常住地的居民个人承担，即从原人均可支配收入中扣除人均健康经济损失，得到现人均可支配收入。

纵向来看，近年来，长三角区域根据中央的统一部署，加大了空气污染治理力度，各市的空气质量均有所提升，污染引起的人均健康经济损失总体上呈逐年降低趋势，所有现人均可支配收入也在总体上呈逐年增加趋势；但是由于一些城市的空气质量经过治理以后得到大幅提升，而另一些城市则由于种种原因仅有小幅提升，所以考虑空气污染损失后，虽然基尼系数在逐年降低，但与不考虑空气污染损失时相比，降低的程度较小。

横向来看，在非超标城市（$PM_{2.5}$ 浓度≤35 μg/m^3），居民没有健康经济损失，人均可支配收入没有变化，而在超标城市（$PM_{2.5}$ 浓度＞35 μg/m^3）居民的现人均可支配收入则会有不同程度减少，所以各市居民的收入差距进一步加大，基尼系数与未考虑空气污染损失时相比有所增加，并且每年增加的幅度在扩大，从 2015 年的 0.17% 增加至 2019 年的 3.49%，五年平均增加 1.77%。

6.3.2.2 原因分析

空气污染的致病性毋庸置疑，当病症到达一定程度之后，居民便会就医，从而产生医药费、误工费等各种损失；即便不外出就医而在家中自行治疗，也会产生各种损失[102]；若为早逝，则预期产生的各种损失更大。限于精神等损失不易衡量，本章仅考虑经济损失，并且不考虑因防护产生的费用。

长三角区域横跨三省一市，各地经济发展水平、人口数量存在较大差异，原人均可支配收入在区域之间存在不平等现象。各市的空气污染程度不同，居民的暴露程度、暴露人口、耐受程度、就医程度、对早逝的预期损失等均有地区差异，因此空气污染造成的人均经济损失不同，表 6.1 均有反映。

计算发现，空气质量与收入有一定的关系，虽然 2015 年的 $PM_{2.5}$ 与收入的相关系数仅为 -0.08 不相关，但是 2016—2019 年二者的相关系数均值为 -0.54，达到中度负相关。2015—2019 年，收入最高的 30% 的城市均为区域内空气质量较好的城市，如上海、苏州、杭州、南京、宁波、无锡、绍兴、舟山、嘉兴、温州、常州、湖州，这些城市 2015—2019 年 $PM_{2.5}$ 浓度下降了 31.5%，2019 年的 $PM_{2.5}$ 平均浓度为 35 μg/m^3，多个城市常年 $PM_{2.5}$ 浓度保持在 30 μg/m^3 以下，$PM_{2.5}$ 浓度超过 40 μg/m^3 的仅有一个城市。收入居中的 40% 的城市 2015—2019 年 $PM_{2.5}$ 浓度下降了 25.4%，2019 年的 $PM_{2.5}$ 平均浓度为 41 μg/m^3，仅徐州市的 $PM_{2.5}$ 浓度超过 50 μg/m^3，有 4 个城市的 $PM_{2.5}$ 浓度低于 35 μg/m^3。收入最低的 30% 的城市均为空气质量较差的城市，如蚌埠、淮北、淮南、黄山、滁州、安庆、宿迁、池州、阜阳、宿州、亳州、六安，这些城市 2015—2019 年 $PM_{2.5}$ 浓度平均下降幅度也最少，仅为 10.3%，而且由于淮南、池州、阜阳个别年份的 $PM_{2.5}$ 浓度大幅升高，所以三市平均下降幅度最终为负值；2019 年这些城市的 $PM_{2.5}$ 平均浓度为 47 μg/m^3，

仅黄山一市的 $PM_{2.5}$ 浓度低于 35 μg/m³；6 个城市的 $PM_{2.5}$ 浓度均超过 50 μg/m³。

究其原因，一是高收入城市历来重视空气污染尤其是工业废气污染的治理，如上海市至今已有 6 000 多套废气治理设施，年废气治理设施处理能力近 4 万 m³/h，年运行费用 40 多亿元；绍兴市有 2 500 多套废气治理设施，年废气治理设施处理能力超过 5 000 万 m³/h，而合肥市的设施数远小于绍兴市，2015 年以前的年处理能力一直小于绍兴市。二是高收入城市通常也是高人均 GDP 城市，与中低收入城市相比，有更先进的治理理念、更合理的产业结构、更绿色的交通体系、更清洁高效的能源体系、更多的高新技术企业、传统产业被升级改造的更加绿色环保等。三是上海、杭州、南京等大城市常被选中举办各种国际、国内重大盛会与赛事，出台各种控电、控煤、控车、控尘及部分重点企业限产停产等空气质量管控措施并新建废气治理设施，使得竞赛或盛会期间的空气质量大幅提高，体现了当地政府较强的环境治理能力与社会治理能力，其他中小城市则很少有类似机会。当然，部分城市地处沿海，污染物扩散条件比内陆城市较好也是其空气质量较高的原因之一。

考虑空气污染造成的健康经济损失后，大部分城市的可支配收入均有不同程度减少；每年空气质量与收入的相关度均有不同程度升高，2016—2018 年 $PM_{2.5}$ 浓度与收入的相关系数绝对值为 |−0.57|，高于不考虑空气污染时的 |−0.54|。城市之间的收入差距进一步加大，高收入城市虽然绝对损失比低收入城市多，但低收入城市的相对损失比高收入城市多。以 2018 年为例，不管是否考虑空气污染，收入最高的均为上海市，最低的均为六安市；但未考虑空气污染时，上海的可支配收入是六安的 2.98 倍；考虑后，这一数字升高到 3.05 倍。而且，收入较高城市组与收入较低城市组的差距也进一步加大，收入最高的 20% 的城市仍为上海等 8 市，平均损失 648 元，占其可支配收入的平均比重为 1.23%；收入居中的 60% 的城市平均损失 812 元，占其可支配收入的平均比重为 2.58%；收入最低的 20% 的城市仍为滁州等 8 市，平均损失 837 元，占其可支配收入的平均比重为 3.72%。

6.3.3 其他五大区域雾霾污染引起的收入不平等波动

6.3.3.1 波动情况

根据长三角区域雾霾污染引起的收入不平等变化的计算方法，计算京津冀及周边地区、汾渭平原地区、成渝地区、长江中游地区、珠三角地区五大区域雾霾污染引起的收入不平等变化情况，结果如表 6-29 所示。

表 6-29　2015—2019 年五大区域内部基尼系数波动情况

区域	年份	不考虑空气污染损失		考虑空气污染损失		基尼系数变化			
		人均可支配收入 / 元	基尼系数	人均可支配收入 / 元	基尼系数	每年变化百分比 /%	每年变化方向	五年变化平均值 /%	五年平均变化方向
京津冀及周边地区	2015	23 547	0.210 855	22 772	0.218 031	+3.40	升高	3.99	升高
	2016	25 634	0.193 688	24 914	0.199 286	+2.89	升高		
	2017	27 884	0.178 059	27 235	0.182 302	+2.38	升高		
	2018	30 458	0.163 011	28 757	0.172 654	+5.90	升高		
	2019	33 336	0.148 938	31 640	0.156 922	+5.36	升高		
汾渭平原地区	2015	19 168	0.118 513	18 697	0.117 257	−1.06	降低	−2.22	降低
	2016	20 602	0.120 265	19 964	0.117 788	−2.06	降低		
	2017	22 209	0.127 305	21 556	0.124 825	−1.95	降低		
	2018	23 944	0.129 246	22 255	0.125 914	−2.58	降低		
	2019	25 225	0.105 488	23 125	0.101 826 5	−3.47	降低		
成渝地区	2015	18 713	0.061 129	18 283	0.060 557	−0.93	降低	−3.46	降低
	2016	20 466	0.060 518	20 021	0.059 249	−2.10	降低		
	2017	22 608	0.056 383	22 242	0.054 410	−3.50	降低		
	2018	24 642	0.060 235	23 934	0.054 613	−9.33	降低		
	2019	27 270	0.55 481	26 607	0.054 678	−1.45	降低		
长江中游地区	2015	21 330	0.127 714	20 961	0.125 376	−1.83	降低	−2.11	降低
	2016	23 142	0.129 288	22 844	0.128 025	−0.98	降低		
	2017	25 254	0.129 968	24 928	0.128 605	−1.05	降低		
	2018	27 478	0.153 798	26 877	0.146 972	−4.44	降低		
	2019	30 067	0.131 835	29 224	0.128 889	−2.24	降低		
珠三角地区	2015	36 797	0.117 794	36 748	0.117 841	+0.04	升高	0.07	升高
	2016	40 343	0.115 452	40 325	0.115 492	+0.03	升高		
	2017	44 097	0.107 595	44 076	0.107 731	+0.13	升高		
	2018	48 018	0.112 176	48 014	0.112 255	+0.07	升高		
	2019	52 304	0.072 752	52 304	0.072 752	0	不变		

由表6-28、表6-29可以看出，各个区域的基尼系数都小于0.3，说明是收入比较平均的状态。

从排序上看，在不考虑空气污染造成健康损失的情况下，六大区域的基尼系数从大到小依次为：长三角区域、京津冀及周边地区、长江中游地区、汾渭平原地区、珠三角地区、成渝地区，长三角区域、京津冀及周边地区的收入不平等程度均超过其他4个区域。在考虑空气污染造成损失的情况下，六大区域的基尼系数排序没有发生变化。

从趋势上看，在不考虑空气污染造成健康损失的情况下，长三角区域、京津冀及周边地区、成渝地区的基尼系数在逐年降低；长江中游地区、汾渭平原地区的基尼系数在逐年升高；珠三角地区的基尼系数先降低后升高。在考虑空气污染造成损失的情况下，六大区域的基尼系数变化趋势没有发生变化。

从效果上看，长三角区域、京津冀及周边地区、珠三角地区的空气污染造成的健康损失使基尼系数升高，说明空气污染扩大了这3个区域内部的收入不平等；其中，长三角区域2015—2019年的基尼系数平均升高1.77%，京津冀及周边地区平均升高3.99%，珠三角地区平均升高0.07%，说明京津冀及周边地区的扩大幅度最大，对珠三角地区的影响甚微。汾渭平原地区、成渝地区、长江中游地区的空气污染造成健康损失使基尼系数降低，说明空气污染缩小了这3个区域内部的收入不平等；其中，汾渭平原地区2015—2019年的基尼系数平均降低2.22%，成渝地区平均降低3.46%，长江中游地区平均降低2.11%，说明成渝地区的缩小幅度最大。

6.3.3.2　原因分析

以京津冀及周边地区为例，不同于长三角区域的“单核扁平化”城市群布局，京津冀及周边地区则呈现“一枝独秀”现象，北京的优势对周边地区的辐射效应有所不足，出现一定程度的地区之间脱节。北京等地空气质量提高幅度更大的原因除与长三角区域类似的优化产业结构、治理工业废气、调整运输结构与能源结构、举办盛会与赛事等原因之外，更重要的是从北京开始逐步外推的冬季清洁取暖工程，在遭遇了“气荒”“冷冬”等尴尬后，坚持从实际出发，宜电则电、宜气则气、宜煤则煤、宜热则热，冬季清洁取暖相关政策实施使北京、山东城市的空气质量率先提高；2015—2019年，北京、济南的$PM_{2.5}$浓度分别从81 μg/m^3、90 μg/m^{3}下降至42 μg/m^3、55 μg/m^3，分别下降了92.9%、63.6%。

在京津冀及周边地区，空气质量与收入的相关度虽不及长三角区域高，但却明显呈逐年增长的趋势，如图6-8所示，考虑空气污染后，相关系数从2015年的-0.22变动至2019年的-0.57，达到低度相关水平。

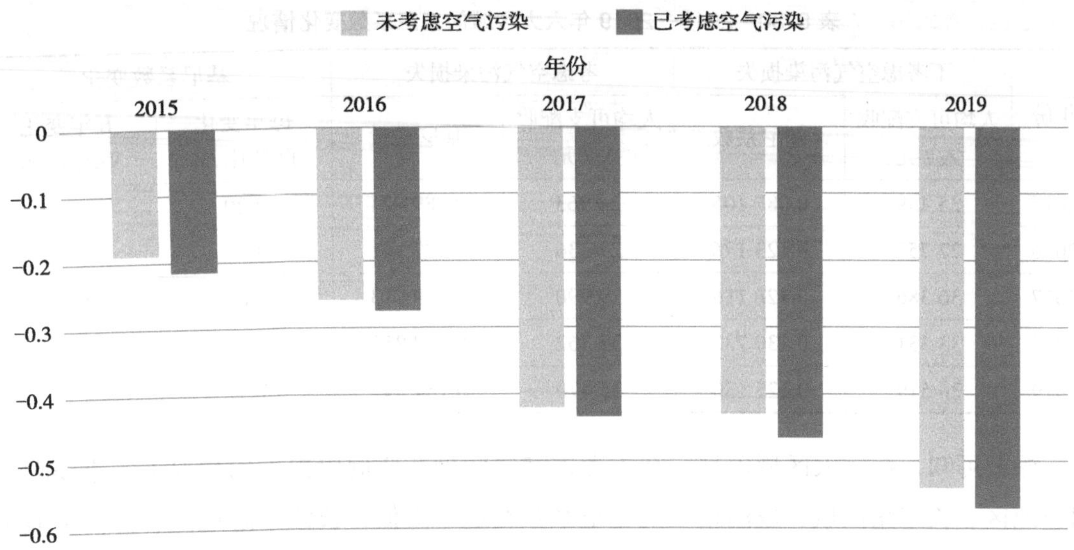

图 6-8　京津冀及周边地区 $PM_{2.5}$ 浓度与收入的相关度

而且，城市之间收入差距进一步扩大，高收入城市因空气污染造成的绝对损失高、但低收入城市相对损失高的现象在京津冀及周边地区同样存在，并且更加显著。以 2018 年为例，收入最高的北京市是收入最低的菏泽市的 3.39 倍，比未考虑空气污染时的 3.31 倍高出 0.08 倍。而且，收入较高城市组与收入较低城市组的差距也进一步加大，收入最高的 20% 的城市平均损失 1 930 元，占其可支配收入的平均比重为 4.73%；收入中间的 60% 的城市平均损失 1 487 元，占其可支配收入的平均比重为 6.11%；收入最低的 20% 的城市平均损失虽为 1 350 元，占其可支配收入的平均比重为 6.83%。

6.3.4　六大区域间雾霾污染引起的收入不平等波动

从表 6-30 可以看出，2015—2019 年，六大区域间的基尼系数均小于 0.3，说明处于收入比较平均的状态，并且基尼系数呈逐年升高趋势。在不考虑空气污染造成的健康损失的情况下，基尼系数的平均值为 0.118；在考虑空气污染造成的健康损失的情况下，基尼系数的平均值为 0.124，说明不论是否考虑空气污染，区域间的收入不平等程度均在逐年扩大。而且，当考虑空气污染造成的健康损失后，每年的基尼系数都比不考虑时所有升高，升高幅度为 2.20%～7.50%，平均升高 4.23%，说明空气污染的确扩大了六大区域之间的收入不平等，空气污染对于收入分配具有逆向调节作用，但是从数值来看，这种逆向作用并不大。

表 6-30　2015—2019 年六大区域间基尼系数变化情况

年份	不考虑空气污染损失		考虑空气污染损失		基尼系数变化	
	人均可支配收入 / 元	基尼系数	人均可支配收入 / 元	基尼系数	每年变化百分比 /%	五年变化平均值 /%
2015	25 439	0.087 105	24 963	0.089 021	2.20	4.23
2016	27 755	0.123 176	27 336	0.127 241	3.30	
2017	30 386	0.126 116	29 990	0.129 713	2.85	
2018	33 331	0.130 732	32 362	0.137 855	5.45	
2019	36 519	0.125 130	35 470	0.134 347	7.37	

综上可知，在六大区域内部，在不考虑空气污染造成健康损失的情况下，京津冀及周边地区、长三角区域、成渝地区的基尼系数在逐年降低；长江中游地区、汾渭平原地区的基尼系数在逐年升高。考虑空气污染后，六大区域各自的基尼系数变化趋势没有发生变化，但是京津冀及周边地区、长三角区域、珠三角地区的基尼系数升高，说明空气污染扩大了这 3 个区域内部的收入不平等，而且京津冀及周边地区的扩大幅度最大；汾渭平原地区、成渝地区、长江中游地区的基尼系数降低，说明空气污染缩小了这 3 个区域内部的收入不平等。

在六大区域间，无论是否考虑空气污染，基尼系数均逐年升高，收入不平等程度在扩大。考虑空气污染造成的健康损失后，每年的基尼系数均比不考虑时所有升高，年均升高 4.23%，空气污染的确扩大了六大区域之间的收入不平等，空气污染对于收入分配具有逆向调节作用，但这种逆向作用并不大。

第 7 章

长三角区域雾霾污染协同治理的动力机制分析

从第 6 章的分析可知，长三角区域以及全国其他五大区域的雾霾污染程度降低以后，可以有效减少居民的健康损失，从社会层面来说，可以减少整个社会的福利损失，因此治理雾霾污染的效益巨大，治理成为必然。

虽然各城市可以通过产业结构调整、能源结构调整、运输结构调整等来减少工矿企业的污染物排放，也可以引导居民开展绿色生活减少个人排放，从而治理雾霾污染。但由于雾霾污染的跨区域流动性，所以单靠某一城市治理本地污染无法达到治理效果的最大化，必须依靠更大区域的协同治理。

为了探寻长三角区域雾霾污染协同治理动力机制，本研究将回归建设新时代生态文明理念下的污染治理目的：以人民为中心，一切为了人民的利益，不断满足人民群众日益增长的优美生态环境需要，还老百姓蓝天白云、繁星闪烁，推进小康社会与生态文明建设，实现中华民族的永续发展。

本研究认为长三角区域雾霾污染区域协同治理的动力是支撑力、推动力、压力、阻力相互作用的结果。推动力系统包括制度创新、技术创新、舆论宣传、公众环境素养等；支撑力系统包括资金支持、政策支持、人才支持、文化支持等，这些指标涉及区域发展的各种要素。各省市在协同治理中也面临一定压力，如公众健康损失、其他经济社会损失、工作任务考核、环境治理复杂等；同时面临一定阻力，如区域基础、治理目标与进度差异、基层环保组织力量薄弱等。在以协同治理能力为综合体现的推动力、支撑力的共同作用下，有可能走上（压力 + 阻力）＜（推动力 + 支撑力）的空气质量提高之路，如图 7-1 所示。

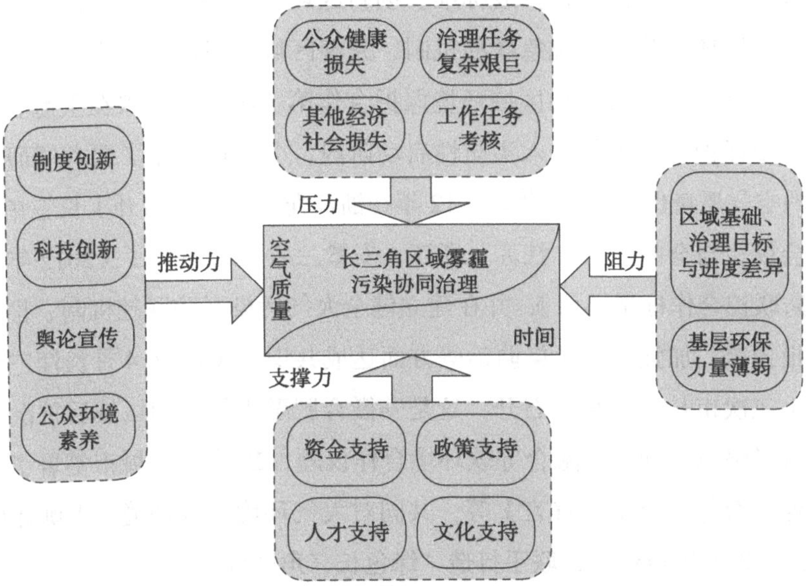

图 7-1　长三角区域雾霾污染协同治理的动力机制图

7.1 推动力

长三角区域雾霾污染协同治理的推动力包括制度创新、科技创新、舆论宣传和公众环境素养。

7.1.1 制度创新

制度创新是创新的前提。在生态文明的理念下，更加强调人与自然和谐共处，绿水青山也是金山银山，自然环境不能再被当作经济发展的工具，决不以牺牲环境为代价换取经济增长。应该统筹处理好经济发展和环境保护二者的关系，摒弃以牺牲生态环境为代价换取经济短期增长的错误观念。制度创新是雾霾污染协同治理最大的推动力，主要包括协同治理的组织制度、环境管理制度、环保督察制度等。

7.1.1.1 协同治理组织制度

长三角区域雾霾污染协同治理最大的制度创新就是组织制度创新，成立了长三角区域雾霾污染协同治理的组织机构，并将其发展为长效机制，以此持续推动长三角区域雾霾污染协同治理。

2010 年举办的上海世博会为长三角区域雾霾污染协同治理提供了良好契机。为此，2008 年年底，为了推进长三角区域环境保护一体化进程，江浙沪两省一市的环保部门在苏州签署了《长江三角洲地区环境保护工作合作协议（2009—2010 年）》，未来两年内，将在提高区域环境准入和污染物排放标准、创新区域环境经济政策、加强区域大气污染控制、建立全区域环境监管与应急联动机制、完善区域环境信息共享与发布制度等方面加强合作。2009 年 4 月，长三角区域环境保护合作第一次联席会议在上海召开，标志着长三角区域环境保护合作工作进入实质性启动阶段，会上还确定了要共同研制上海世界博览会期间的空气质量保障措施[112]。2012 年在浙江龙泉又一次召开了长三角区域环境保护合作联席会议，与会的上海、江苏、浙江、安徽三省一市签订了《2012 年长三角区域大气污染联防联控合作框架协议》，并在建立健全大气污染联防联控机制、推进大气环境质量联合预报预警、加强大气污染防治等方面达成共识。2013 年 4 月长江三角洲城市经济协调会第十三次市长联席会议召开，这是安徽合肥融入长三角区域后首次承办市长峰会，会议探讨了绿色、创新、融合等软环境合作议题，22 个成员城市签署了《长三角区域城市环境保护合作（合肥）宣言》等，共同对大气环境、水环境、土壤环境、危险化学品和废物污染控制进行治理，联手打造“绿色长三角区域”[113]。

2013 年 9 月，国务院发布《大气污染防治行动计划》（国发〔2013〕37 号），要求建立区域协作机制，以统筹区域环境治理，并且区域内的省级人民政府和国务院有关部门均需要参加，以进一步协调解决区域突出环境问题。2014 年 1 月，长三角区域大气污染防治协作小组在上海成立，并召开了第一次会议，至此，由上海市、江苏省、浙江省、安徽省三省一市，以及国家发展改革委、工业和信息化部、财政部、住房和城乡建设部、交通运输部、中国气象局、国家能源局等八个部门组成的长三角区域大气污染防治协作机制正式启动。会议商定了大气污染防治协作的原则是“协商统筹、责任共担、信息共享、联防联控”，工作机制是“会议协商、分工协作、共享联动、科技协作、跟踪评估”，并且明确了协作小组的五项具体职能。

此后，长三角区域大气污染防治协作小组基本上每年召开工作会议，探讨大气污染防治中遇到的体制、机制难题，并协商解决对策。截至 2020 年，协作小组已经召开了 9 次会议。图 7-2 为长三角区域大气污染协同治理的会议机制。

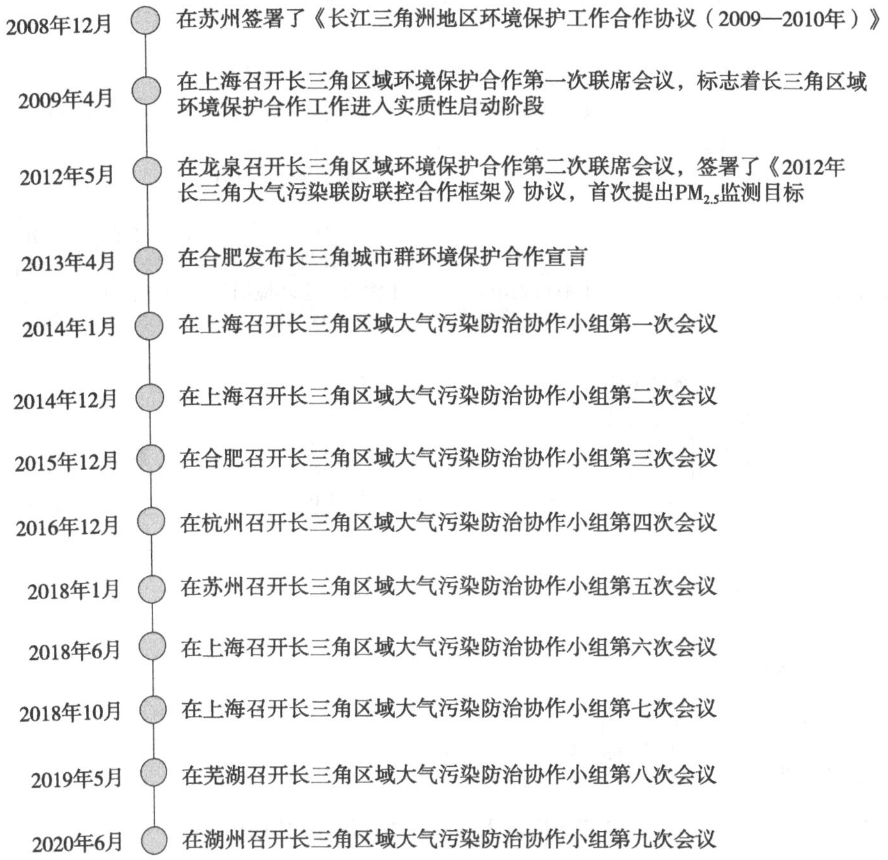

图 7-2　长三角区域大气污染协同治理的会议机制

从 2014 年召开长三角区域大气污染防治协作小组第一次会议至 2020 年召开第九次会议，协同治理大气污染的组织机构不断完善，包括决策机构、执行机构、专项工作机构、保障机构等。其中决策机构负责统筹污染防治工作，包括协作小组的组长、副组长及成员，组长由上海市委书记担任，副组长由生态环境部部长及三省一市的省长（市长）担任，成员由九部门的相关负责人和长三角区域三省一市的相关负责人担任，从而实现了横向与纵向的有机结合。执行机构是协作小组下的常设办事机构，负责落实政策要求、服务保障及日常工作等，是协作小组办公室，包括主任、常务副主任、副主任、具体成员与办事人员，其中主任由上海市副市长及生态环境部副部长担任。

专项工作机构是专门成立的用于保障各项具体工作顺利推进的机构，包括推进水域船舶排放控制区的工作小组、推进高污染车辆环保治理工作小组等。保障机构用于服务决策的高质量执行，包括大气质量预报中心、大气复合污染成因与防治重点实验室、大气污染防治协作专家小组等，如图 7-3 所示。2014 年 1 月第一次协作小组会议，审议通过《长三角区域大气污染防治协作小组工作章程》，成为协作小组的组织规范。2018 年 10 月，第七次工作小组会议通过了工作章程的修订草案。

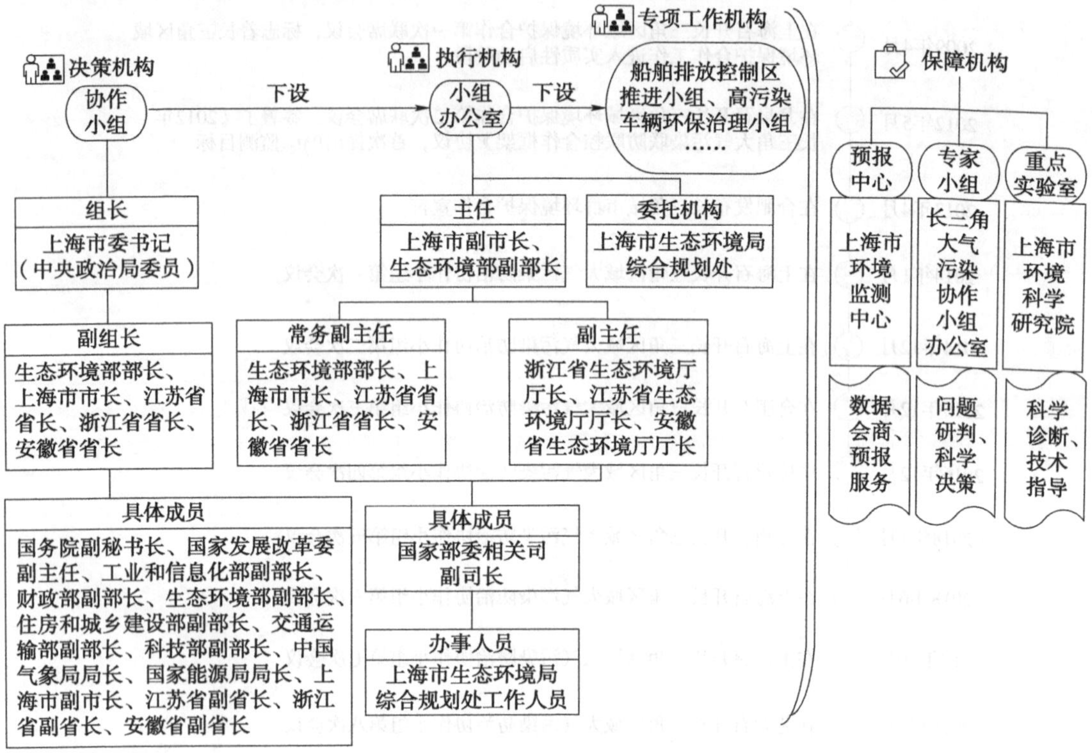

图 7-3　长三角区域大气污染协同治理的组织机构

7.1.1.2　环境管理制度

环境管理制度是实现生态环境保护的重要手段，也是实现国民经济可持续发展、绿色发展的重要途径。环境治理制度的有效性，取决于环境物品的公共属性、环境领域的利益相关者、环境政策与制度的网络关系，如图 7-4 所示。

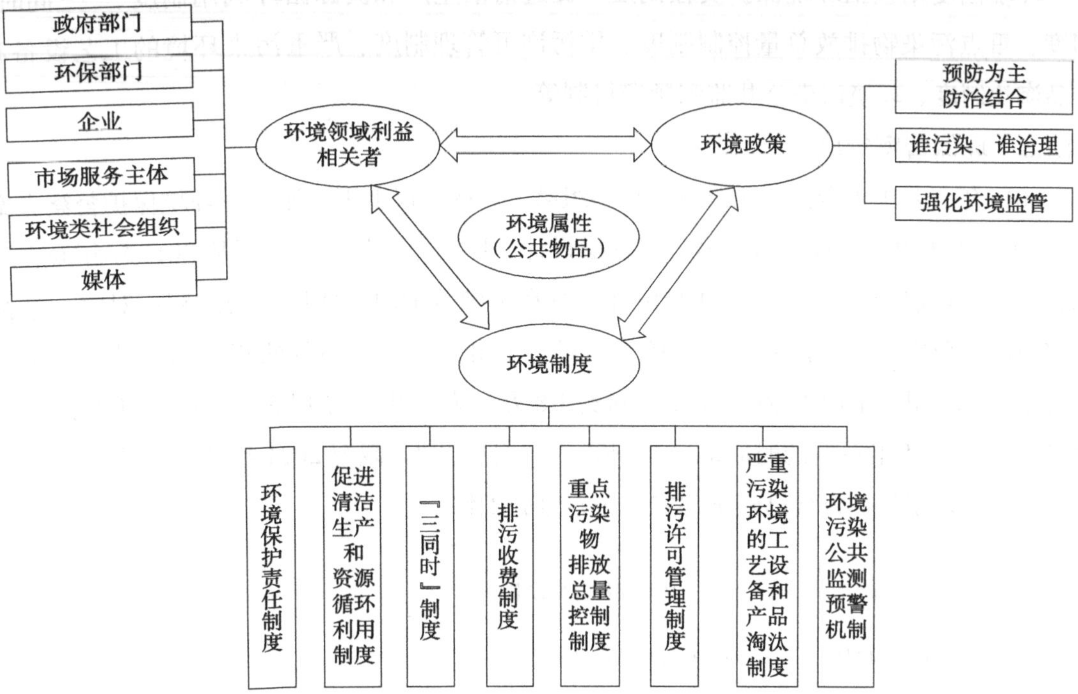

图 7-4　环境属性、环境制度与政策、环境领域利益相关者的网络关系

作为公共物品，空气具有俱乐部产品或公共池塘资源的属性，空气污染的本地性与跨界性共存，使得环境监管和环境执法的地方制度与区域制度同等重要。环境领域的利益相关者主要包括政府部门、环保部门、企业、市场服务主体、公民和非政府组织等，但是它们之间的目标并非完全一致。有时，企业与政府部门、企业与环保部门、地方政府与环境保护部门、上下级环保部门、环保部门与社会服务主体之间，存在博弈行为。

企业是空气污染的主要实施者，它在开展生产经营创造商业利润、上缴税收的同时，还需要恪守商业伦理并履行相应的社会责任，必须遵守各项法律法规。但是，各个企业因其对地方纳税贡献、对社会责任的认知、行业属性、行业地位、所有制性质等不同，对环境管理制度的遵从程度也不同。一般来说，领袖型企业对环境管理制度的遵从程度高于成长型企业。

良好的空气质量直接关系到人民群众的幸福感，但是当空气被污染时，公民是受害者，同时是环境保护的主体之一。媒体影响社会舆论导向，近年来，空气质量成为新闻媒体竞相追逐的热点，他们也利用自身优势逐步成为推动解决空气污染深层次问题的重要社会力量。各类环保社会组织则通过调查、研究、监督、呼吁等方式推动大气污染治理，提升了公众的环境素养以及对空气质量的感知程度，对长三角区域建立多元共治的环境体制发挥重要作用。

环境制度则包括环境保护责任制度、促进清洁生产和资源循环利用制度、"三同时"制度、重点污染物排放总量控制制度、排污许可管理制度、严重污染环境的工艺设备和产品淘汰制度、环境污染公共监测预警机制等。

7.1.1.3 环保督察制度

2015 年 7 月中央全面深化改革领导小组第十四次会议上审议通过《环境保护督察方案（试行）》，为国家环境保护督察做好了顶层设计。环境保护督察经历了从 2015 年年底在河北省进行试点启动（图 7-5），到 2016 年 7 月在全国范围内全面启动的过程；对每一个被督察地区均要在 1 个月内开展 7 个环节的督察（图 7-6），在不到两年时间内就完成了对 31 个省（区、市）的督察意见反馈，问责 1.8 万余人，开出约 14.3 亿元的"环保罚单"；并且以后将每两年左右的时间对全国进行一轮督察[114]。截至 2021 年 5 月，第二批第三轮中央生态环境保护督察已经全部实现督察进驻工作。

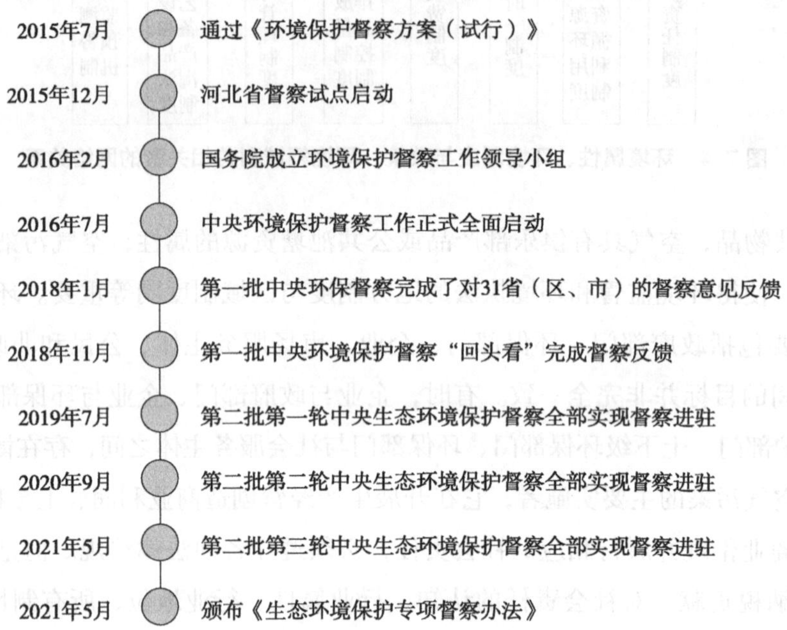

图 7-5　中央生态环境保护督察发展进程

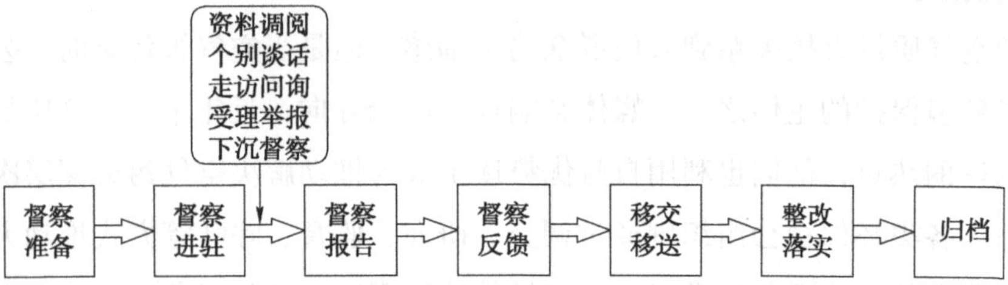

图 7-6　生态环境保护督察流程

中央生态环境保护督察之所以能够高效工作，与其完善的组织架构密不可分。专门成立的中央生态环境保护督察工作领导小组负责督察的组织、协调、推动工作，组长、副组长由党中央、国务院确定，组成部门包括中共中央办公厅等 8 个部门，破除专业分工，实行党政合署办公，打破与地方政府与企业的利益连接，由此形成了强大的协同合力。如图 7-7 所示。

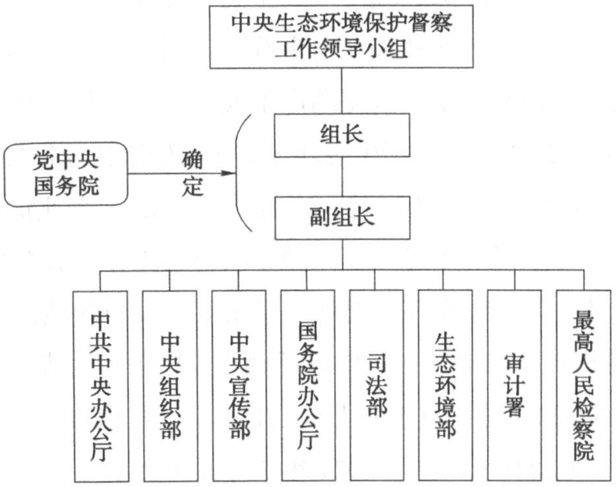

图 7-7 中央生态环境保护督察工作领导小组的组织架构

而且，生态环境部还优化了区域的督察机构，形成了“一办六局”的环境保护督察体系。如表 7-1 所示，长三角区域属于华东督察局管辖。

表 7-1 生态环境保护督察的“一办六局”体系

性质	名称	驻地	管辖范围
机关司局	中央生态环境保护督察办公室	北京	全国各地、各区域
派出机构	华北督察局	北京	北京、天津、河北、山西、内蒙古、河南
	华东督察局	南京	上海、江苏、浙江、安徽、福建、江西、山东
	华南督察局	广州	湖北、湖南、广东、广西、海南
	西北督察局	西安	陕西、甘肃、青海、宁夏、新疆
	西南督察局	成都	重庆、四川、贵州、云南、西藏等
	东北督察局	沈阳	辽宁、吉林、黑龙江

这种独立、垂直管理的环境保护督察制度可以及时发现并问责违反环境保护的相关问题。同时，建立了“党政同责、一岗双责”的生态治理责任链，并由中央生态环境保护督察办公室负责监督落实情况，并承担例行督察和“回头看”相关工作。“党政同责、

一岗双责”是奔着问题去、奔着责任去，它结束了党政分责与责任虚化的弊端，这是习近平生态文明思想中具有原创性的制度设计，极大地推动了地方各级党委与政府环境治理的决心与力度[115]。由于大气污染的跨界性，“党政同责、一岗双责”制度也促使相邻地区的地方党委与政府开展协同治理。

2018 年，华东督察局对江苏、安徽等省进行了督察，对一些整改不力，甚至是表面整改、假装整改、敷衍整改等环保领域的形式主义、官僚主义等履职不力、不作为的问题，通过媒体曝光形成了震慑。在江苏“回头看”期间，查实了泰兴、张家港、镇江等一批假装整改典型问题。还查实了安徽芜湖市重发展、轻环保，相关部门责任落实不到位等突出问题。督察极大地推动了我国生态环保事业的健康快速发展。

当然在督察过程中也发现了一些问题，比如“一刀切”、企业负担加重、个别权力寻租、不规范不公正等。为了规范生态环境保护专项督察工作、转变监管理念、优化执法方式、持续优化营商环境等，生态环境部加强了制度建设与环境治理体系现代化的内涵建设，于 2021 年 4 月出台了《关于加强生态环境监督执法正面清单管理推动差异化执法监管的指导意见》（环办执法〔2021〕10 号），2021 年 5 月出台了《生态环境保护专项督察办法》（中生环督办〔2021〕1 号），2021 年 7 月又出台了《关于进一步加强生态环境“双随机、一公开”监管工作的指导意见》（环办执法〔2021〕18 号）等，向企业释放了减少不必要检查的积极信号，更好地服务于“六稳”“六保”。

7.1.1.4　协同治理模式

根据中国环境科学研究院大气领域首席科学家柴发合等（2014）[116] 的观点，我国的空气污染治理模式从政策措施联控性、控制目标联控性、控制技术联控性以及区域管理联控性 4 个方面，可以分为四种模式，如图 7-8 所示。

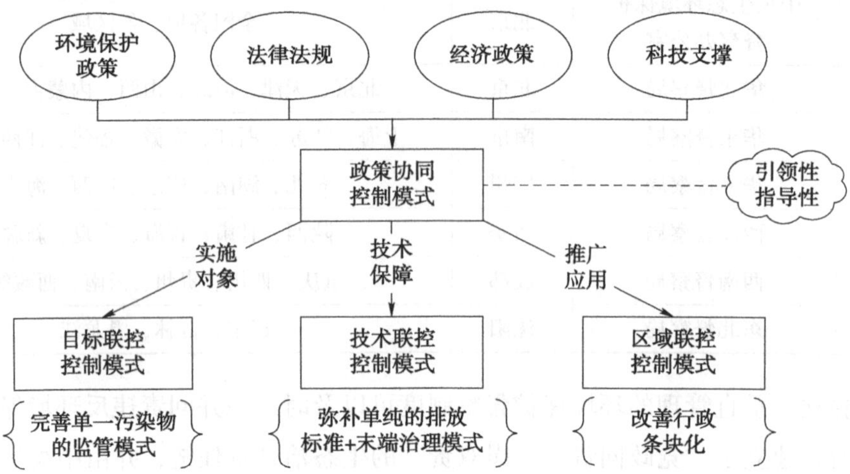

图 7-8　不同视角下的 4 种大气污染协同治理模式

在这四种模式中，经济、科技、法律等多政策体系的协同治理模式发挥引领性、指导性的作用；目标协同治理模式是指多污染物的协同治理，它是政策协同治理的实施对象，可以完善单一污染物的监管目标；技术协同治理模式是指清洁生产过程控制与末端治理的技术协同，是政策协同治理的技术保障，可以弥补单纯的排放标准+末端治理模式弊端。不同区域协同治理的区域协同治理模式可以有效改善空气质量管控中存在的“行政条块化”不足等现象，是其他三种模式在区域尺度范围内的推广应用。

在长三角区域，以上四种协同治理模式在不同时期存在。经过多年的协同治理，长三角区域的大气质量有明显好转。根据《中国生态环境状况公报》，2013 年长三角区域 25 个城市中，达标天数比例为 52.7%～89.6%，平均值为 64.2%，所有城市 CO 浓度均超标，4 个城市的 O_3 浓度超标；2019 年城市数量扩大到 41 个，优良天数比例为 56.5%～98.1%，平均值为 76.5%，CO 浓度为 1.2 mg/m^3，O_3 浓度为 164 μg/m^3，有所升高。图 7-9 为 2013 年与 2019 年的四种大气质量指标对比，可以发现均大幅降低。

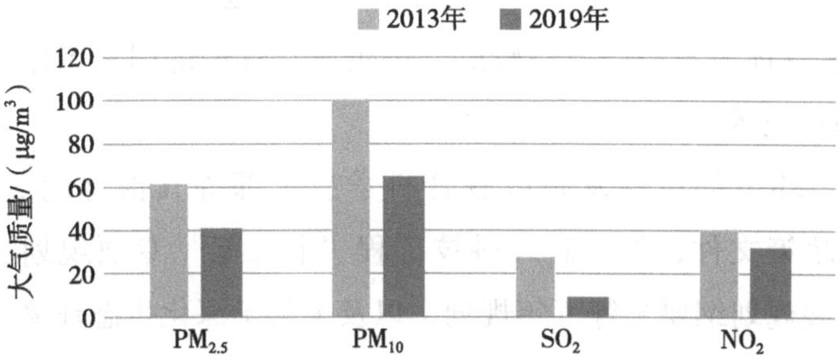

图 7-9　长三角区域 2013 年与 2019 年 4 种大气质量指标对比

7.1.2　科技创新

科技创新是大气污染治理最重要的推动力之一。它可以通过能源节约以减少能源消耗；通过产业升级以使产业结构优化 [117]；通过人口集聚以达到城镇化；通过本地和邻近地区的绿色技术创新以使污染物减排等 [118]，从而减轻对环境的污染，如图 7-10 所示。

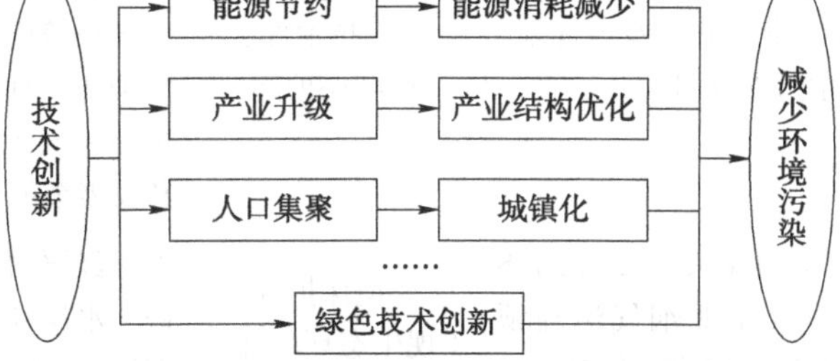

图 7-10　技术创新对环境污染的影响机理

绿色技术创新是推动中国高质量发展的关键因素之一。党的十八届五中全会提出的创新、协调、绿色、开放、共享“五大发展理念”，作为指导我国“十三五”、“十四五”、2035年远景目标实现的基本理念。党的十八大以后，绿色技术创新对大气污染的抑制作用逐渐显现出来，对重点城市的抑制作用更加显著。但是，绿色技术创新存在门槛效应，即当技术创新水平较低时无法有效减少环境污染。所以应加强绿色技术创新，为区域协同治理减排、绿色发展激发凝聚力，为经济发展注入新动力。

环境科技是基础性工作，发挥着重要的支撑作用。“十三五”期间，生态环境部发布了一系列促进环境科技体制改革、科技成果转化的政策文件；推进大气重污染成因与治理攻关等重大科研项目，在大气污染成因机理等关键技术方面取得突破；建立并实施“一市一策”驻点跟踪研究与技术帮扶工作机制，取得良好成效；建成并开始运营国家生态环境科技成果转化综合服务平台；并且进行环境知识的科普宣教等。

7.1.2.1　科技相关文件

自2007年以来，生态环境部每年都发布《国家先进污染防治技术目录》，进入目录的技术均比较成熟且环境与经济效益较好，供企业及管理部门参考使用，目前已发布了近1 200项先进适用技术。

近年来，生态环境部单独发布或联合科学技术部等其他部门共同发布一些支持环境科技发展的政策文件，如《蓝天科技工程“十二五”专项规划》《国家环境保护“十三五”科技发展规划纲要》等五年规划，以及《关于深化生态环境科技体制改革　激发科技创新活力的实施意见》等文件，还有专门针对火电、钢铁等重污染行业与印刷行业的专门技术规划与技术目录文件，进一步促进了生态环境科研领域的放管服改革，激发了科研主体的创新活力，有力推动了雾霾污染的科学治理与精准治理。近年来的重点政策文件如表7-2所示。

表7-2　近年来环境科技领域重点政策文件

时间	文件名称	颁布部门	核心内容
2014年4月	《蓝天科技工程“十二五”专项规划》（国科发计〔2012〕719号）	科学技术部、环境保护部	在大气环境监测与预警、重点排放源污染控制、环境空气质量改善、大气环境管理决策支撑、大气复合污染防治理论研究等7个方面推进全国大气污染防治科技创新，培育和发展节能环保战略性新兴产业
2014年10月	关于发布2014年国家鼓励发展的环境保护技术目录（工业烟气治理领域）的公告（公告2014年 第71号）	环境保护部（现生态环境部）	推荐经严格筛选过的针对火电、钢铁、水泥等工业烟气治理重点行业烟气治理的先进技术

续表

时间	文件名称	颁布部门	核心内容
2016 年 5 月	关于举办重点行业大气污染防治技术与政策高级研修班的通知（环办科技函〔2016〕929 号）	环境保护部办公厅（现生态环境部办公厅）	针对火电、钢铁、水泥、机动车、喷涂等重点行业，举办大气污染防治技术与政策培训
2016 年 11 月	关于印发《国家环境保护“十三五”科技发展规划纲要》的通知（环科技〔2016〕160 号）	环境保护部（现生态环境部）、科学技术部	实施一批大气污染防治、生态治理等重点研发计划项目，鼓励申报国家自然科学基金，加强环保科技人创新人才建设
2017 年 4 月	关于发布《国家环境基准管理办法（试行）》的公告（公告 2017 年　第 14 号）	环境保护部（现生态环境部）	用于环境基准研究、制定、发布、应用与监督等工作的组织管理。其中大气环境基准主要包括人体健康大气环境基准、生态系统大气环境基准等
2017 年 5 月	《“十三五”环境领域科技创新专项规划》（国科发社〔2017〕119 号）	科学技术部、环境保护部（现生态环境部）、住房城乡建设部、林业局、气象局	大气污染防治方面的科技规划：大气污染成因及其健康影响研究，大气污染监控、质量管理领域核心技术，区域雾霾和光化学烟雾防治技术体系，解决大气复合污染问题的综合技术方案
2018 年 4 月	《关于推荐先进大气污染防治技术的通知》（环办科技函〔2018〕117 号）	生态环境部办公厅	决定在非电、VOCs 治理、尾气治理、焚烧烟气净化技术等 7 个领域征集先进大气污染防治技术，旨在发挥先进技术作用
2018 年 11 月	《关于促进生态环境科技成果转化的指导意见》（环科财函〔2018〕175 号）	生态环境部	构建科技成果转化综合服务平台、提升科技成果转化创新能力、健全科技成果评估体系、开展科技成果推广应用、建设科技成果转化示范区
2019 年 12 月	《关于深化生态环境科技体制改革　激发科技创新活力的实施意见》（环科财〔2019〕109 号）	生态环境部	大力推进生态环境科研管理放管服改革，增加科研院所和科研人才自主权，加强科研诚信建设，激发广大科研人员创新活力
2020 年 5 月	关于征求国家环境保护标准《包装印刷业有机废气治理工程技术规范（征求意见稿）》意见的函（环办标征函〔2020〕23 号）	生态环境部办公厅	就包装印刷业有机废气治理工程的设计、施工、验收和运行维护的技术要求进行意见征询
2021 年 4 月	《关于推进国家生态环境科技成果转化综合服务平台技术筛选入库的公告》（公告 2021 年　第 2 号）	生态环境部	筛选技术先进适用、成熟可靠且至少有 1 个以上成功应用案例、技术经济性良好、建设运维成本较低、产权清晰的项目入库

7.1.2.2 重大项目

重大环境科技项目实施能够为环境治理与改善提供强大的科技支撑保障，2017 年启动的由环境保护部部长亲自担任领导小组组长的总理基金项目“大气重污染成因与治理攻关项目”重大科技工程，将科学研究与管理决策、治理方案相结合，协同促进，形成了边研究、边产出、边应用、边反馈、边完善的新型科研工作机制，成为实现打赢蓝天保卫战的重要科技支撑保障。

2020 年 10 月，“大气重污染成因与治理攻关项目”完成验收。至此，共有 20 名院士、295 家科研单位、近 3 000 名大气环境领域的科技工作者参与研发，并在大气污染的成因机理、来源解析、预报预测、影响评估、精准治理、决策支撑 6 个方面取得了一系列重要科技突破和研究成果，如图 7-11 所示，已经结项的 28 个相关课题如表 7-3 所示。

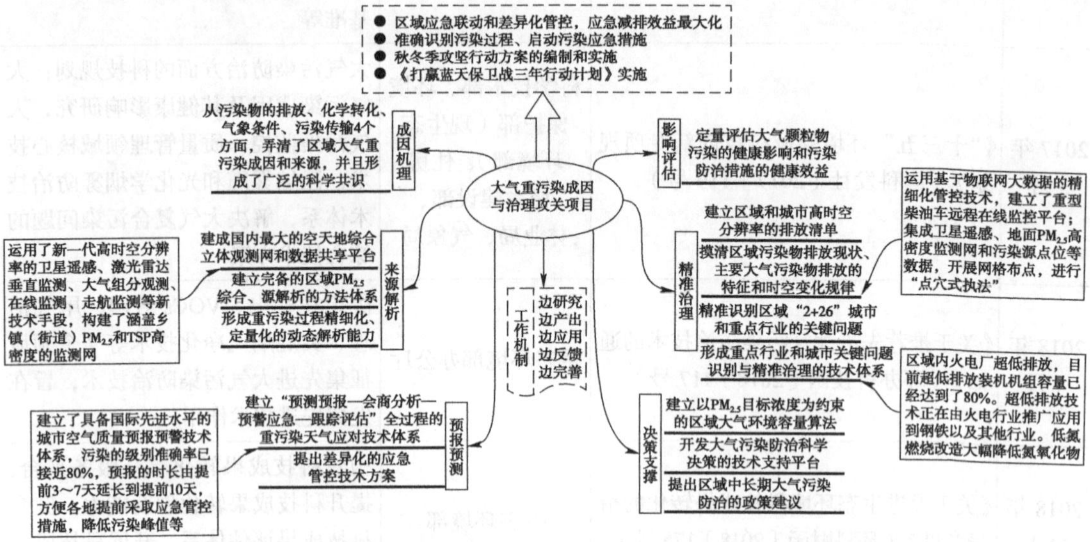

图 7-11 大气重污染成因与治理攻关项目的研究成果与相关技术

表 7-3 通过验收的大气重污染成因与治理攻关项目子课题

序号	课题名称	课题牵头单位	课题负责人
1	柴油机排放及强化管控措施	中国环境科学研究院	丁焰
2	区域动态高时空分辨率大气污染源排放清单	清华大学	张强
3	区域空气质量调控技术与决策支持平台	清华大学	王书肖
4	天地空一体化大气环境跨学科综合观测实验	中国科学院合肥物质科学研究院	刘文清
5	重污染天气联合应对技术平台	中国环境科学研究院	胡京南
6	秋冬季大气重污染的物理过程机理研究	中国气象科学研究院	徐祥德
7	重污染形成的耦合机制与过程定量解析技术	中国科学院大气物理研究所	王自发

续表

序号	课题名称	课题牵头单位	课题负责人
8	攻关项目成果集成与应用示范	中国环境科学研究院	郝吉明
9	区域大气承载力与空气质量改善路径	生态环境部环境规划院	雷宇
10	冶金领域大气污染治理及调控政策研究	冶金工业规划研究院	李新创
11	VOCs 重点行业排放特征及减排监管技术体系研究	北京大学	谢绍东
12	“2+26”城市综合解决方案研究	中国环境科学研究院	李海生
13	“2+26”城市大气污染源排放清单研究	中国环境科学研究院	贺克斌 薛志钢
14	“散乱污”企业动态监管技术及应用研究	生态环境部卫星环境应用中心	王桥
15	京津冀及周边地区大气污染综合立体观测网	中国环境监测总站	唐桂刚 王跃思
16	秋冬季大气重污染的化学过程机理研究	北京大学	胡敏
17	京津冀及周边“2+26”城市来源解析研究	中国环境科学研究院	孟凡
18	建材领域大气污染治理及调控政策研究	中国建筑材料科学研究总院有限公司	姚燕
19	京津冀及周边地区大气污染对普通人群、特定人群的急性健康影响研究	中国疾病预防控制中心环境与健康相关产品安全所	施小明
20	大气污染导致肺癌等主要癌症的归因风险与疾病负担研究	国家癌症中心	魏文强
21	区域内煤炭使用强度降低和清洁利用政策工具研究	清华大学	姚强
22	农业排放状况及强化治理方案	中国农业大学	刘学军
23	多技术融合的综合精细化来源解析技术研究	中国科学院地球环境研究所	曹军骥
24	数据管理平台与质量控制	国家环境分析测试中心	张烃
25	重污染天气对心血管疾病患者和高危人群的健康影响研究	国家心血管病中心	李静
26	基于环境监测和比较风险评估的环境管理支撑技术研究	中国环境科学研究院	魏永杰
27	重污染天气下人群健康防护与干预研究	中国疾病预防控制中心环境与健康相关产品安全所	徐东群
28	重污染天气对慢阻肺和哮喘患者的健康影响研究	中日友好医院	杨汀

资料来源：生态环境部网站 http://www.mee.gov.cn/xxgk2018/xxgk/xxgk06/202010/t20201014_803177.html。

国家重点研发计划“大气污染成因与控制技术研究”重点专项于 2016 年开始启动，2016 年、2017 年、2018 年连续 3 年分别立项 93 项、37 项、11 项，中央财政经费分别达 10.6 亿元、10.1 亿元、2.8 亿元，2019 年立项数与经费均较少。项目围绕监测预警与雾霾成因机制、污染源全过程控制、大气污染对人群健康影响及空气质量管理与协同治理等展开研究，2020 年共有 65 个 2016 年立项的项目顺利完成结项，为大气污染防治和发展节能环保产业提供科技支撑。

7.1.2.3 “一市一策”帮扶机制

“一市一策”驻点跟踪研究与技术帮扶是一种跨部门、跨地区、央地结合的新型科研组织模式与科技创新协作机制，建立之初是为了更好实施大气重污染成因与治理攻关项目。从一开始的向京津冀及周边地区“2+26”城市派驻 28 个驻点跟踪研究工作组，到后来的向汾渭平原、雄安新区、新疆昌吉自治州等 13 个城市派驻工作组，同时向长江沿线各市派驻 58 个工作组，这种四方协议的推进方式充分发挥了“送科技解难题、把脉问诊开药方”的作用，成为生态环境部落实中央精准治污、科学治污、依法治污要求的重要举措。自“一市一策”机制开展 3 年以来，共向各个地方政府提供 2 800 多份各类咨询报告和对策建议，进一步提升了各市差异化、精细化的管控能力，帮助地方培养了环保科技人才队伍，有力促进了各市大气污染治理及生态文明建设。而且，“一市一策”机制为区域协同治理提供了基础支持，区域协同治理机制为“一市一策”提供了指导作用。其工作流程如图 7-12 所示。

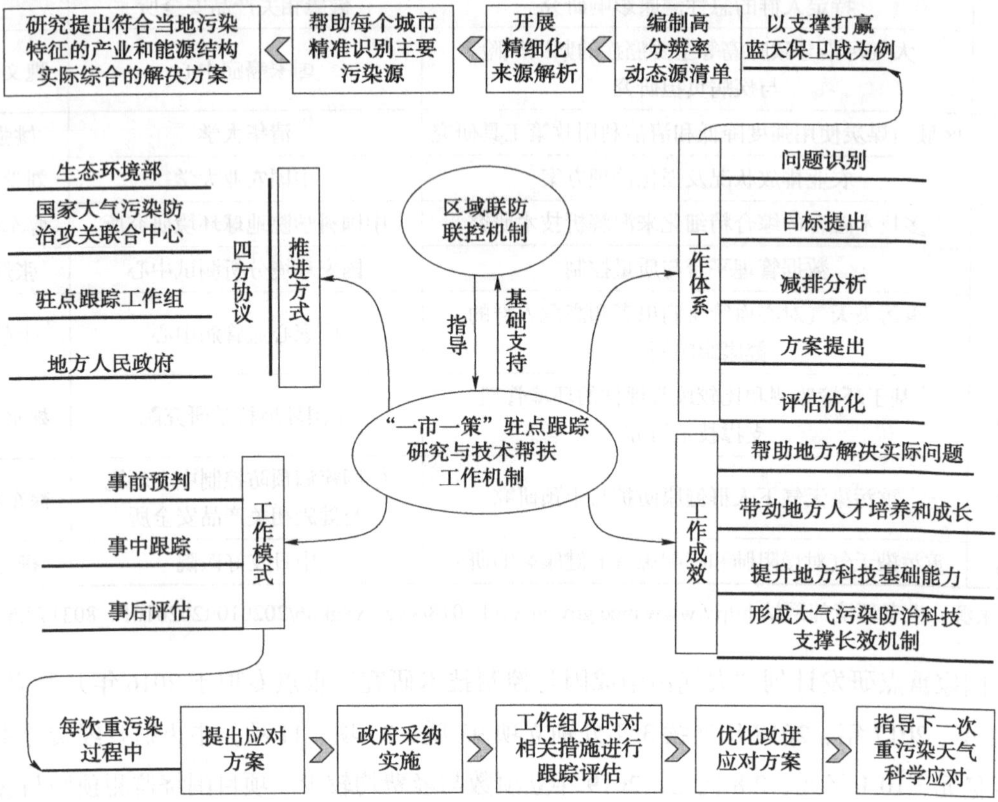

图 7-12 “一市一策”驻点跟踪研究与技术帮扶工作机制

近年来，由于采取了强有力措施治理 $PM_{2.5}$ 污染，各地 $PM_{2.5}$ 浓度下降较快，但是 O_3 污染物的浓度却持续上升。O_3 污染成为 $PM_{2.5}$ 污染尚未完全治理好之时，又一个需要重点治理的污染物。由于 $PM_{2.5}$ 与 O_3 的前体物类似，并且二者存在共同变化的趋势，因此开展 $PM_{2.5}$ 与 O_3 的协同治理非常必要。

在 2020 年 10 月举行的“2020 中国生态环境产业高峰论坛”上，中国工程院院士贺克斌呼吁，在我国持续深入推进 $PM_{2.5}$ 治理之时，还需要尽快遏制 O_3 上升趋势，在“十四五”期间，应把 $PM_{2.5}$ 和 O_3 的协同控制纳入日程。2021 年 4 月，生态环境部下发了《关于开展细颗粒物和臭氧污染协同防控“一市一策”驻点跟踪研究工作的通知》，把“一市一策”工作由前期的 $PM_{2.5}$ 治理进一步拓展到两种污染物的协同治理。将开展城市 O_3 污染成因综合分析、O_3 主要前体物来源与管理对策研究、提出 O_3 防控“一市一策”解决方案、推进秋冬季节 $PM_{2.5}$ 深度治理与重污染天气应对、制定 $PM_{2.5}$ 与 O_3 污染协同防控综合解决方案、培养地方大气污染防治人才队伍。驻点跟踪研究工作实施周期暂定两年，从 2021 年 5 月至 2023 年 4 月。驻点跟踪研究工作涉及的单位包括攻关项目管理办公室、省级生态环境部门、攻关联合中心、城市人民政府，驻点跟踪研究工作组的主要骨干人员的专业方向涉及环境、气象、能源、交通、产业等，研究方向涵盖污染成因分析、污染源管控、管理决策支撑等。

本次两种污染物协同治理“一市一策”的重点区域共涉及 44 个城市，其他区域涉及 8 个城市，这些城市在各省的分布如表 7-4 所示。

表 7-4　各省 $PM_{2.5}$ 和 O_3 污染协同治理“一市一策”涉及的城市数量

区域属性	省份（区、市）	城市数量 / 个	区域属性	省份（区、市）	城市数量 / 个
重点区域	北京	1	其他区域	安徽	1
	天津	1		湖北	4
	河北	4		湖南	1
	山西	6		四川	1
	江苏	3		新疆	1
	安徽	2		—	—
	山东	10		—	—
	河南	13		—	—
	陕西	4		—	—
	合计	44		合计	8

其中，长三角区域两种污染物协同治理涉及的城市共有 6 个，分别为徐州、连云港、

宿迁、宿州、淮北、淮南，其治理的牵头单位如表 7-5 所示。

表 7-5　$PM_{2.5}$ 和 O_3 污染协同防控"一市一策"驻点跟踪研究工作组清单

序号	省份	城市	区域属性	牵头单位
1	江苏	徐州	重点区域	生态环境部环境规划院
2		连云港	重点区域	江苏省环保集团环境工程技术有限公司
3		宿迁	重点区域	江苏省环境科学研究院
4	安徽	宿州	重点区域	中国环境科学研究院
5		淮北	重点区域	中国科学院合肥物质科学研究院
6		淮南	其他区域	淮南大气科学研究院

7.1.2.4　科技成果转化平台

国家生态环境科技成果转化综合服务平台是由生态环境部环境发展中开发的国家级、公益性技术服务平台。目前，平台已经收集了近年来由政府、科研机构、高等院校、企业等开发的生态环境治理技术和管理类成果 4 000 多项，包括国家先进污染防治技术目录技术 400 余项、环保公益项目成果 1 000 余项等。平台的一期工程建设具有线上查询、需求上传、技术推荐、发布需求信息、发布污染防治攻坚战、生态环境技术服务等相关的政策法规与标准规范等，同时可以展示成熟度高的技术与典型案例，并提供技术成果综述系列服务大型数据库。如图 7-13 所示。

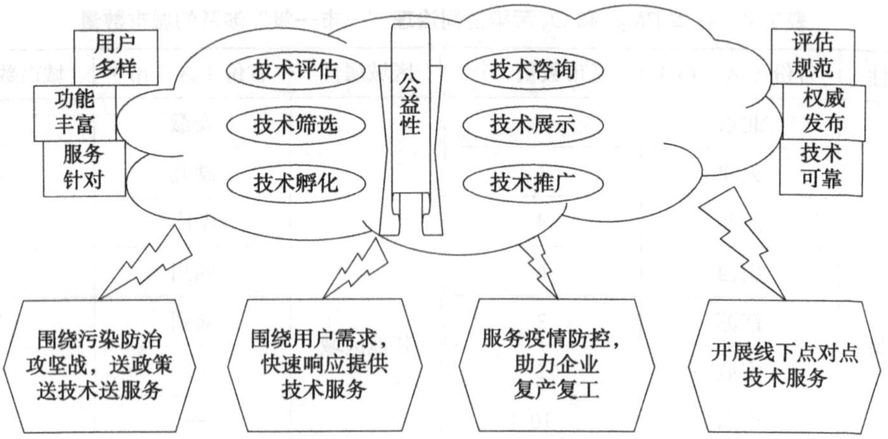

图 7-13　国家生态环境科技成果转化综合服务平台的功能

技术创新的主体是企业，而专利则是一个很好的衡量指标。近年来大气环保产业的快速发展得益于大气环保相关专利产品的溢出效应。国家生态环境科技成果转化综合服务平台的建成与使用就是使这种溢出效应扩大，《"十三五"节能环保产业发展规划》

《"十三五"环境领域科技创新专项规划》等一系列标志性规划与政策法规的出台，对大气环保相关专利的快速增长起到促进作用，进一步推进着相关领域的技术创新。

但是，对上海知识产权信息平台检索系统 2000—2018 年的数据进行统计发现，各区域的专利分布并不均衡，呈"东高西低"的格局，长三角区域和珠三角区域的专利技术的集中授权区域，各省（区、市）的具体授权量如表 7-6 所示。

表 7-6　中国大气环保产业技术专利授权量空间分布

省（区、市）	专利授权量 / 件	排名	省（区、市）	专利授权量 / 件	排名
江苏省	6 226	1	黑龙江省	400	19
浙江省	2 575	2	贵州省	272	20
广东省	2 134	3	吉林省	271	21
安徽省	1 974	4	山西省	235	22
北京市	1 756	5	台湾省	213	23
山东省	1 623	6	江西省	172	24
四川省	1 262	7	云南省	141	25
上海市	1 140	8	甘肃省	96	26
天津市	847	9	内蒙古自治区	84	27
湖北省	843	10	宁夏回族自治区	65	28
河南省	768	11	新疆维吾尔自治区	60	29
辽宁省	719	12	香港特别行政区	44	30
福建省	612	13	青海省	14	31
湖南省	609	14	海南省	11	32
广西壮族自治区	516	15	西藏自治区	5	33
陕西省	475	16	澳门特别行政区	—	34
重庆市	470	17	全国合计	27 051	
河北省	419	18			

资料来源：上海知识产权信息平台检索系统（2000—2018 年）。

专利申请的主体依然是企业、个人、高校、科研机构和产学研合作等，企业的申请量达 16 910 件，占 62.5%，远高于高校、科研机构与个人的申请量；在产学研合作中，企业之间合作申请的专利量为 598 件，占 57.3%，也远高于企业与高校的合作、企业与科研机构的合作，具体如图 7-14 所示。

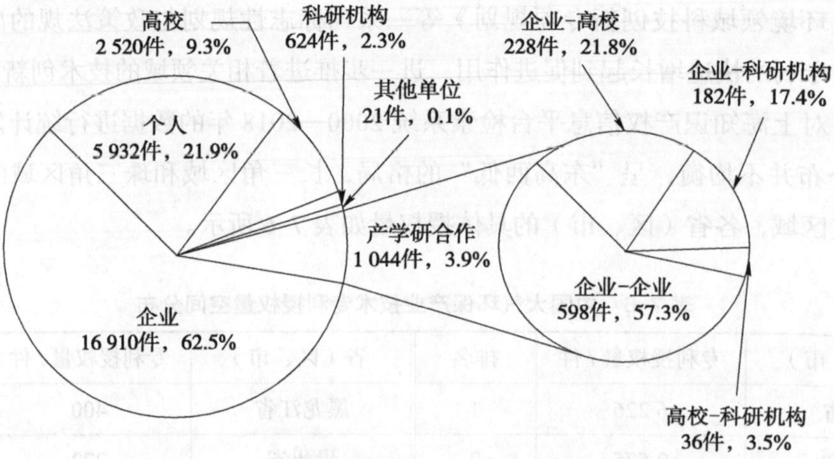

图 7-14　我国大气环保产业技术专利申请主体构成

国内专利授权量排名第一位的企业是潍柴动力股份有限公司，为 139 件，次之是天纳克（苏州）排放系统有限公司。排名第一位的高校和科研机构是东南大学，紧随其后的浙江大学为 80 件，具体如表 7-7 所示。

表 7-7　我国大气环保产业技术国内主要申请人专利授权量排名

排名	企业		高校 / 科研机构	
	申请人	专利授权量 / 件	申请人	专利授权量 / 件
1	潍柴动力股份有限公司	139	东南大学	84
2	天纳克（苏州）排放系统有限公司	98	浙江大学	80
3	珠海格力电器股份有限公司	83	清华大学	78
4	福建龙净环保股份有限公司	81	江苏大学	68
5	江阴华音陶瓷机电科技有限公司	77	天津大学	56
6	艾尼克环保技术（安徽）有限公司	73	山东大学	48
7	苏州博菡环保科技有限公司	68	西安交通大学	47
8	中国第一汽车股份有限公司	67	上海交通大学	39
9	无锡威孚力达催化净化器有限责任公司	59	华南理工大学	39
10	成都易态科技有限公司	53	盐城工学院	38

国外专利授权量排名第一位的企业是日本的丰田自动车株式会社，为 599 件；排名第二位的是美国的通用汽车环球科技运作有限责任公司，为 347 件，授权量远高于国内企业，具体如表 7-8 所示。国内企业的技术创新能力与国外的丰田、通用、福特等巨头相比，还有很大的距离。

表 7-8 我国大气环保产业技术国外主要申请人专利授权量排名

排名	申请人	申请国家	专利授权量 / 件
1	丰田自动车株式会社	日本	599
2	通用汽车环球科技运作有限责任公司	美国	347
3	福特环球技术公司	美国	292
4	罗伯特·博世有限公司	德国	239
5	通用汽车环球科技运作公司	美国	194
6	五十铃自动车株式会社	日本	175
7	唐纳森公司	美国	147
8	曼·胡默尔有限公司	德国	125
9	通用电气公司	美国	102
10	排放技术有限公司	德国	102

资料来源：李林子，傅泽强，封强等（2020）[119]。

7.1.3 舆论宣传

生态环境宣传和舆论引导工作是一项十分光荣、极端重要、专业很强的政治性工作，是推进生态环境领域治理体系和治理能力现代化的重要组成部分，其本质是群众思想工作和社会动员工作[120]。通过宣传和舆论引导，为推动雾霾污染协同治理营造良好舆论氛围，形成全社会的强大合力必不可少。随着公众环保意识的加强、环保信息公开力度的不断加大、新媒体和自媒体时代来临，加强环保宣传和舆论引导、壮大主流舆论声音、掌握生态文明主流话语权的重要性也在与日俱增[121]。

目前，我国已有比较专门的环境宣传教育机构，生态环境部宣传教育司负责组织、指导和协调全国生态环境保护宣传教育工作，下设综合处、新闻与舆情处、宣传教育处 3 个处室；生态环境部另有一个直属事业单位——宣传教育中心，承担生态环境保护宣传教育技术支持以及部党校日常管理及培训工作。长三角区域三省一市也设有相应的机构，如表 7-9 所示。

表 7-9 各地负责宣传工作的下设机构及直属单位

区域	负责宣传工作的下设机构	直属事业单位
全国	生态环境部宣传教育司	生态环境部宣传教育中心
上海	上海市生态环境局办公室	上海市环境保护宣传教育中心
江苏	江苏省生态环境厅宣教处	江苏省环境保护宣传教育中心
浙江	浙江省生态环境厅办公室	浙江省环境宣传教育中心
安徽	安徽省生态环境厅宣传教育处	安徽省环境保护宣传教育中心

这些单位关于大气环境知识科普宣教工作的目标、原则、要求、内容如图 7-15 所示，通过多种渠道与多元化的宣传教育方式，推动社会力量、公众参与并配合大气环境治理。早期的宣传内容以环境科普为主，目前已转变为生态环境科学普及、生态环境舆论引导、生态环境信息公开、生态环境问题曝光等多项内容；宣传的方式也更加互动式、多元化。

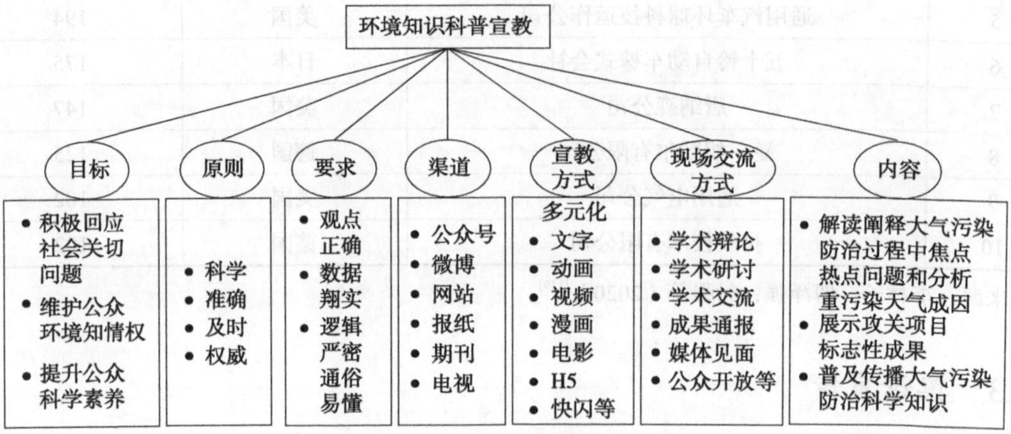

图 7-15 环境知识科普宣教工作

随着污染防治攻坚战进入“深水区”，各类问题接踵而至，这对环境宣传工作提出了更高要求。不“捂盖子”、主动曝光、强化信息公开是政府部门应有的开放姿态，也是新媒体时代环保宣传与时俱进的有效工作方法，更是扛起生态环境宣传的政治责任与担当。这样做不仅有利于提升地方形象，还进一步提升政府公信力与生态环境宣传部门的影响力。

江苏省与安徽省分别建设了江苏环保公众网（http://www.jshbgz.cn/）与安徽环境公众信息网（http://www.ahaef.com/info.asp?channel=13），负责环境保护的宣传工作。在最新的（2018.9—2019.8）中国环境政务新媒体最具影响力机构微博微信综合榜，江苏、上海、浙江分别位列第 6、第 7 与第 10；最具影响力官方账号微博榜，上海位列第 5；最受认同公众号微信榜中，江苏、浙江分别位列第 6 与第 9；最具影响力公众号中，江苏、浙江分别位列第 2 与第 6；最受欢迎公众号中，江苏、安徽、浙江分别位列第 4、第 9 与第 10。长三角区域环境保护知识的宣教工作在全国名列前茅。

7.1.4 公众环境素养

习近平总书记强调，“生态文明建设同每个人息息相关，每个人都应该做践行者、推动者。”在 2018 年全国生态环境宣传工作会议上，李干杰部长提出，“让广大群众践行同一个共识：绿水青山、碧海蓝天越来越与我们的生活方式息息相关，唯有共治、才能共享，人人都应该做珍惜能源资源、保护生态环境的行动者。”

公众环境素养是公众素养在生态环境领域的集中体现，其涉及“知”与“行”两个方面，强调知行合一、一以贯之，如图 7-16 所示。

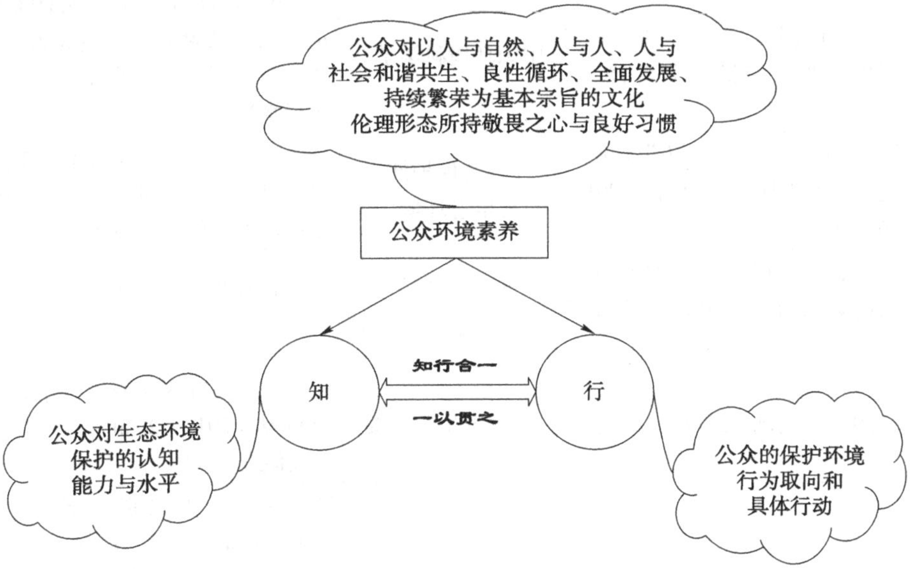

图 7-16 公众环境素养的两个方面

科技创新、科学普及是实现创新发展的两翼，二者同等重要[122]。对公众进行科学知识的宣传教育与普及，以提高公众的认知水平与环境素养对于增强公众信心、保持战略定力具有重要意义。提升公众的环境素养，教育是最重要的途径，它的目标在于培养具有环境素养的公民。

2018 年在北京召开了世界公众科学素质促进大会，分论坛之一的主题便是“环境素养促进生态文明”，多位专家表示，科技进步无法从根本上解决环境问题，因为最终还是需要依赖人的环境素养和认识水平提升，改变人的态度与行为，因此提升公民的环境素养成为当下重要任务之一，也是一项长期工程。

环境保护部于 2013 年印发了《中国公民环境与健康素养（试行）》（公告 2013 年 第 61 号），随后几年又开展了两次大规模的居民环境与健康素养调查。随着生态文明建设的深入推进，为进一步增强公众环境与健康意识，生态环境部于 2020 年发布了《中国公民生态环境与健康素养》（公告 2020 年 第 36 号）。文件名称与核心内容如表 7-10 所示。

表 7-10 2013 年以后公众环境素养相关文件

时间	文件名称	发布单位	核心内容
2013 年 9 月	《中国公民环境与健康素养（试行）》（公告 2013 年第 61 号）	环境保护部（现生态环境部）	普及环境与健康知识和技能，促进全社会共同推进环境与健康提供指南，同时为评价提供基本参照
2016 年 11 月	《居民环境与健康素养抽样调查报告（北京、湖北、甘肃）》	中国环境科学学会	15～69 岁的居民中仅 8.41% 的居民具备环境与健康素养，应大力开展知识普及与宣传工作，提高全民的环境与健康素养水平
2017 年 2 月	《国家环境保护“十三五”环境与健康工作规划》（环科技〔2017〕30 号）	环境保护部（现生态环境部）	有序推进环境与健康工作，建立环境与健康监测、调查和风险评估制度及标准体系，提升环境决策水平
2017 年 6 月	《公民环境与健康素养测评技术指南》（试行）（公告 2017 年第 24 号）	环境保护部（现生态环境部）	指导和规范公民环境与健康素养测评工作
2019 年 7 月	《健康中国行动（2019—2030 年）》	国家卫生健康委	居民环境与健康素养提升纳入《健康中国行动（2019—2030 年）》中的“健康环境促进行动”
2020 年 8 月	《首次中国居民环境与健康素养调查结果》	生态环境部法规与标准司、中国环境科学学会	2018 年 2 月在北京启动。2018 年 4—9 月，调查了北京、江苏、浙江、福建、山东、湖北、广东等 15 个省（区、市），获得 4 万余份有效问卷，居民环境与健康水平为 12.5%，比前几年有所上升，但不同群体间的差异较大，需要重点关注青少年人群与农村居民，以全面提升居民环境与健康素养水平
2020 年 8 月	《中国公民生态环境与健康素养》（公告 2020 年第 36 号）	生态环境部	是 2013 版《中国公民环境与健康素养（试行）》的扩充与升级，基本理念部分突出了预防理念和责任意识，新增了基本知识，基本行为和技能部分进行了扩充等

7.2 支撑力

长三角区域大气污染协同治理的支撑力包括资金支持、政策支持、人才支持、文化支持等。

7.2.1 资金支持

资金是大气污染协同治理最重要的要素之一，长三角区域各省市大气污染治理的资金主要来源于两个渠道：一是中央下拨资金，二是本地筹集资金。从会计核算的角度，大气污染防治专项资金在政府支出预算科目列“211 节能环保”。通常情况下，年度资金使用到年末时，会由第三方进行绩效评价，不合理之处进行整改，待下一年度再次拨付资金，相应流程如图 7-17 所示。

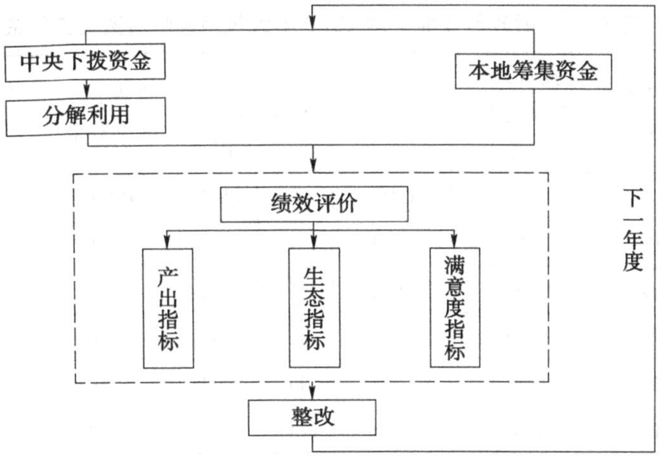

图 7-17 大气污染治理资金使用流程

下面分别对长三角区域三省一市的大气污染治理资金的相关支持情况、资金使用的绩效评价以及国家绿色发展基金进行分析。

7.2.1.1 资金的相关支持情况

根据《大气污染防治专项资金管理办法》，中央每年均会根据大气污染治理的实际情况，由财政部、生态环境部共同下拨专项财政资金。如表 7-11 所示。

表 7-11 大气污染防治专项资金相关文件

文件名称	文件编号或时间	颁布部门
《大气污染防治专项资金管理办法》	财建〔2016〕600 号	财政部、环境保护部（现生态环境部）
《大气污染防治专项资金管理办法》的补充通知	财建〔2016〕874 号	财政部、环境保护部（现生态环境部）
《大气污染防治专项资金管理办法》（2018 版）本办法出台后，2016 年出台的办法及补充通知同时废止	财建〔2018〕578 号	财政部、生态环境部
《关于下达 2019 年度大气污染防治资金预算的通知》	财资环〔2019〕6 号	财政部
《关于提前下达 2020 年度大气污染防治资金预算的通知》	财资环〔2019〕57 号	财政部
《关于提前下达 2021 年大气污染防治资金预算的通知》	财资环〔2020〕73 号	财政部

例如，提前下达的 2020 年度专项资金，主要用于清洁取暖试点与打赢蓝天保卫战重

点任务，总体目标是通过支持北方地区冬季清洁取暖、移动源污染防治、工业污染深度治理等重点工作，推动产业结构、能源结构、运输结构持续优化调整，促进全国环境空气质量持续改善，助力打赢蓝天保卫战。下达的资金如表 7-12 所示，其中长三角区域的上海、江苏、浙江、安徽分别获得 1 亿元、4 亿元、3 亿元、7 亿元的专项资金。

表 7-12　财政部提前下达 2020 年大气污染防治资金安排表

单位：亿元

序号	省（区、市）	清洁取暖试点资金	打赢蓝天保卫战重点任务	合计下达	序号	省（区、市）	清洁取暖试点资金	打赢蓝天保卫战重点任务	合计下达
1	北京	0.00	0.97	0.97	7	浙江	0.00	3.00	3.00
2	天津	3.00	3.30	6.30	8	安徽	0.00	7.00	7.00
3	河北	25.50	28.82	54.32	9	山东	30.70	13.38	44.08
4	山西	23.50	13.38	36.88	10	河南	24.00	12.47	36.47
5	上海	0.00	1.00	1.00	11	陕西	12.80	7.68	20.48
6	江苏	0.00	4.00	4.00	合计	—	119.50	95.00	214.50

资料来源：《关于下达 2020 年中央水、大气污染防治资金的通知》（苏财资环函〔2020〕13 号），http://czt.jiangsu.gov.cn/art/2020/3/25/art_75183_9022514.html。

以江苏省为例，接到中央下达的资金后，江苏进行资金的分解利用，具体安排如表 7-13 所示，包括 10 个地级市、7 个县级市、3 个县以及 1 个公司，共 40 032.91 万元。其中，徐州的资金最多，达 12 344 万元，这与徐州地处江苏最北部，污染在省内最严重有关。

表 7-13　江苏省 2020 年中央大气污染防治资金预算分配

单位：万元

序号	地区	金额	序号	地区	金额
1	南京市	7 495	12	淮安市	86
2	无锡市	3 496	13	涟水县	117
3	江阴市	1 202	14	扬州市	1 845
4	徐州市	12 344	15	镇江市	300
5	丰县	1 201	16	丹阳市	346
6	新沂市	826	17	泰州市	1 094
7	苏州市	1 141	18	靖江市	1 374
8	南通市	907	19	泰兴市	858
9	如东县	65	20	宿迁市	155
10	启东市	189	21	江苏省苏力环境科技有限责任公司	3 188.91
11	连云港市	1 803			

资料来源：《关于下达 2020 年中央水、大气污染防治资金的通知》（苏财资环函〔2020〕13 号）。

而且，中央下达的大气污染防治的资金并不是治污的全部资金，其目的是用这些资金撬动更多资金参与。例如，江苏省收到的 40 032.91 万元中央补助资金，其项目的总投资额则是 90 098.47 万元。各类项目的资金明细如表 7-14 所示。

表 7-14 江苏省 2020 年中央大气污染防治资金分类明细

分类项目名称	项目数量 / 个	补助金额 / 万元	总投资 / 万元
柴油车远程在线监控	5	8 450	16 900
机动车天地车人一体化监控平台建设、完善和运营维护	5	942	1 885.08
其他能力建设（重点污染企业用电工况监控项目）	1	3 188.91	7 353.93
锅炉、工业炉窑综合整治	8	3 887	9 055.63
重点行业挥发性有机物治理和配套监控设备	37	23 565	54 903.83
合计	56	40 032.91	90 098.47

资料来源：《关于下达 2020 年中央水、大气污染防治资金的通知》（苏财资环函〔2020〕13 号）。

浙江省 2020 年对中央下达的 3 亿元资金主要用于燃气锅炉低氮改造和监控能力建设、煤锅炉淘汰、电厂煤堆场封闭改造。而且，重点工业园区和乡镇监控能力建设项目、电厂煤堆场封闭改造项目已经列入中央环保投资项目储备库，本次按照项目法下达。燃气锅炉低氮改造按照 2 万元 / 蒸吨补助，燃煤锅炉淘汰按照 1 万元 / 蒸吨补助，重要物流通道空气监测站按照 60 万元 / 个补助。最终，各市（县）的资金分配如表 7-15 所示。

表 7-15 浙江省 2020 年中央大气污染防治专项资金分配 单位：万元

电厂煤堆场封闭改造项目补贴资金		大气污染防治项目资金			
地区	金额	地区	金额	地区	金额
乐清市	2 028	杭州市本级	3 090	衢州市本级	666
龙港市	767	温州市本级	1 240	丽水市本级	417
长兴县	507	嘉兴市本级	3 600	宁波市本级	3 523
兰溪市	1 014	湖州市本级	1 614	平湖市	550
椒江区	522	绍兴市本级	2 935	桐乡市	365
三门县	806	金华市本级	1 653	嘉善县	250
玉环市	1 536	舟山市本级	410	海盐县	305
合计	7 180	台州市本级	1 683	遂昌县	519
		合计		22 820	

资料来源：《浙江省财政厅、浙江省生态环境厅关于提前下达 2020 年中央大气污染防治、水污染防治、土壤污染防治专项资金的通知》（浙财建〔2019〕154 号），http://czt.zj.gov.cn/art/2019/12/18/art_1164164_41102026.html。

为了进一步促进大气质量改善，支持开展大气污染防治方面相关工作，中央又下达了2021年大气污染防治资金，其中用于大气污染防治的资金为150亿元，比2020年有所增加，而且收到款项的地区也从2020年的11个重点省（区、市）增加至2021年遍及全国的31个省（区、市），体现了中央对于打赢蓝天保卫战的决心；用于清洁取暖试点资金为73.4亿元，比2020年有所减少，主要涉及仍在示范期内的北方地区31个城市，具体安排如表7-16、表7-17所示。

表7-16 财政部提前下达2021年大气污染防治资金安排 单位：亿元

序号	省（区、市）	金额	序号	省（区、市）	金额	序号	省（区、市）	金额
1	北京	1.39	***12***	***安徽***	***1.98***	23	四川	1.51
2	天津	3.20	13	福建	1.00	24	贵州	0.90
3	河北	34.36	14	江西	1.00	25	云南	1.00
4	山西	21.79	15	山东	25.29	26	西藏	0.27
5	内蒙古	0.50	16	河南	21.26	27	陕西	16.51
6	辽宁	1.66	17	湖北	1.87	28	甘肃	0.90
7	吉林	1.34	18	湖南	1.51	29	青海	1.00
8	黑龙江	1.46	19	广东	1.00	30	宁夏	1.00
9	***上海***	***0.52***	20	广西	1.00	31	新疆	0.70
10	***江苏***	***0.41***	21	海南	0.12	合计		150
11	***浙江***	***2.28***	22	重庆	1.27			

资料来源：《关于提前下达2021年大气污染防治资金预算的通知》（财资环〔2020〕73号）。

表7-17 财政部提前下达2021年北方地区冬季清洁取暖试点资金安排 单位：亿元

序号	省（区、市）	金额	序号	省（区、市）	金额
1	河北	13.6	4	河南	14
2	山西	16.2	5	陕西	11.6
3	山东	18	合计		73.4

资料来源：《关于提前下达2021年大气污染防治资金预算的通知》（财资环〔2020〕73号）。

7.2.1.2 资金使用的绩效评价

利用中央的大气污染防治专项资金，应该完成一定的绩效目标。整体绩效目标中，除有数量、时效等产出指标以外，还有经济效益、社会效益、生态效益指标。例如，大气污染治理适用技术和装备得到大规模应用，带动环保产业发展的经济效益指标；提高重点区域工业和移动源大气环境监测和执法能力的，使环境公共服务程度进一步提高的，以及大气污染防治公众认知度与获得感得以提升的社会效益指标；完成相应年度 $PM_{2.5}$ 浓度下降比例目标，使环境空气质量进一步改善的生态效益指标等。

以江苏省为例，中央主管部门为财政部、生态环境部，省级财政部门为江苏省财政厅，省级主管部门为江苏省生态环境厅。收到 4 亿元的中央专项资金，2020 年的绩效总体目标为全省 $PM_{2.5}$ 浓度达到 43 μg/m^3、优良天数比例达到 72%；主要大气污染物 VOCs、SO_2、NO_x 排放量较 2015 年分别削减 26%、25%、22%。具体目标如表 7-18 所示。

表 7-18　江苏省 2020 年度大气污染防治资金区域绩效目标

一级指标	二级指标	三级指标	指标值
产出指标	数量指标	柴油车远程在线监控	5 个
		机动车天地车人一体化监控平台建设、完善和运营维护	5 个
		其他能力建设（重点污染企业用电工况监控项目）	1 个
		锅炉、工业炉窑综合整治	8 个
		重点行业挥发性有机物治理和配套监控设备	37 个
	质量指标	资金拨付率	100%
		项目 2020 年度开工率	100%
	时效指标	2020 年年底前项目完成率	≥80%
效益指标	生态效益指标	$PM_{2.5}$ 浓度	≤43 μg/m^3
		优良天数比例	≥72%
		VOCs 排放量	较 2015 年削减 26%
		SO_2 排放量	较 2015 年削减 25%
		NO_x 排放量	较 2015 年削减 22%
满意度指标	服务对象满意度指标	群众满意度	≥80%

资料来源：《关于下达 2020 年中央水、大气污染防治资金的通知》（苏财资环函〔2020〕13 号），http://czt.jiangsu.gov.cn/art/2020/3/25/art_75183_9022514.html。

江苏省财政厅曾在 2019 年 12 月 13 日面向省生态环境厅印发《关于印发 2018 年度

省级环保引导资金（大气污染防治）绩效评价报告的通知》（苏财资环〔2019〕37号）。文件提到江苏省在2016年由省财政厅、省生态环境厅共同印发了《江苏省省级环境保护引导资金使用管理办法》（苏财规〔2016〕15号），根据江苏省大气污染防治联席会议办公室《关于印发江苏省2018年大气污染防治工作计划的通知》（苏大气办〔2018〕1号），省财政厅委托第三方机构完成了2018年度省级环保引导资金（大气污染防治）的绩效评价工作，请生态环境厅根据打好污染防治攻坚战的要求，进一步加强省级环保引导资金和项目管理，提高财政专项资金的使用绩效。具体评价内容如表7-19、表7-20所示，结论如表7-21所示，最终得分80.95，为良好。

表7-19 江苏省2018年度省级环保引导资金（大气污染防治）投入情况

市县数量	已将资金分解落实到项目	已将资金拨付或部分拨付到项目单位	资金拨付情况
25	是	是	1.31亿元，预算执行率26.27%
17	是	否	资金0拨付，占比为53.71%
12	否	否	

其中，未将资金分解落实到项目且未将资金拨付或部分拨付到项目单位的12个市（县）分别为张家港市、宜兴市、昆山市、响水市、溧阳市、东台市、盱眙县、丹阳市、句容市、灌南县、灌云县、丰县等。

表7-20 江苏省2018年度省级环保引导资金（大气污染防治）目标任务完成情况

任务类别		计划	实际	完成率
省重点工作任务完成情况	省重点任务项目数	419个	422个	100.72%
	市县安排项目	477个	422个	88.47%
	计划投资	17.83亿元	13.45亿元	75.41%
	SO_2减排	34 366 t	43 786.1 t	127.41%
	NO_x减排	75 727 t	49 517.8 t	65.39%
	2018年城市优良天数比例	70%	69.7%	99.57%
	$PM_{2.5}$治理目标	47 μg/m³，比2017年下降4.1%	48 μg/m³，比2017年下降2%	48.78%
市（县）确定项目任务完成情况	项目数	400个	371个	92.75%
	投资额	11.09亿元	8.77亿元	79.08%

表 7-21 江苏省 2018 年度省级环保引导资金（大气污染防治）绩效评价结论

一级指标	二级指标	总分 / 分	得分 / 分	得分率
投入	项目立项	10	7.79	77.91%
	预算执行率			
过程	业务管理	30	21.94	73.13%
	财务管理			
	监督检查与绩效评价			
产出	任务完成率	35	29.6	83.03%
	任务完成及时率			
	项目验收合格、运行良好			
效果	引导效果	25	22.16	88.64%
	减排效果			
	可持续性			
	社会评价			
合计		100	80.95%（良好）	

详细的评估结果还表明，江苏省级环保引导资金（大气污染防治）的引导效果明显，总投资 22.22 亿元，引导社会资金投入 19.79 亿元，是省补资金的 8.14 倍；促进了重点工作任务完成，在省级环保引导资金的支持下，全省各地积极推进燃煤锅炉整治、超低排放改造等重点工作任务完成；大气污染防治能力得到提升，对项目库中 A 级项目进行第三方评审，确立环境整治“精准治理”目标；最后，社会公众对环保工作和空气满意度较高，其中对大气防治工作满意度 90.86%，对空气质量满意度 80.74%。

但是，江苏省在利用省级环保引导资金（大气污染防治）时也存在一些问题，比如引导资金利用率不高，市（县）拨付资金不及时，资金没有完全落实到项目实施单位；部分资金绩效目标未达到；项目管理有待提高，项目库制度未严格执行，没有充分发挥季报、年报日常监督作用，绩效管理有待提高，仅有南京市、苏州市开展了绩效自评工作；存在超范围和超比例补助现象，超范围支持环境卫生等基础设施项目，部分项目省补助资金超过项目投资的 50%。

所以，未来应加快资金分配、拨付进度，强化资金使用过程管理，比如细化资金使用政策、奖补资金与上一年任务完成情况挂钩；加强项目管理，发挥好项目库引领作用，并且加强项目推进力度；还应规范绩效管理，全面设置绩效目标，按要求开展绩效自评工作。

对于安徽省，省财政厅投资评审中心也在 2019 年年底组织相关人员对省生态环境厅

2019年度大气污染防治综合奖补资金开展绩效评价，最终综合加权得分为73.01分。主要存在的问题是奖补资金下达迟、监测站项目建设滞后，空气质量生态补偿资金未及时清算、使用绩效有待提高，部分项目立项程序不够规范，部分指标需要完善等。所以，未来应该进一步完善绩效目标编制，提高绩效指标的针对性；加快部门预算执行进度管理，切实提高专项资金使用效益；严格执行文件规定安排专项资金；加强项目储备库建设，进一步强化项目管理。评价指标如表7-22所示。

表7-22 安徽省2019年度大气污染防治综合奖补资金绩效评价指标

指标	具体内容
数量指标	补助地市数16个、优良天数比例71%、$PM_{2.5}$ 49 μg/m³
时效指标	根据考核结果2019年年底前拨付
成本指标	大气污染防治2亿元/年
社会效益	空气质量进一步改善
生态效益	完成年度目标
可持续影响	发挥作用期限持续
服务对象满意度	满意度90%以上

资料来源：《安徽省2019年度大气污染防治综合奖补资金绩效评价报告》，http://sthjt.ah.gov.cn/public/21691/119049901.html。

7.2.1.3 国家绿色发展基金

国家绿色发展基金是应国家发展绿色金融的要求设立的。在2015年的党的十八届五中全会、2016年的中央全面深化改革领导小组第二十七次会议，以及2017年的《关于服务实体经济防控金融风险深化金融改革的若干意见》上，均提出要设立绿色基金。2018年6月，《关于全面加强生态环境保护 坚决打好污染防治攻坚战的意见》（中发〔2018〕17号）提出"设立国家绿色发展基金"，并由财政部、生态环境部和上海市人民政府三方共同发起设立；财政部履行国家出资人职责，上海市承担绿色基金管理的具体事宜。国家绿色发展基金的股东及组织结构如图7-18所示。

基金的首期规模为885亿元，其中财政部出资100亿元，各银行股东的出资金额：工、农、中、建、国开行均出资80亿元，交通银行75亿元，浦发银行70亿元，上海银行20亿元，上海农商银行10亿元；长江经济带沿线的11个省市共同出资186亿元；企业股东中，国家能源投资集团出资15亿元，上海电气投资有限公司5亿元，中国节能环保集团出资3亿元，龙元建设集团1亿元。

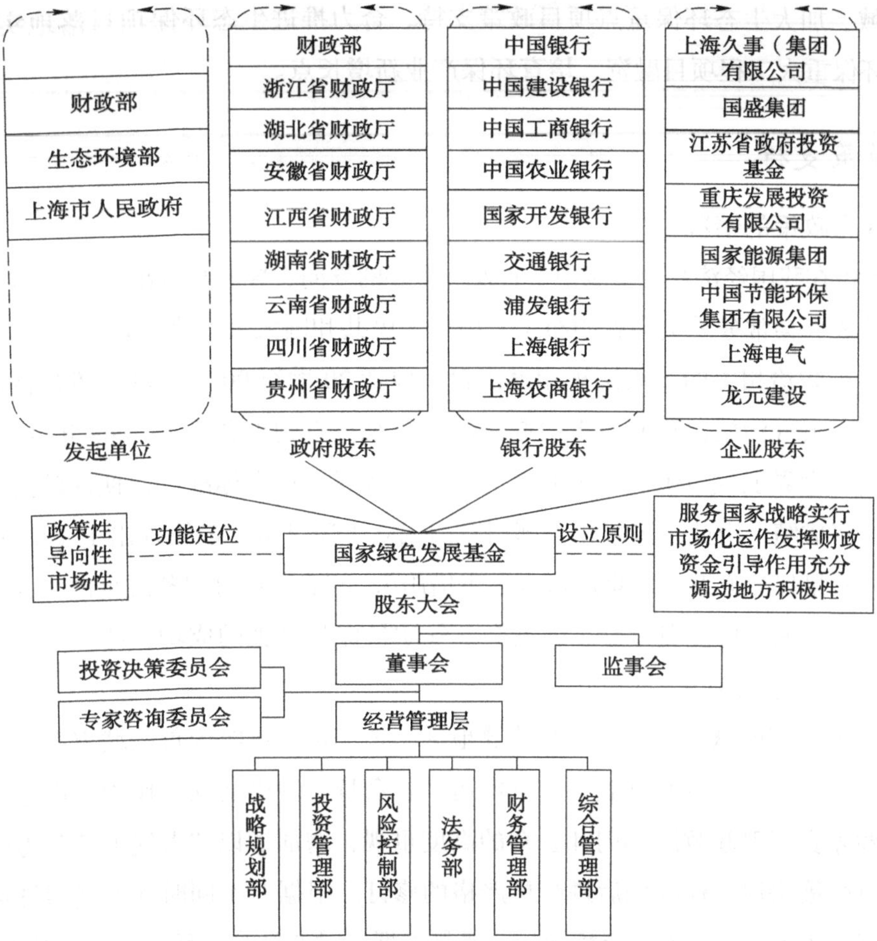

图 7-18　国家绿色发展基金的股东及组织结构

资料来源：根据 https://www.ngd-fund.com/about 相关资料整理。

国家绿色发展基金的定位主要为以小资金撬动大杠杆，引导社会资本投向大气、水、土壤、固体废物污染治理等外部性强的绿色发展领域，促进绿色产业发展和经济高质量发展。据光大证券测算，若按 1∶5 的比例，可撬动近 4 000 亿元的社会资金投向生态环保领域。基金首期存续期间，主要投向长江经济带沿线的 11 个省市，包括长三角区域的上海、江苏、浙江、安徽，以及江西、湖北、湖南、重庆、四川、贵州、云南等，也将适当安排其他区域的项目，并进一步探索可复制、可推广经验。

但是，由于污染防治工作的艰巨性、复杂性、持续性等特点，需要较大的资金支持，生态环境部与国家开发银行于 2021 年 4 月共同签署了《关于深入打好污染防治攻坚战　共同推进生态环保重大工程项目融资合作备忘录》《关于深入打好污染防治攻坚战共同推进生态环保重大工程项目融资的通知》（环办科财函〔2021〕158 号），以进一步发挥部行合作优势，按照“部对行、省对分”的原则，精准支持深入打好污染防治攻坚战的重点领域、加大生态环保重点项目政策支持、合力推进生态环保项目落地实施，共同加大生态环保重大工程项目融资，培育环保产业新增长点。

7.2.2 政策支持

7.2.2.1 国家政策的情况

公共政策在我国经济社会发展中一直发挥重要的导向、控制与分配作用。早在 1987 年全国人民代表大会常务委员会就颁布了《中华人民共和国大气污染防治法》，其后，一系列与大气污染防治相关的政策法规相继出台，包括 20 世纪 90 年代陆续推出的相关技术标准。但是，大气污染治理并没有引起足够的重视。直到准备举办 2008 年北京奥运会，国际奥委会、世界卫生组织等要求北京的空气质量满足较高标准，以便保障运动员的身体健康和比赛成绩。由此，国家相关部门专门成立了项目组，最终提出了《第 29 届奥运会北京空气质量保障方案：北京周边省区市措施》，该措施获得国务院批准并在北京周边省（区、市）全面实施。奥运会、残奥会空气质量保障措施的成功，凸显了区域联防联控、协同治理的重要性。

2012—2013 年的秋冬季节，以京津冀地区、长三角区域等为首的城市群出现大范围大气污染，空气质量监测站爆表、航班停运、公众身心健康受损、作物减产等，大气污染治理问题才真正引起政府部门和公众的高度重视，增加了以“大气十条”为代表的新政策，并对政策法规、标准先后进行更严格的修订。根据对不同时期大气污染治理政策的分析发现，政策主题并不完全相同，一般是根据当时的经济、环境发展状况进行调整，2005—2019 年的政策主题可以分为 4 个阶段，具体如表 7-23 所示。

表 7-23　2005—2019 年大气污染治理相关政策主题变迁

时间阶段	政策主题
2005—2010 年	环境保护部门职责划分、污染物排放标准制定、环境质量监测、污染物减排监管处罚和评价、污染物总量控制设施设备建设及技术研发
2011—2015 年	区域大气污染防治和监督、企业污染物排放监测与控制、国家和地方污染物排放标准制定、发展新能源促进大气质量提升、节能减排技术研发
2016—2018 年	秋冬季节大气污染重点防治、部门大气污染防治工作行动方案、大气污染治理专项资金支持、节能减排及污染监测技术研发
2019 年	重污染地区秋冬季区域协同治理、重点行业深入改造升级、节能减排技术设备的研发与应用

资料来源：邬龙，王晓蓉，迟远英（2019）[123]。

图 7-19 为大气污染治理相关政策文本关键词关联网络，图 7-20 为大气污染治理政策关键词分布。

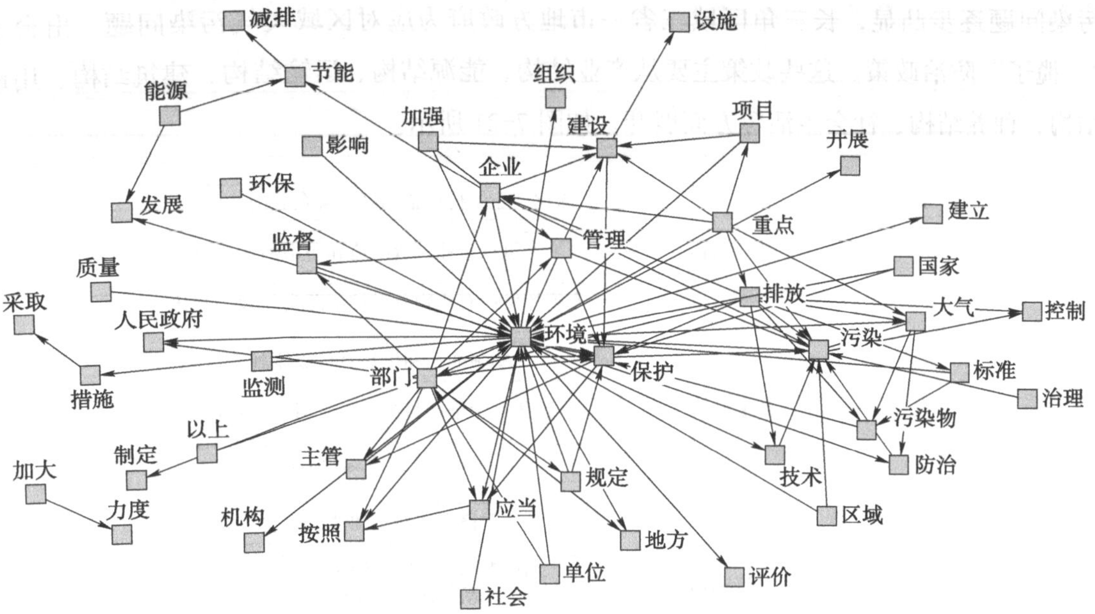

图 7-19　大气污染治理相关政策文本关键词关联网络

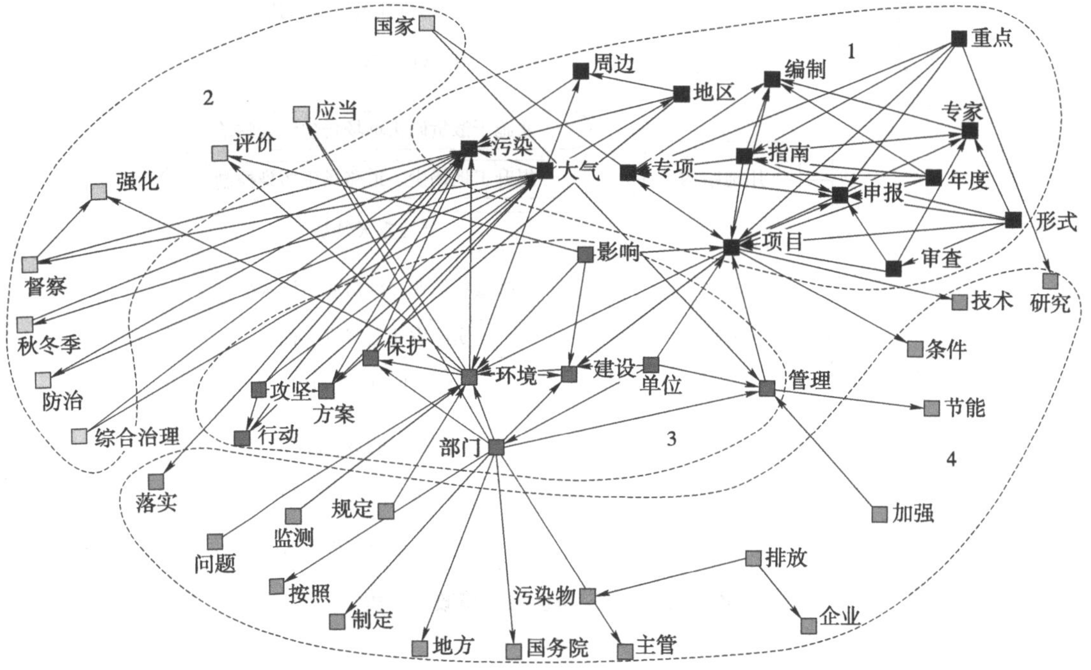

图 7-20　大气污染治理政策关键词分布

资料来源：邬龙，王晓蓉，迟远英（2019）[123]。

7.2.2.2　长三角区域政策的情况

政策工具的选择和使用直接影响区域大气污染防治效果。近年来，长三角区域大气污染问题逐步凸显，长三角区域三省一市地方政府为应对区域大气污染问题，出台了"一揽子"防治政策。这些政策主要从产业结构、能源结构、运输结构、建筑结构、用地结构、种养结构、社会生活等方面展开，如图7-21所示。

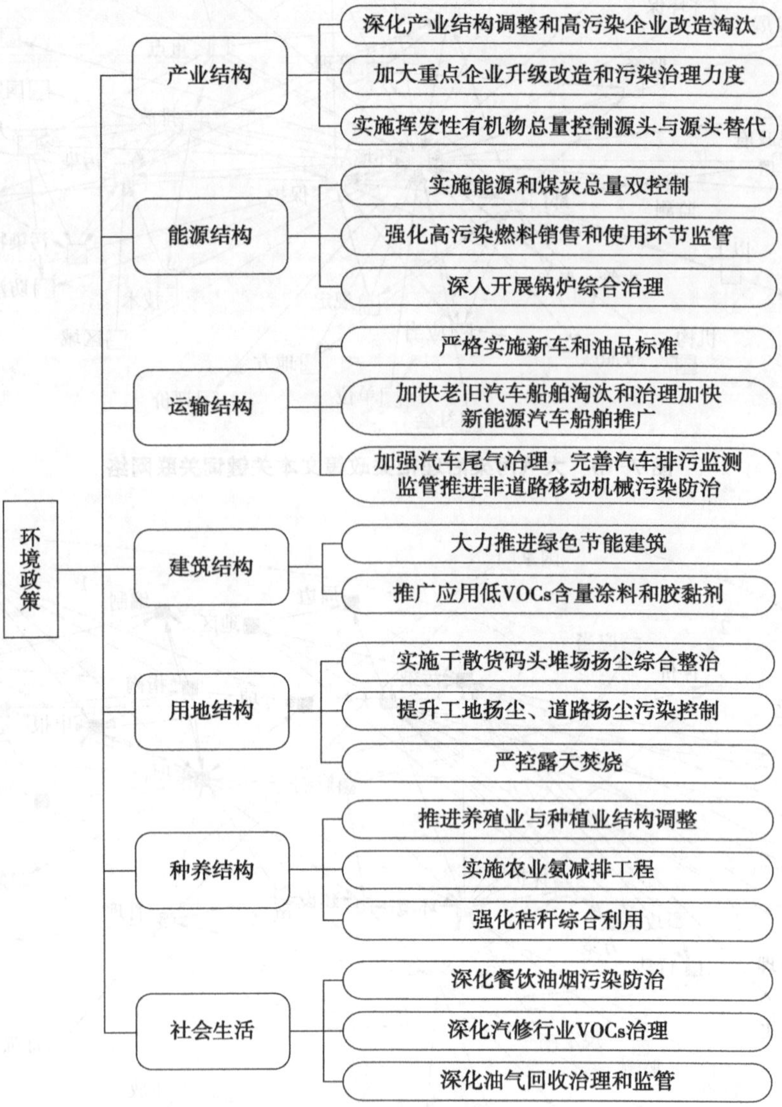

图7-21　长三角区域环境政策分类

虽然，在2014年长三角区域大气污染防治协作小组成立之前，三省一市在大气污染治理方面也有协作，但政策发布的频率较低，合作程度不高；2014年协作小组成立之后，政策发布的频率明显增加，合作程度增强。尤其是2017年以来，政策工具的系统性程度进一步呈上升趋势。表7-24总结了长三角区域从2014—2021年为协同治理大气污染所涉及的一些文件。

表 7-24　长三角区域颁布的大气污染相关政策

序号	时间	文件名称	方式	主要内容
1	2014 年 1 月	《长三角区域大气污染防治协作小组工作章程》，2018 年 10 月修订草案被审议通过	审议通过	加强各省市的交流与协作，成为协作小组的组织规范
2	2014 年 1 月	《大气污染防治目标责任书》	签订	受国务院委托，环境保护部（现生态环境部）与三省一市政府分别签订
3	2014 年 1 月	《长三角区域落实大气污染防治行动计划实施细则》	讨论	严控燃煤消耗总量与产能过剩，加强交通污染治理与扬尘污染控制，推进秸秆禁烧工作，加强大气重污染预警应急联动，推进防治政策和标准对接，推动大气污染的第三方治理，加强科技协作，做好责任分解落实、评估与考核
4	2014 年 5 月	《长三角区域协作保障青奥会环境质量工作方案》	讨论	要求比赛期间 PM_{10}、$PM_{2.5}$ 等指标达到国家二级标准；保障期间，南钢等主要钢铁企业减少产能 30%，扬子石化等主要化工企业压缩产能 20% 以上，8 月前所有在建工地全部停工
5	2014 年 5 月	《长三角区域落实大气污染防治行动计划实施细则》	印发	2017 年，上海市、江苏省、浙江省 $PM_{2.5}$ 浓度较 2012 年下降 20% 以上；安徽省 PM_{10} 浓度较 2012 年下降 10% 以上
6	2014 年 5 月	《长三角区域大气污染防治协作 2014 年工作重点》	印发	做好南京青奥会空气质量保障等 12 项重点工作
7	2014 年 6 月	《沪苏浙边界区域市级环境污染纠纷处置和应急联动工作方案》	印发	发生突发环境事件、环境污染跨界纠纷时，由市级协调，并在县（市、区）一级进行解决；确定重点环境风险企业，开展环境应急联合监测与联合执法等
8	2014 年 7 月	《青奥会环境质量保障方案》	印发	南京及其周边共 23 个城市在赛期前后的水、气环境质量和环境安全保障措施
9	2014 年 9 月	《长三角区域空气重污染应急联动工作方案》	印发	制定会商和信息互通制度，统一重污染情况分析口径，统一预警启动条件和主要应急措施
10	2014 年 12 月	《长三角区域大气污染防治协作 2015 年重点工作建议》	审议通过	加强重点治理工作力度、共同探索解决治理难点、继续加强区域技术协作和政策对接等
11	2015 年 4 月	《长三角区域协同推进港口和船舶大气污染防治的工作方案》	审议	以内河船舶、港口、油品为重点，推进船舶标准化与清洁船舶应用，提高油品标准，推进港口作业机械清洁能源与新能源应用，加强码头油气污染和扬尘的综合整治
12	2015 年 8 月	《长三角区域协同推进高污染车辆环保治理的行动计划》	印发	进行异地协同监管执法，严格排放检测，扩大限行区域，建立区域统一的黄标车和老旧车辆数据平台，实现信息互联互通。到 2017 年，江浙沪三地全面淘汰黄标车，加快推进国Ⅰ、国Ⅱ标准轻型汽油车等老旧车辆淘汰
13	2016 年 10 月	《长三角区域环境执法区域联动倡议书》	签署	互通协作、属地负责、联防联控、开放创新

续表

序号	时间	文件名称	方式	主要内容
14	2017年3月	《长三角区域环境保护领域信用联动奖惩合作备忘录》	研究制定	计划年内三省一市联合签署，加快实现区域环保信用的信息共享、深入推进环保领域的监管协同和奖惩联动，合力打造"信用长三角"
15	2017年4月	《长三角船舶排放控制区船用低硫油补贴实施细则》	交流讨论	在核心港口如上海港、苏州港、舟山港等地，船舶靠岸停泊期间应按要求换用含量硫≤0.5% *m/m* 的低硫燃油，或采取使用岸电、尾气后处理等替代措施
16	2018年1月	《长三角区域空气质量改善深化治理方案》	组织编制	以改善区域空气质量为核心，体现长三角区域特点和先行优势，突出重点精准减排，落实分区管控，有序推动区域联防联控不断深入
17	2018年9月	《长三角区域大气和水污染防治协作近期重点任务清单》	印发	制定柴油车与营运货车淘汰方案，实施普通柴油、车用柴油、部分船舶用油的"三油并轨"与车用汽柴油统一升级为国六标准；提前实施船舶靠岸停泊在控制区使用低硫油措施，推广港口岸电应用，优化集装箱运输结构，修订区域重污染天气联动应对方案，开展秋冬季大气污染综合治理攻坚行动
18	2018年10月	《长三角区域环境标准协调统一工作备忘录》	签署	率先在统一执行国六油品标准、统一重污染天气预警分级标准等方面取得了突破
19	2019年1月	《关于打造杭州都市圈生态环保合作示范区战略合作协议》	签署	杭州与黄山两市生态环境局签署，实现杭州都市圈环境共保战略，把两市打造成为杭州都市圈联保联防生态环保合作示范区奠定基础
20	2019年5月	《长三角区域柴油货车污染协同治理行动方案（2018—2020年）》	审议通过	聚焦区域柴油货车污染治理，提出了新能源车推广，推进在线监测、联合监督执法等方面的措施
21	2019年5月	《长三角区域港口货运和集装箱转运专项治理（含岸电使用）实施方案》	审议通过	推动重点区域运输结构调整取得突破性进展，建立区域信息化沟通平台和集装箱统一协同机制，加强监测分析，进行信息定期通报
22	2020年11月	《长三角区域2020—2021年秋冬季大气污染综合治理攻坚行动方案》	印发	目标：在2020年第四季度，长三角区域 $PM_{2.5}$ 平均浓度应＜45 μg/m³；2021年第一季度，$PM_{2.5}$ 平均浓度应＜58 μg/m³。 举措：防止"散乱污"企业排放反弹、实施钢铁行业超低排放改造、落实产业结构调整要求、持续推进挥发性有机物（VOCs）治理攻坚、加快推进柴油货车治理、严格控制煤炭消费总量、推进区域协作机制等
23	2021年1月	《长三角区域生态环境共同保护规划》	印发	协同推动区域生态环境联防联控，建立地方生态环境保护立法协同机制，健全区域环境资源交易机制，加快推进污染防治科技创新研发，健全生态补偿机制

由于大气污染具有流动性和跨域性特征，区域协同治理是应对大气污染问题的必由之路和最佳选择[124]，包括省域联合发文与跨域联合发文，其中跨域联合发文治理又可以分为 3 种协调模式：市场式、科层式、网络式[125]。

第一，市场式协调模式，是区域内地方政府组织通过竞争与协调来解决共存的问题。长三角区域内，上海、江苏、浙江两省一市对洁净空气的需求更加强烈，从而制定较为严格的大气污染防控政策；安徽因经济发展的刚性需求，制定的大气污染防控政策相对宽松。因空气的流动性，在完全市场条件下，上海、江苏、浙江两省一市应运用市场政策协调模式，向安徽购买较严格的大气污染防治政策，安徽在得到横向财政转移支付之后，按照要求调整升级产业结构、能源结构等，进行大气污染的有效防治。具体运作方式见图 7-22。

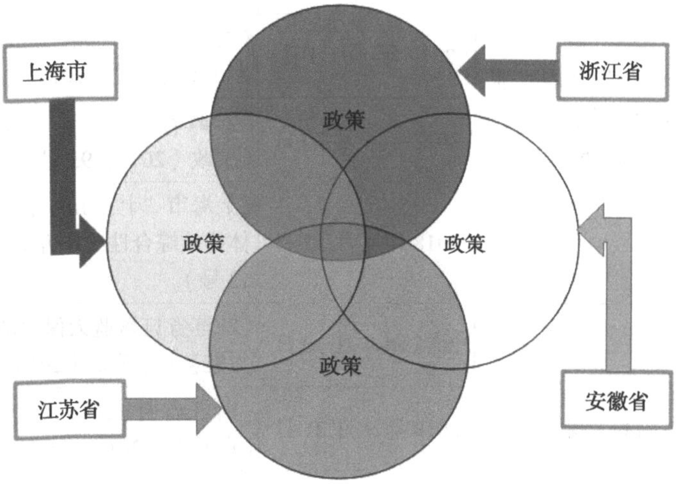

图 7-22　市场式协调模式运作方式

但是由于面临复杂的市场环境，这种模式在现实中是不存在的。长三角区域政府之间大气污染治理政策协调涉及方方面面，甚至是地方政府官员的政绩，政策协调绝非易事。

第二，科层式协调模式，长三角区域当前的协调方式以这种模式为主。具体表现：中央政府拥有绝对等级制权威，制定全国及区域性大气污染治理政策，协调长三角区域各省市政府行为。

这种模式包括两种运作形式：一是对上级政策的任务分解，如在“大气十条”下发之后，环境保护部就与北京等 6 个省（区、市）人民政府签订了大气污染防治目标责任书，将治理目标与任务细化，并逐一落实到各个行政单元。紧跟国家的大气污染治理行动计划，长三角区域各省市积极出台相应的细化实施方案并进行实施，如表 7-25 所示。

表 7-25 长三角区域各省市的大气治理细化实施方案

国家层面		地方政府层面	
发布时间	文件名称	发布时间	文件名称
2013 年 9 月	《大气污染防治行动计划》	2013 年 11 月 7 日	《上海市清洁空气行动计划（2013—2017）》（沪府发〔2013〕83 号）
		2014 年 1 月 6 日	《江苏省大气污染防治行动计划实施方案》（苏政发〔2014〕1 号）
		2013 年 12 月 31 日	《浙江省大气污染防治行动计划（2013—2017 年）》（浙政发〔2013〕59 号）
		2013 年 12 月 30 日	《安徽省大气污染防治行动计划实施方案》（皖政〔2013〕89 号）
2016 年 12 月	《“十三五”节能减排综合工作方案》（国发〔2016〕74 号）	2017 年 6 月 5 日	《江苏省“十三五”节能减排综合实施方案》（苏政发〔2017〕69 号）
		2017 年 5 月 3 日	《浙江省“十三五”节能减排综合工作方案》（浙政发〔2017〕19 号）
		2017 年 6 月 20 日	《安徽省“十三五”节能减排实施方案》（皖政〔2017〕93 号）
		2018 年 4 月 17 日	《上海市“十三五”节能减排和控制温室气体排放综合性工作方案》（沪府办发〔2018〕13 号）
2018 年 7 月	打赢蓝天保卫战	2018 年 9 月 30 日	《江苏省打赢蓝天保卫战三年行动计划实施方案》（苏政发〔2018〕122 号）
		2018 年 9 月 25 日	《浙江省打赢蓝天保卫战三年行动计划》（浙政发〔2018〕35 号）
		2018 年 9 月 27 日	《安徽省打赢蓝天保卫战三年行动计划实施方案》（皖政〔2018〕83 号）

二是中央政府制定政策直接介入，如中央直接划拨专项资金用于大气污染治理，这些中央财政专项资金类似“以奖代补”的策略，突出绩效导向作用。中央通过环保督察督促地方政府积极、认真整改等都是科层制的体现，其运作方式见图 7-23。

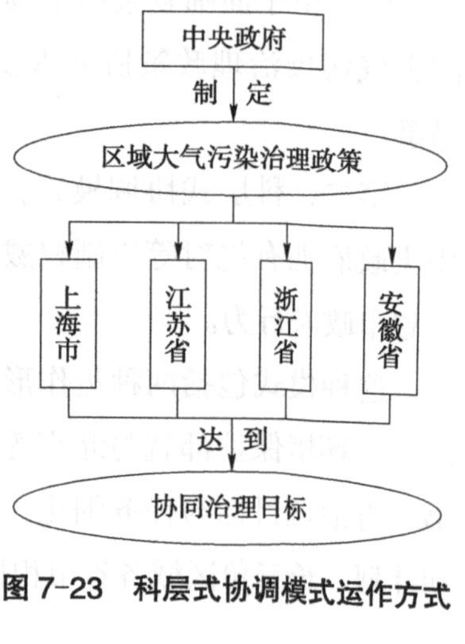

图 7-23 科层式协调模式运作方式

第三，网络式协调模式，这种模式是为了应对协调时的无效和固化。为了实现长三角区域政府之间大气污染治理政策的有效有序协调，包括政府、企业、媒体、非营利组织、专家智库以及公民代表等在内的众多协调主体，在彼此平等互利、相互依存、彼此信任、互相学习的基础上，共建共担共享，构筑利益共同体，最终实现相关主体的利益。具体运作方式见图 7-24。

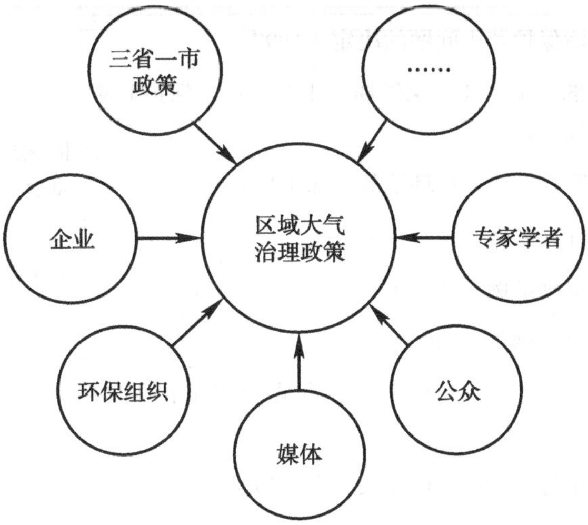

图 7-24　网络式协调模式运作方式

7.2.3　人才支持

大气污染防治政策中的人才政策设计是否合理，将在一定程度上影响防治效果。它是为了实现污染防治、改善大气环境目标，制定和实施的一系列人才文件，包括引进配置、培训开发、薪酬激励、绩效评价和人力资源规划等。

我国大气污染治理的人才政策自 1978 年以来经历了萌芽期、起步期、发展期与完善期。在萌芽阶段，人才政策主要是在立法层方面。在起步阶段，对环境类人才进行明确的分类。在发展阶段，开始重视创新人才的培养，给予相关人才建设提供财政支持，如表 7-26 所示。

表 7-26　大气污染防治的人才政策及特点

划分阶段	主要政策	政策特点
萌芽阶段	环境保护法（1979）	在立法层方面，开始意识到相关法律制定的重要性；初步涉及环保人才的培养，逐步形成一些规定、措施
	国务院做出关于环境保护工作的决定（1985）	
	中华人民共和国大气污染防治法（1987）	
	国务院政府特殊津贴（1990）	
	企事业单位评聘专业技术职务若干问题暂行规定（1991）	
	国务院办公厅关于为新疆维吾尔自治区培训少数民族科技骨干人才的复函（1992）等	

续表

划分阶段	主要政策	政策特点
起步阶段	环境保护工程中、高级技术资格评审条件（试行）（1994） 国务院关于环境保护若干问题的决定（1997） 人事部、财政部、国家环境保护局关于调整环境保护监测津贴标准的通知（1997） 国务院五部门联合发出保护环境的通知（1999） 环境法规、标准和制度建设（1999） 国家科学技术奖励条例（1999） 全国生态环境保护纲要（2000） 国务院办公厅关于调整全国绿化委员会成员的通知（2003）等	根据环境保护工作的性质不同，对环境类人才进行明确一等、二等、三等分类；提高大气污染防治人才的补贴水平
发展阶段	环境影响评价工程师职业资格相关制度（2004） 环境影响评价工程师职业资格登记管理暂行办法（2005） 中央人才工作协调小组关于实施海外高层次人才引进计划的意见（2008） 关于印发高技能人才培养体系建设“十一五”规划纲要的通知（2007） 中共中央办公厅、国务院办公厅关于进一步加强高技能人才工作的意见（2006） 国家中长期人才发展规划纲要（2010） 人力资源和社会保障事业发展“十二五”规划纲要（2011） 关于落实《国务院关于印发“十二五”节能减排综合性工作方案的通知》的实施方案（2011） 国家环境保护“十二五”规划（2011） 人力资源社会保障部等四部门关于表彰“十一五”时期全国节能减排先进集体和先进个人的决定（2012）等	重视创新人才的培养；鼓励发展环保产业，给予相关人才建设提供财政支持；大气污染防治相关人才政策得到进一步的发展
完善阶段	中共中央关于全面深化改革若干重大问题的决定（2013） 关于推进《生态环境保护人才发展中长期规划（2010—2020年）》实施的意见（2013） 国家发展改革委关于印发国家应对气候变化规划的批复（2014—2020） 国务院办公厅关于推行环境污染第三方治理的意见（2014） 国务院办公厅关于加强环境监管执法的通知（2014） 大气污染防治行动计划实施情况考核办法（试行）（2014）	各级政府通过签订大气污染防治目标责任书，将大气污染防治责任进一步分解落实到基层管理岗位，同时不同地区建立人才引育协作机制，统筹推进区域大气污染联控联动

续表

划分阶段	主要政策	政策特点
完善阶段	生态文明体制改革总体方案（2015）	各级政府通过签订大气污染防治目标责任书，将大气污染防治责任进一步分解落实到基层管理岗位，同时不同地区建立人才引育协作机制，统筹推进区域大气污染联控联动
	环境保护部所属企业负责人薪酬管理办法（2015）	
	环境保护部所属企业负责人年度绩效考核评价管理办法（2015）	
	党政领导干部生态环境损害责任追究办法（试行）（2015）等	
	关于深化生态环境保护综合行政执法改革的指导意见（2018）	

资料来源：黎雅婷，周景坤（2019）[126] 及相关资料的整理。

未来，随着大气污染防治人才政策体系的逐步完善、相关法律法规逐步健全、人才队伍专业化建设的力度不断扩大，以及区域联动联控发展，部门合作不断加强，不断地修改完善大气污染防治人才政策才能改变落后的生产生活方式，达到减少大气污染、改善大气质量的目的。

7.2.4 文化支持

联合国教科文组织在《文化政策促进发展行动计划》中指出：发展可以最终以文化概念来定义，文化的繁荣是发展的最高目标。文化是民族的血脉，具有涵养、熏陶、滋润、教化等作用[127]。大气污染协同治理的文化支持是指在全社会增强大气污染治理、保护生态环境、建设生态文明的文化底蕴与文化现象。

党的十八大以来，以习近平同志为核心的党中央把生态文明建设摆在了治国理政的突出位置，形成了习近平生态文明思想，成为习近平新时代中国特色社会主义思想的重要组成部分，引领生态环境保护取得历史性成就、发生历史性变革。

长三角区域各省市把保护生态环境的文化上升到在全社会建立自然—人—社会三位一体、和谐共生的生态文化，生态文化是生态文明体系的精神灵魂，通过厚植生态文化助推生态文明建设。生态文化是人与自然和谐共生的文化，它以人为本、与自然密切相关；从其本质属性来看，是生态生产力与人类文明的客观反映，渗透于社会生态的各个领域[128]。它包括生态价值观、生态制度、生态精神、生态伦理、生态美学等。中华民族几千年的生态智慧如敬畏自然、尊重自然、天人合一等理念为生态文化的形成提供了思想源泉。生态文化的发展会助推生态文明建设，同时，生态文明建设实践又反过来进一步丰富生态文化的内涵。图 7-25 为生态文化的内涵及其与生态文明的关系。

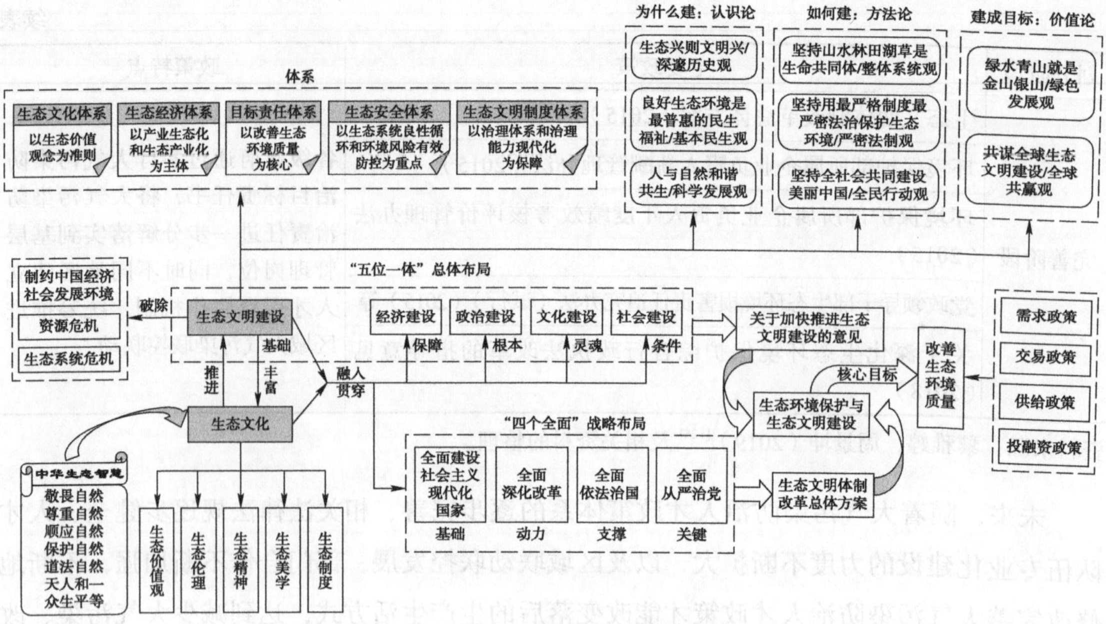

图 7-25 生态文化的内涵及其与生态文明的关系

7.2.4.1 国家层面的文化支持

生态文化把文化从人文社会科学领域延伸到自然生态领域，它既是一种价值观，也是一种人文文化。党的十七大首次提出建设生态文明，党的十八大把生态文明建设纳入“五位一体”总体布局，开启了社会主义生态文明建设的新时代。2015 年 6 月颁布的《关于加快推进生态文明建设的意见》成为我国生态文明建设的纲领性文件；2015 年 9 月，《生态文明体制改革总体方案》公布。生态文化、生态文明建设的理论研究与实践开始提速。表 7-27 列出了党的十八大以来生态文明建设相关的重要文件与讲话。

表 7-27 党的十八大以来生态文明建设相关的重要文件与讲话

时间	重要文件与讲话	主要内容
2015 年 6 月	《关于加快推进生态文明建设的意见》（中发〔2015〕12 号）	完整、系统地提出了生态文明建设的指导思想、基本原则、目标愿景、主要任务、制度建设重点和保障措施，是今后一个时期我国生态文明建设的纲领性文件
2018 年 5 月	全国生态环境保护大会《推动我国生态文明建设迈上新台阶》	生态文明建设是关系中华民族永续发展的根本大计，坚决打好污染防治攻坚战，加强党对生态文明建设的领导
2019 年 4 月	《党政领导干部考核工作条例》	生态文明建设纳入党委、党政府领导班子考核内容。考核地方党委和政府领导班子的工作实绩时，看全面工作，看推动本地区经济建设、政治建设、文化建设、社会建设、生态文明建设，解决发展不平衡不充分问题，满足人民日益增长的美好生活需要的情况和实际成效

为了大力推进生态文明示范建设，生态环境部每年评选国家生态文明建设示范市（县），以充分发挥这些市（县）在生态文明建设方面的典型引领作用。从 2017 年的第一批至 2020 年的第四批，每年获批的示范市县分别为 46 个、45 个、84 个、87 个，共 262 个，其中长三角区域 58 个，占全国的 22%，如表 7-28 所示。

表 7-28　国家生态文明建设示范市（县）（第一批至第四批）

省份	示范市县	批次	数量 / 个
江苏省	苏州市、无锡市、南京市江宁区、泰州市姜堰区、金湖县	第一批	22
	南京市高淳区、建湖县、溧阳市、泗阳县	第二批	
	南京市溧水区、盐城市盐都区、无锡市锡山区、连云港市赣榆区、扬州市邗江区、泰州市海陵区、沛县	第三批	
	泰州市、无锡市惠山区、无锡市滨湖区、无锡市宜兴市、苏州市昆山市、苏州市太仓市	第四批	
浙江省	湖州市、杭州市临安区、象山县、新昌县、浦江县	第一批	25
	安吉县、嘉善县、开化县、仙居县、遂昌县、嵊泗县	第二批	
	杭州市西湖区、宁波市北仑区、舟山市普陀区、泰顺县、德清县、义乌市、磐安县、天台县	第三批	
	衢州市、温州市永嘉县、嘉兴市海盐县、湖州市吴兴区、绍兴市诸暨市、丽水市缙云县	第四批	
安徽省	宣城市、金寨县、绩溪县	第一批	11
	芜湖县、岳西县	第二批	
	宣城市宣州区、当涂县、潜山市	第三批	
	安庆市太湖县、池州市石台县、宣城市宁国市	第四批	

2017—2020 年，生态环境部每年还评选“绿水青山就是金山银山”实践创新基地 13 个、16 个、23 个、35 个，4 年共评选出 87 个实践创新基地，以进一步探索“绿水青山就是金山银山”实践路径的典型做法和经验。其中长三角区域 17 个（表 7-29），占全国的 20%，说明长三角区域的做法走在全国前列。

表 7-29　“绿水青山就是金山银山”实践创新基地（第一批至第四批）

省份	基地所在地	批次	年份	数量 / 个
江苏省	泗洪县	第一批	2017	4
	徐州市贾汪区	第三批	2019	
	常州市溧阳市、盐城市盐都区	第四批	2020	

续表

省份	基地所在地	批次	年份	数量/个
浙江省	湖州市、衢州市、安吉县	第一批	2017	9
	丽水市、温州市洞头区	第二批	2018	
	宁海县、新昌县	第三批	2019	
	杭州市淳安县、丽水市庆元县	第四批	2020	
安徽省	旌德县	第一批	2017	4
	岳西县	第三批	2019	
	芜湖市湾沚区、六安市霍山县	第四批	2020	

除此之外，一些社会团体也在生态文化、生态文明建设中发挥重要作用。中国生态文化协会（http://www.ceca-china.org/）于2008年成立，是一个非营利性的全国性社会团体。协会的宗旨是“弘扬生态文化，倡导绿色生活，共建生态文明”。其业务范围包括普及生态文化知识，宣传生态文明理念；丰富生态文化产品，繁荣生态文化产业等8项内容。分支机构包括生态文化宣传教育分会、理论研究分会、森林生态文化分会、湿地生态文化分会与沙漠生态文化分会。

2009年起，中国生态文化协会每年评出“全国生态文化示范基地”“全国生态文化村”，如表7-30所示。截至2018年，已有14个全国生态文化示范基地、截至2019年全国生态文化村已达938个，这些生态文化村均具备“生态文化繁荣、生态环境良好、生态产业兴旺、人与自然和谐、示范作用突出”的特点。

表7-30 各年的全国生态文化示范基地

年份	示范基础名称
2009	唐山南湖城市中央生态公园、南京中山陵园风景区
2010	河北省塞罕坝机械林场总场、亿利资源集团
2011	辽宁鞍山市千山风景名胜区、西安浐灞生态区
2012	安徽省合肥市肥西县三河镇、甘肃省兰州市南北两山绿化区
2013	—
2014	青岛世界园艺博览园区
2015	漳州闽南文化生态产业走廊
2016	北海金海湾红树林生态旅游区
2017	宁夏林业研究院森淼现代林业科技园
2018	海南呀诺达雨林文化旅游区

2011 年经国务院批准成立中国生态文明研究与促进会，由生态环境部主管，是全国第一个以生态文明命名的专业性、公益性、非营利性社会组织。主办中国生态文明网（http://www.cecrpa.org.cn/gzdt/zthd/）。自 2013 年起，中国生态文明研究与促进会连续 8 年评选出中国生态文明建设十件大事。而且，第一届年会便在江苏省苏州市召开，此后每年在不同城市召开年会；2021 年，首届全国生态文明社会组织交流会在南京江宁举行，会议的主题为“发挥组带作用，共建生态文明”，参会的 39 家社会组织联合发布了《生态文明社会组织（江宁）倡议》。两次首届会议均在江苏召开，由此可见对江苏的重视。

为了引导广大青年人践行生态文化、建设生态文明，投身环保创新创业，中国生态文明研究与促进会还举办《中国大学生环保创新培育计划》，至 2021 年已创办六届，有效带动了大众对于绿色生活、创新科技和环保公益的认知。

7.2.4.2 各省（区、市）的文化支持

目前，长三角区域三省一市的生态文化建设正处于压力叠加、负重前行的关键期，各省（区、市）根据各自的文化、资源禀赋，建设具有地方特色的生态文化，美美与共，区域大同。不断增强着长三角区域的生态文化软实力，增强长三角区域生态文化的影响力，发挥文化引领作用，满足群众日益增长的美好生活需要。

（1）上海市

时任上海市委宣传部常务副部长、曾任上海市文化广播影视管理局局长胡劲军在《上海文化年鉴 2013》刊文，认为生态文化是一项全新课题，是政府面临的一项重要任务。一座城市要有文化记忆，更要有宜居的人文生态环境。在自然生态上烙上文化符号，让城市生态更加清新宜人。生态文化不需要形式与口号，需要的是露珠似的静静流淌与悄悄渗透。建设生态文化，要用生态指标主导文化建设，发展生态民生文化，将文化的视点聚集到百姓绿色居住、本色生活上，它的主旨包括民需、民利、民富、民乐 4 个方面，其价值取向应是绿色公益、人文内容、融合文章、氛围营造，用依法、合力、凝心、创意 4 种方式去做。

2015 年，上海生态文化就走进地铁，上海市绿化委员会办公室就携手上海申通地铁在地铁车厢内以照片、诗词等形式，传播生态文明理念，打造多个不同主题的“绿化生态文化专列”，受到广大群众好评。同年，“社区生态文化角”活动也逐步开展。

2017 年，上海印发《关于加快推进上海市生态文明建设的实施方案》，以此推动上海生态文明建设和生态环境保护迈上新的台阶，提出了建设的总体要求，到 2020 年生态文明主流价值观应在全社会得到广泛推行，生态文明建设水平应与小康社会建设水平以及

上海的国际大都市目标相适应。

2018年，《上海市城市总体规划（2017—2035年）》提出，要将上海建成创新之城、人文之城、生态之城。为此，需要锚固城市的生态基底，并从区域协同和城乡一体的角度加强城市生态环境联防、联治与联控。国家信息中心《大数据看改革开放新时代》（2018年版）一书中《长江经济带建设进展大数据分析报告》显示，长江经济带“共抓大保护、不搞大开发”的理念是贯彻新发展理念的生动实践，上海输出了可推广的经验做法和制度设计，上海、江苏及江西三省的政府投资力度最为强劲，是高度重视生态文明建设的结果。

2020年，上海崇明举办了生态文化旅游节，2021年举办了第十一届中国生态文化高峰论坛。截至2020年年底，上海共命名了20所学校为“上海市生态文化学校”，以引导正确的价值取向，促进生态文化教育“从娃娃抓起”；有29个村庄跻身全国生态文化村之列。同时，为了让美丽乡村能够为人才培养提供场地，师生助力乡村振兴，上海市生态文化协会牵头“全国生态文化村”与“上海市生态文化学校”结对发展，形成优势互补。

根据中央第一生态环境保护督察组2020年反馈的督察情况看，上海生态文明建设和生态环保走在全国前列。

（2）浙江省

浙江省是全国较早开展生态文化建设的省份，也是建设卓有成效的省份。2002年年底提出生态省建设战略，2003年提出“八八战略”，2005年“绿水青山就是金山银山”的理念在安吉县被提出，2020年生态环境部组织了国家生态省建设试点验收工作，在16个指标中，浙江省的环保产业比重、农民人均纯收入等多个指标远超过标准，顺利通过验收，成为全国首个生态省。

2010年，浙江省生态文化协会就已经成立，会长及副会长由浙江省政协、人大常委会领导担任，副会长由浙江省委宣传部等共计27家省级部门负责人担任，浙江省林业厅为业务主管单位。下辖的市级、县级共有28个生态文化协会。

浙江省生态文化协会目前共成立3个分会，分别为理论研究分会、湿地文化分会、竹文化分会，使生态文化的研究、学术交流、宣传和建设更加专业化和针对性。

自2011年起，浙江省林业厅与浙江省生态文化协会共同遴选了十批“浙江省生态文化基地”，共351家，其中2020年51家，如表7-31所示。要求生态文化基地必须具备生态环境良好、生态意识较强、生态文化繁荣、人与自然和谐、示范作用突出等条件。

表 7-31 2020 年浙江省生态文化基地（第十批）

序号	地区	基地名称	序号	地区	基地名称
1	杭州	余杭区运河街道戚家桥村	27	绍兴	柯桥区王坛镇上王村
2		余杭区黄湖镇青山村	28		上虞区崧厦街道祝温村
3		富阳区黄公望森林公园	29		越城区陶堰街道泾口村
4		桐庐县莪山畲族乡中门民族村	30		嵊州市甘霖镇毫岭村
5		建德林场	31		诸暨市马剑镇石门村
6		淳安县枫树岭镇下姜村	32		新昌县沃洲银顶山村
7		千岛湖龙川湾景区	33	金华	金东区傅村镇畈田蒋村
8	宁波	象山县茅洋乡白岩下村	34		金华市宾虹高级中学
9		四明山国家森林公园	35		永康市芝英镇松塘园村
10		余姚市鹿亭乡中村村	36		义乌市林场
11	温州	温州华侨职业中等专业学校	37		兰溪市马涧镇马坞村
12		温州青源园艺科技有限公司	38		浦江县花桥乡塘波村
13		浙江天湖旅游股份有限公司	39		武义县大田乡碗铺村
14		苍南县桥墩镇叮步头村	40	衢州	柯城区九华乡新宅村
15	湖州	吴兴区妙西镇妙山村	41		江山市贺村镇耕读村
16		长兴县水口乡徽州庄村	42		开化县华埠镇金星村
17		长兴县泗安镇上泗安村	43		龙游县横山镇天池村
18		长兴县煤山镇仰峰村	44		常山县东案乡梅树底村
19		安吉县梅溪镇上舍村	45	舟山	定海区小沙街道庙桥村
20		德清县莫干山镇后坞村	46	台州	黄岩区屿头乡沙滩村
21	嘉兴	秀洲区新塍镇天福村	47		临海市桃渚镇城里村
22		南湖区大桥镇由桥村	48		温岭市大溪镇方山村
23		桐乡市乌镇镇杨园村	49	丽水	玉环市沙门镇水桶岙村
24		海宁市袁花镇镇东村	50		缙云县仙都黄龙景区开发有限公司
25		平湖市林埭镇徐家埭村	51		庆元县举水乡月山村
26		嘉善县姚庄镇北鹤村	—	—	—

资料来源：http://zj.sina.com.cn/news/2020-12-26/detail-iiznezxs8919890.shtml，浙江发布，2020-12-26。

浙江省还于 2009 年成立了生态经济研究中心，2014 年获批浙江省哲学社会科学重点研究基地，2020 年更名为浙江生态文明研究院，生态经济研究中心刊登于《环境发展专报》的研究成果《建立健全我国生态文化体系的思路与对策》还获得了生态环境部部长批示。

（3）江苏省

目前，长三角区域三省一市中只有江苏成立了生态文明研究与促进会（2014 年）。2018

年，此会荣获社会组织评估最高等级“AAAAA 级社会组织”，这是全国此类社会组织中第一家单位获此殊荣。促进会主办的江苏生态文明网（http://www.jsecrpa.org.cn/），是国内第一个以传播习近平生态文明思想、反映生态文明建设成果为主要内容的全省性网站，发挥了较好的传播窗口作用。生态环境部南京环境科学研究所还成立了生态文明建设研究中心。

2021 年，长三角区域一体化示范区绿色发展国际创新中心落户江苏省吴江市。2021 年，江苏省生态环境厅联合江苏省精神文明建设指导委员会办公室等 4 家单位，公布了首批“江苏省生态文明教育实践基地”名单，共有 6 家单位入选，如表 7-32 所示。这些基地均满足每年接待公众达 5 000 人次以上或者一次不少于 200 人的生态文明实践互动空间，并且组织每年至少 12 次的生态文明教育体验和实践活动等条件。

表 7-32　首批“江苏省生态文明教育实践基地”名单

序号	单位名称	序号	单位名称
1	南通环境教育馆	4	徐州潘安湖湿地公园
2	金陵水乡・钱家渡	5	盐城大纵湖国家湿地公园
3	江苏省泗洪中学	6	光大水务（苏州）有限公司

从 2017 年开始，江苏省生态环境厅根据《关于印发江苏省生态文明建设示范乡镇（街道）、村管理规程和指标的通知》（苏环办〔2017〕260 号），已经连续 4 年评选江苏省生态文明建设示范乡镇（街道）、村（社区）。连续两年评选出年度十佳环境保护改革创新案例（表 7-33），有力促进了各地生态文化、生态文明建设与环境保护。

表 7-33　江苏省 2019 年度、2020 年度十佳环境保护改革创新案例

2019 年			
序号	改革创新项目	城市	类别
1	徐州污染防治综合监管平台	徐州市	执法监督类
2	创新实施“健康长江泰州行动”守护一江清水	泰州市	环境管理类
3	践行“两山”理念　江苏泗洪尾水湿地变身生态公园	宿迁市泗洪县	环境治理类
4	南京建立排污权有偿使用与交易制度	南京市	绿色市场类
5	常州大数据助力“蓝天保卫战”	常州市	科技服务类
6	苏州环境管理合作伙伴计划	苏州工业园区	服务高质量发展类
7	南通市民营企业环保服务站助推高质量发展	南通市	服务高质量发展类
8	无锡锡东垃圾焚烧发电项目原址复工	无锡市锡山区	环境管理类
9	扬州“七河八岛”的生态经济	扬州市生态科技新城	环境管理类
10	淮安靶向溯源　精准治理　推动环境空气质量持续改善	淮安市	环境管理类

续表

2020 年			
1	探索金环合作镇江经验，助推企业绿色发展	镇江市	绿色金融创新类
2	创建生态环境损害赔偿制度实践引领区	南通市	体制机制创新
3	精准“掌控”餐饮油烟排放	南京市	环境治理创新类
4	“碳普惠制”试点建设	无锡市	全民行动创新类
5	工业烟气“屋顶拦截”工程	徐州市	环境治理创新类
6	执法外勤派出点（所）规范化、现代化、专业化、制度化建设	常州市	执法监督创新类
7	排污单位全过程监控管理	宿迁市	监测监控创新类
8	生态环境政策集成改革试点	泰州市	环境政策创新类
9	金湖县环境准入红绿灯制度	淮安市	服务发展创新类
10	网格监管“五部曲”，打造生态环境基层“特攻队”	苏州市	执法监督创新类

（4）安徽省

2003 年，安徽省将“建设生态安徽”作为战略目标之一，成为中西部地区第一个生态省建设试点省份。2004 年《安徽生态省建设总体规划纲要》颁布，提出到 2020 年要基本实现生态省建设目标。2011 年，“生态强省”与“经济强省”、“文化强省”共同作为“三个强省”被提出。2012 年，《安徽省生态强省建设实施纲要》提出，到 2020 年力争全省生态竞争力综合指数比 2010 年翻一番，基本建成生态强省。此后，安徽省密集出台了如表 7-34 所示的政策，从制度体系和法规体系上加强了保障，有力促进了全省生态文明建设。

表 7-34　2012 年以后出台的安徽省生态文明相关文件

时间	文件名
2012 年 11 月	安徽省生态强省建设实施纲要
2015 年 1 月	安徽省大气污染防治条例
2016 年 3 月	安徽省生态文明体制改革实施方案
2016 年 4 月	安徽省党政领导干部生态环境损害责任追究实施细则（试行）
2016 年 7 月	关于扎实推进绿色发展着力打造生态文明建设安徽样板实施方案
2017 年 4 月	安徽省绿色发展行动实施方案
2017 年 4 月	安徽省生态环境保护工作职责（试行）
2017 年 10 月	安徽省生态文明建设目标评价考核实施办法
2017 年 11 月	安徽省绿色发展指标体系、安徽省生态文明建设考核目标体系
2018 年 6 月	关于全面打造水清岸绿产业优美丽长江（安徽）经济带的实施意见

续表

时间	文件名
2018 年 7 月	关于全面加强生态环境保护 坚决打好污染防治攻坚战的实施意见
2019 年 5 月	安徽省环境保护条例
2020 年 6 月	安徽省生态文明体制改革实施方案

尤其是从 2017 年开始，安徽省每年通过计算各市的绿色发展指数，多方面、多维度、多层面地综合反映各市建设生态文明的总体情况，并开展公众生态环境满意度调查，以形成生态文明建设年度评价结果，以各市的督促力度较大，进一步激发了各市建设生态文明的动力。

同时，一些评选活动也开始进行。截至 2020 年年底，安徽省已有 4 个县（市、区）跻身“绿水青山就是金山银山”实践创新基地行列，1 个市 10 个县（市、区）被命名为国家生态文明建设示范市县。“用制度之‘手’修复受损的生态环境”成功入选 2020 年度安徽省行政执法十大事件。为了总结交流生态文明示范建设经验，2020 年 12 月召开了安徽全省生态文明示范建设现场会。2021 年，为了深入总结打造生态文明建设安徽样板做法经验，安徽省委宣传部等 3 个部门联合开展了“习近平生态文明思想的安徽实践”征文活动，35 篇优秀文章获奖。

7.3 压力

长三角区域雾霾污染协同治理的压力包括公众健康损失、其他经济社会损失、工作任务目标的考核、环境治理复杂艰巨等。

7.3.1 公众健康损失

根据第 2 章的文献综述与第 6 章的分析，雾霾污染对公众健康构成严重威胁，并造成巨大损失。根据华盛顿大学健康指标及评估研究院 2016 年年初发布的《全球疾病负担研究报告》显示，空气污染在全球最大死亡风险因素中排第 4 位，每年全球因空气污染导致非正常死亡的人口大多集中在处于高速工业化进程中的国家，在统计的每年全球 550 万人空气污染所导致死亡数字中，中国占 160 万人（2013 年）。而在 2012 年年底，刊登于著名医学期刊《柳叶刀》上的《全球疾病负担研究报告》中，中国约有 124 万居民的死亡与空气污染相关（2010 年数据），3 年增加了约 40 万人。另外，根据全国肿瘤登记中心陈万青主任等发表于《临床医师癌症杂志》2016 年第 1 期上的《中国癌症统计 2015》，仅在 2015 年，估计我国就有 429.2 万新发肿瘤病例和 281.4 万癌症死亡病例，其中肺癌的发病率和死亡率高居各肿瘤类型之首，肺癌已是中国第一癌症死因。报告将癌症界定为中国主要公共健康问题之一，而严重的空气污染是重要的环境致癌因子[10]。

2019 年，长三角区域有 30 个城市的 $PM_{2.5}$ 浓度超标，共造成约 2.72 万人早逝、5.44 万人呼吸系统疾病和心血管系统住院、155 万人次内科和儿科门诊等，经济损失约合 1 364.87 亿元。尽管这一数字比较庞大，但已经比 2015 年的 3 394.36 亿元减少了近 2 030 亿元，减少幅度近 60%。

长三角区域，随着生活水平的提高，人们对美好生活的要求也越来越高，对健康身体与健康环境的要求也越来越高。而且长三角区域很多城市还在创建健康城市、美丽城市，因此再也不能由雾霾污染而造成公众较大的健康损失。公众的这些追求与向往对长三角区域的雾霾协同治理造成一定的压力。

7.3.2 其他经济社会损失

根据第 6 章第 6.3 节的分析，雾霾污染会使居民的可支配收入减少，一些区域的基尼系数升高，污染扩大了区域内部的收入不平等。在全国范围内，六大区域之间的基尼系数也在逐年小幅升高，说明污染微弱扩大了六大区域之间的收入不平等程度。雾霾污染还会对人的神经系统、认知功能和脑功能造成损害，导致焦虑、抑郁等心理健康问题[129]，使公众对幸福生活感受到一定程度影响。

大范围雾霾对空运、航运、公路运输等均有影响，2013 年 1 月的全国大范围雾霾对全国航班延误、高速公路封路、交通事故损失造成的严重影响，保守估计经济损失约为 18.7 亿元[33]。另外，臭氧污染对粮食作物、木本植物的叶片、开花与结实、产量与品质方面均有影响[130]。2015 年江苏省的冬小麦因为臭氧污染损失了 368.7 万 t，损失率约为 23.9%；水稻损失了 385.8 万 t，损失率约为 16.5%；经济总损失分别为 87.01 亿元和 106.48 亿元，达到了非常惊人的效果[131]。

山东省也是污染较重的省份，2005 年的人体健康损失达 160.05 亿元，农业损失达 24.20 亿元，仅青岛市的粮食、蔬菜、棉花就损失 2.78 亿元[132]。西安市 2013 年的大气污染除造成 24.53 亿元的人体健康损失以外，还造成蔬菜、小麦、玉米、棉花等农作物减产，损失达 19.85 亿元；建筑材料被腐蚀，造成固定资产损耗，共损失 19.66 亿元；家庭清洗、车辆清洗费用增加，共损失 8.25 亿元[133]。

7.3.3 工作任务目标的考核

当前，地方政府面临的考核任务很多，经济发展与环境保护是其中的两大重点任务，环境保护不力等行为会被环保约谈。

7.3.3.1 环保约谈

2015年8月印发的《党政领导干部生态环境损害责任追究办法（试行）》，对于违法违规决策或对生态破坏事件组织查处不力等多种行为，将对地方党委、政府及主要负责人进行追责。环保部门约谈环境治理不力的地方政府，是我国环境保护从“监督企业”向“监督政府”转变的重要体现。

2013年，江苏徐州就因化工企业污染排放问题被约谈。2019年，安徽铜陵、滁州被约谈；2020年，合肥、阜阳、铜陵三市被约谈；铜陵连续两年被约谈。2020年7月，江苏苏州、南通、连云港、淮安等地7个国控站点“点位长”因空气质量连续下滑被约到江苏省生态环境厅约谈，进一步压实了环保责任。

为了推动解决突出生态环境问题，2020年8月，生态环境部对《环境保护部约谈暂行办法》进行了修订，发布了《生态环境部约谈办法》（环督察〔2020〕42号），将对9种情况下市（地、州、盟）人民政府主要负责同志进行约谈，包括超过国家重点污染物排放总量控制指标，或未完成国家下达的环境质量改善目标任务的；污染防治、生态保护工作推进不力，行政区域内生态环境质量明显恶化的；整改不力且造成不良影响的等。约谈以后，被约谈的城市要制定出整改方案并实施；对约谈整改重视不够、推进不力并造成恶劣影响的，视情况采取函告、通报、专项督察等措施。

环保约谈，谈只是手段，整改使环境切实好转才是目的。约谈传导了环境问题整改的压力，更释放出强烈的深入打好污染防治攻坚战与蓝天保卫战的决心与信号。

7.3.3.2 经济发展

对地方政府推动经济发展行为的解释主要依循两条道路：财政激励与政治激励。财政激励是地方政府财政激励的制度基础；政治激励则强调在政治考核与政治升迁的压力下，地方政府会围绕GDP进行“晋升锦标赛”。在双重激励下，地方政府在发展经济中所产生的非正规实践和非正规经济是导致当代中国社会不公平问题日趋严重的根源[134]。

2013年，中央组织部印发《关于改进地方党政领导班子和领导干部政绩考核工作的通知》，明确不再以GDP论英雄，不简单地将GDP作为地方官员的提拔依据。虽然现在在政府官员的考核指标中加入了环保、保障房、维稳、矿难、民意调查等指标，多指标考核体系能在一定程度上激励地方政府关注百姓福祉，但是地方政府仍然偏好“有形的政绩”，对于见效慢等具有长期效应的“隐性政绩”并不热衷，环境保护仍然不是地方政府重点关注的范畴。

2020年是新冠疫情最为严重的一年，给全球经济蒙上了阴影，考虑到种种不确定性以及大量中小微企业面临的困境，中央政府工作报告中没有提出GDP增速目标。一方面是想让地方政府从“数字焦虑”中脱离出来，集中精力落实“六保六稳”（保居民就业、保基本民生、保市场主体、保粮食能源安全、保产业链供应链稳定、保基层运转；稳就业、稳金融、稳外贸、稳外资、稳投资、稳预期）；另一方面是让地方政府深入践行以人民为中心的发展思想、更加实事求是，集中精力复工复产，稳定经济基本盘，真正走出一条能够有效应对冲击、实现良性循环的新发展路径[135]。但是，仍有一些地区在年底时搞 GDP 增幅排名，并对某些排名靠后的基层政府进行批评。

7.3.4 环境治理复杂艰巨

在数年重拳治理之后，长三角区域的空气质量有较大幅度提高，但是大气污染治理的长期性、艰巨性、复杂性日益体现，越往后边际成本越高，困难越大。当前，对经济不景气的担心、能源结构仍然偏高不合理、工业废气排放总量居高不下、复合型污染问题突出等特点都使协同治理的任务显得复杂而艰巨。

7.3.4.1 对经济不景气的担心

近年来，国内外形势正在发生深刻复杂变化，世界经济复苏乏力、全球性问题加剧。从外部看，以“中美贸易摩擦”作为主要矛盾的全球经济运行依旧十分复杂，2020 年开始暴发的新冠疫情造成的冲击波短时间内不会消除，并对我国的外部经济运行环境带来了较大的压力。从内部看，金融出现偶发性的异常波动和共振、地方政府债务风险仍在积累、中小企业融资难和融资贵的问题仍较为突出、资本市场机制扭曲且脆弱性增强等问题，使经济发展与治理环境的平衡更难把握；而且内部与外部问题交织融合，外部的牵联都将使问题更加复杂、解决更加棘手，经济下行压力持续加大。

一些城市急于发展经济，相关部门在环保问题上思想开始松懈。对于既要打赢蓝天保卫战，又要保持经济高质量增长的信心不足；对于本地区重污染源的底数仍然没有摸清；对于一些散乱污企业偷排，尤其是深夜偷排的情况不能做到严查与铁腕治理，有时甚至听之任之、不管不顾，放松环境监管的风险有所增加。这说明相关部门对经济高质量发展与生态环境保护能够相互促进的关系理解不透，部分地方对生态环境保护重要性的认识出现了弱化，还需要深化对“绿水青山就是金山银山”理念的认识。

2015 年山东省临沂市曾经历过环保约谈，有些企业主认为进行相应整改后会导致经济不景气或者下滑，但事实并非如此。环境保护部同多名专家进行了 2 个月的调研，并利用环境经济核算方法后得出结论，临沂进行大气污染治理一年的环境效益约为 16.5 亿元，关停整顿企业和其他投入的社会经济成本约为 9.7 亿元，环境效益远大于经济成本[136]。

7.3.4.2 能源结构仍不合理

长三角区域是我国能源消费的重要区域，但是其能源要素配置与经济发展需求不匹配，制约着能源高质量转型，能源结构不合理，也是产业结构不合理的体现之一。要在2030年前实现碳排放达峰，2060年前实现碳中和，还需要做出很多努力。

2019年，全国能源消费总量为487 000万t标准煤，其中煤炭占比57.7%；同年，江苏、浙江、安徽、上海的能源消费总量分别为32 526万t标准煤、22 393万t标准煤、13 870万t标准煤、11 867万t标准煤；占全国的16.6%。安徽省煤炭消费总量连年递增，2010—2019年仅一年的煤炭消费量同比略微下降。上海市工业企业原煤消费量在2014年达到862.92万t以后，连年下降，但是2018年、2019年又有所上升，分别比上一年增加了16万t、25万t，2019年的能源消费弹性系数比2018年大幅上升。江苏省的能源消耗已经进入缓慢增长期，规模以上工业的原煤消耗量在2016年达到最高值25 775.42万t，随后逐年缓慢下降，2019年为23 297.55万t；浙江省规模以上工业企业的原煤消耗量2019年为13 144.69万t，比2018年减少484.59万t，已经实现连续多年下降；两省已经初步具备经济增长与碳排放脱钩的特征，但要提前实现达碳峰目标，仍然需要重点控制高耗能行业产能和能耗总量。

7.3.4.3　工业废气排放总量居高不下

虽然长三角区域从总体上说，企业的绿色化水平走在全国前列，但部分地区仍然对传统产业存在路径依赖，重化工业企业的生产和经营仍然停留在粗放阶段，减排力度不够；部分企业认为缺乏协同减排保障，协同的主动性不强。

江苏省2015—2018年3种废气排放量逐年降低，2018年的烟（粉）尘、SO_2、NO_x的排放量相当于2015年的近1/2、36.7%、73.8%；工业废气排放总量的数据暂没公布，无法做出相应判断。近年来，浙江省虽然3种废气排放量也是逐年降低，2019年的烟（粉）尘、SO_2、NO_x的排放量相当于2015年的近37.6%、16.9%、35.7%；但是工业废气排放总量呈现波动上升的趋势，2019年较2015年多排放5 993亿m^3，如图7-26所示。

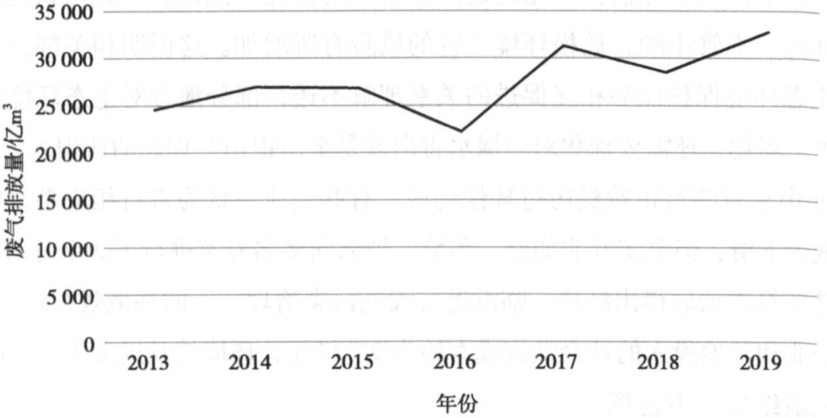

图7-26　2013—2019年浙江省工业废气排放总量波动趋势

与 2015 年相比，安徽的工业废气排放总量基本没有变化，但是烟（粉）尘、SO_2 排放量大幅下降，2018 年的排放量分别相当于 2015 年的 40.4%、37.9%。上海的情况与安徽类似，自 2011 年以来工业废气排放总量基本没有变化，但在 2019 年上升，比 2018 年增加了 1 236 亿 m^3；烟（粉）尘、SO_2 排放量大幅下降，下降幅度超出历年水平，2018 年的排放量分别相当于 2015 年的 12.3%、0.04%。

由此可见，长三角区域三省一市虽然在烟（粉）尘、SO_2、NO_x 3 种主要监测的工业废气上减排量可观，取得明显成效，但是工业废气排放总量仍然居高不下，结构性污染问题依然突出，大气环境治理形势依然严峻。

7.3.4.4 复合污染问题突出

由于长三角区域工业废气排放总量较高，并且在部分地区仍有进一步增加的趋势；而且民用汽车保有量连年增加，2019 年又新增 519.69 万辆，占全国新增量的 20.42%；总保有量达到 4 895.58 万辆，占全国的 19.29%；车辆密度已达到 139.63 辆 /km^2，密度最高的上海已经达到 656.85 辆 /km^2，远远超过北京的 351.38 辆 /km^2。虽然已经在推进私人汽车的绿色化购买与消费，以及高频营运车辆清洁能源化，但是汽车总保有量太大，汽车尾气排放总量大。长三角区域人口密度较大，2019 年已经达到 647 人 /km^2，生活废气排放量也较大。

这些排放导致长三角区域同时存在还原型（煤炭）污染与氧化型（汽车尾气）污染，$PM_{2.5}$ 与 O_3 污染此消彼长，而且冬季 $PM_{2.5}$ 常为首要污染物，夏季 O_3 常为首要污染物，两者交替污染，再加上来自长三角区域周边地区的污染物输送，远没有实现双下降。

7.4 阻力

长三角区域雾霾污染协同治理的阻力包括区域基础、治理目标与进度差异以及基层环保部门力量薄弱等。

7.4.1 区域基础、治理目标与进度差异

雾霾污染的区域协同治理是一项复杂的系统工程，需要各地区、各部门分工协作、各负其责，但是由于存在地区中心主义、部门中心主义，各地区、各部门的自身定位、利益与整个区域的定位、利益有差异，导致各地区、各部门的具体行动与整体的计划行动并不能完全协调一致。

在中国经济持续 40 多年的高速发展中，地方政府是发展的主要动力。从第 5 章的分析也可以看出，长三角区域三省一市内部的经济社会发展并不平衡，经济体量、发展速

度都有差异，尤其是安徽省与江苏省、浙江省相比，差异更大，而且安徽的产业结构与其他三地相比，第二产业占比更高，重工业也占比更高，企业节能减排改造与绿色化生产程度偏低。所以，各地空气质量基础的差异、环保政策目标的差异、雾霾污染治理进度的差异都形成了协同治理的阻力。

7.4.1.1　各地空气质量基础差异

各地空气质量存在较大差异，给协同治理带来难度。分省来看，上海的空气质量最高，浙江次之，江苏第三，安徽最后。但是，即使是在一个省域内部，各地的空气质量也存在较大差异。对于江苏省，最南部的苏州市与最北部的徐州市 2015 年与 2020 年的各项空气质量指标对比如图 7-27、图 7-28 所示。

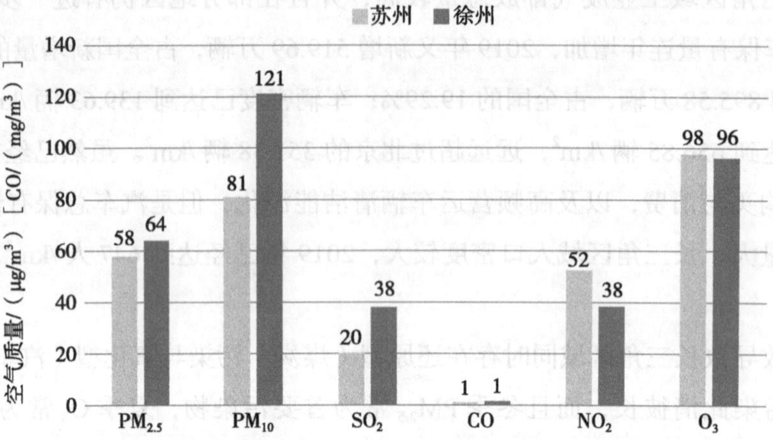

图 7-27　2015 年苏州市与徐州市的各项空气质量指标对比

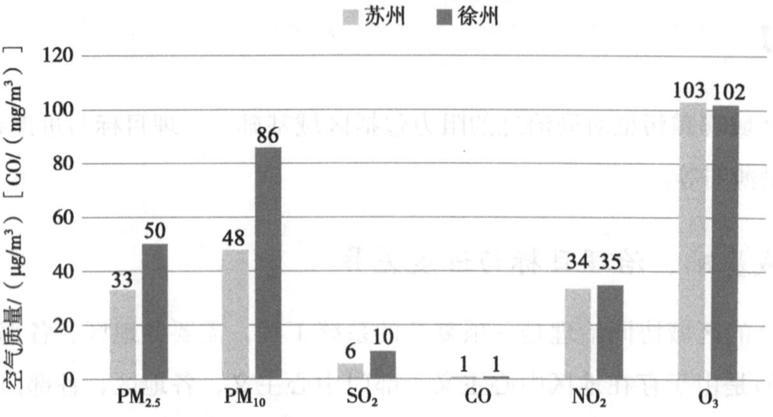

图 7-28　2020 年苏州市与徐州市的各项空气质量指标对比

由图 7-27、图 7-28 可以看出，2015—2020 年，苏州市与徐州市的 $PM_{2.5}$、PM_{10}、SO_2、NO_2 的浓度都有较大幅下降，CO 与浓度没有多大变化，O_3 浓度不降反升。就前

4 种污染物来看，徐州市的指标值均比苏州市高出许多，说明徐州市的空气质量远不如苏州市。

类似的情况也发生在安徽省与浙江省，黄山与淮北分别地处安徽省最南部与最北部，温州与湖州分别地处浙江省最南部与最北部，其空气质量同样差异很大，具体如表 7-35 所示。

表 7-35　2015 年与 2020 年黄山与淮北、温州与湖州的各项空气质量指标对比

单位：μg/m³［CO/（mg/m³）］

年份	城市	$PM_{2.5}$	PM_{10}	SO_2	CO	NO_2	O_3
2015	安徽黄山	35	47	9	0.21	14	53
	安徽淮北	59	93	28	1.23	36	104
	浙江温州	44	72	15	0.90	45	87
	浙江湖州	51	72	16	0.89	38	114
2020	安徽黄山	20	34	6	0.54	16	91
	安徽淮北	49	82	8	0.72	27	106
	浙江温州	25	51	7	0.55	30	91
	浙江湖州	26	54	6	0.68	35	102

究其原因，一方面，北部地区的徐州、淮北等市原为煤炭资源型城市，虽然近年来花大力气进行产业转型，但是并没有完全摆脱高污染、高耗能、高排放的产业基础，产业结构仍然偏重，转型发展、集约发展、绿色发展的任务道阻且长；而在南部地区，产业和交通密集，随着产业快速发展与机动车数量逐渐增加，NO_x 与挥发性有机物的减排力度并不明显，O_3 浓度不降反升。另一方面，各个地方政府对环保重要的理解并不相同，对生态文明建设路径还有一定误区，政策执行主体相关认知匮乏，政策执行客体的认识不到位，造成污染防治政策执行能力薄弱、执行效果不理想。

欠发达地区由于受到发展基础薄弱、产业结构不合理、资源可得性差、生态脆弱等因素制约，发展需求更加迫切，发展任务更加艰巨。但是，不能因此认为应该先追求增长速度，再考虑发展质量，应坚持算大账、算长远账、算绿色发展的账。正如习近平总书记曾提出的"高质量发展不是只对经济发达地区的要求，而是所有地区发展都必须贯彻的要求"[137]。

7.4.1.2　环保政策目标差异

各地不同的环保政策目标亦加大了区域大气污染治理的难度。由于受制于区域内责任分担及利益划分不明确等现实问题，大气污染联防联控工作难以有效实施。发达地区的高生态、高健康追求目标与欠发达地区的高经济增长追求目标之间存在较大差距，部分基层政府追求 GDP 数字的发展导向一时还难以转向，还存在地方保护主义，以保税收、保就业等为理由，对一些污染企业睁一只眼闭一只眼。还有的基层政府以一种适度遵从和谨慎反抗的方式，通过环境治理文本化、变通化、运动化、样板化等方式，以实现风险最小的谋利性倾向和合法性追求的平衡[138]。这使跨行政区域的协同治理面临着经济发展目标与环境治理目标、生态发展目标的冲突与矛盾，也是为什么地方政府减排任务虽然完成，但以节能减排“促进经济结构调整、转变经济增长方式”的政策初衷仍未实现的原因之一[139]。

7.4.1.3 治理进度差异

各地治理进度也不一样，这给协同治理带来不少难度。以成品油治理为例。为贯彻落实中共中央、国务院《关于全面加强生态环境保护　坚决打好污染防治攻坚战的意见》，以及国务院《打赢蓝天保卫战三年行动计划的通知》等文件的部署和要求，全国油品于 2019 年 1 月 1 日全面升级为国六，以降低机动车污染物排放。

长三角区域各省市的升级时间并不统一，上海、江苏等早于这一时间，这造成了相邻城市先升级地区的部分车主到后升级地区进行跨区加油，车主与当地政府进行排污博弈，破坏了当地的统一部署。目前，黄标车报废、港口货运和集装箱转运专项治理、船舶排放控制区建设、岸电推广应用等时间也不统一。国内部分地区油品升级为国六标准的时间如表 7-36 所示。

表 7-36　国内部分地区油品升级为国六标准的时间表

地区 / 省（区、市）	城市	时间	具体内容
上海	—	2018 年 10 月 1 日	汽 / 柴油全部升级至国六标准
江苏	—	2018 年 10 月 1 日	全省内加油站停止销售低于国六标准的车用汽油、车用乙醇汽油和车用柴油
浙江	嘉兴、湖州	2018 年 10 月	省内率先实现汽 / 柴油全部升级至国六标准
	其他城市	2019 年 1 月 1 日	停止销售低于国六标准的汽 / 柴油
	杭州	2019 年 7 月 1 日	推广使用达到国六排放标准的燃气车辆
安徽	—	2019 年 1 月 1 日	停止销售低于国六标准的汽 / 柴油
		2019 年 7 月 1 日	提前实施机动车国六排放标准
全国	—	2019 年 1 月 1 日	全面供应符合国六标准的车用汽 / 柴油
北京	—	2018 年 3 月	全面使用比国六标准更严格的京六油品
京津冀及周边地区	非北京的“2+26”城市	2018 年 10 月	禁止销售国六标准以下车用汽 / 柴油
河北、山东、河南	非“2+26”城市	2019 年 1 月 1 日	轻型汽车实施国六标准
山东	济南、淄博、济宁、德州、聊城、滨州、菏泽 7 市	2019 年 7 月 1 日	轻型汽车实施国六标准，推广使用达到国六排放标准的燃气车辆

续表

地区 / 省（区、市）	城市	时间	具体内容
广东	深圳	2018 年 11 月 1 日	轻型汽车率先实施国六标准
	广州	2019 年 1 月 1 日	轻型汽车实施国六标准
	其他城市	2019 年 7 月 1 日	轻型汽车实施国六标准
山西	—	2018 年 8 月	禁止销售普通柴油和低于国六标准的车用汽柴油，推广使用达到国六排放标准的燃气车辆
海南	—	2018 年 9 月 1 日	轻型汽车实施国六标准，各销售单位停止新进非国六标准轻型汽车，逐步处理库存的非国六标准轻型汽车
		2018 年 11 月 1 日	禁止进口、销售、注册登记低于国六标准轻型汽车

资料来源：根据网络相关资料整理。

7.4.2 基层环保部门力量薄弱

2014 年 4 月，第十二届全国人民代表大会常务委员会第八次会议表决通过了《环保法修订案》，完成了环保法 25 年来的首次修订。新《中华人民共和国环境保护法》与时俱进，赋予基层环保部门更多的执法手段，服务于美丽中国建设。

大气污染的行为主要发生在市、县、镇等基层地区，基层的执法任务较重，但是大气污染防治的执法资源更多集中于国家和省级政府执法部门，使得执法资源分配不合理、层级权责不对等，基层执法的有效性受到严重影响 [140]。当前，基层环保组织力量薄弱是普遍存在的问题，人员、装备、业务水平、综合监管能力等建设长期跟不上实际工作要求，在执法的规范性、权威性、严肃性上远不能达到相关要求，很难有有效执行新《中华人民共和国环境保护法》《中华人民共和国大气污染防治法》等法律法规。

很多基层环保部门尤其是乡镇一级的环保部门，执法工作的压力和责任大，在工作中存在从业人员数量不足，人少事多，影响了执法工作的时效性，如上海市环境现场执法人员不足 600 名，除去“因身体因素”不能下基层执法的，真正在一线执法的人员远不能满足需求；部分环保人员缺乏学习和系统培训对业务了解不透彻，执法能力不足，导致部分执法流于形式，与环境执法的高标准要求差距较大 [141]；环保监察执法力度不足，存在部门执法的推诿现象，有些地方还存在媒体不揭露不处理、群众不举报不查处、“人情执法”、“协商执法”等现象，对超标排放等违法行为的打击覆盖面不足，使部分企业存在侥幸心理，影响了执法的权威性与公信力；同时存在由于不及时处置环境污染而错过环境保护最佳时机的状况；环保执法的方式包括随机检查、调查取证、现场勘查等，环保监察的专项资金有限，基础设施不够完善，现场监管存在难度，交通工具、信息采集设备等比较有限，无人机等先进设备极少使用，对于一些瞬时排放、污染物复杂的高浓度排放，很难及时监测，从而影响了执法效果，管理的科学化、精细化、信息化水平亟待提高。

第8章

长三角区域雾霾污染协同治理的责任成本分配

8.1 长三角区域雾霾污染协同治理成本分配的基本假设、污染物去除成本函数

跨行政区的合作时常会面临诸多不确定性风险，包括外部风险与内部风险。而每个地区都会面临政治风险、经济风险、自然环境风险等外部风险，并将共同承担风险带来的影响。跨行政区域雾霾污染协同治理行为本质上是各利益主体博弈结果，除执行上级政府部门的治理行政命令以外，利益增加是协同治理的最终诉求，公平合理的成本分配是地方政府雾霾协同治理的保障。所以，合理地分配长三角区域的雾霾协同治理的成本，对于提高雾霾协同治理水平、促进各省市合作共赢具有重要意义。

Shapley 值法是合作博弈理论中一种重要的合作收益分配方法，是基于各合作方在经济效益产生过程中的重要程度进行分配的一种方法，该方法在污染治理中的应用较为广泛，如对流域水污染治理 [142-144]、土壤污染治理 [145]、大气污染治理中 [146]，近年来，Shapley 值法还应用于商务模式创新价值分享 [147]、工程项目招投标利益分享 [148] 等。

根据第 7 章长三角区域雾霾协同治理的动力机制的分析，长三角区域各省市的雾霾污染治理技术水平、治理设施、产业结构等存在差异，所以各省市的污染物去除成本也有差异；而且，有些省市的污染物处理能力较高，有的较低，有的闲置，有的不足，这使得资源效用没有充分发挥，导致长三角区域的治理总成本较高。基于此，本节以合作博弈论为基础，以长三角区域雾霾污染治理为研究对象，充分考虑各省市的雾霾污染治理成本差异与合作收益的合理分配，构建长三角区域雾霾污染省际合作博弈模型。

8.1.1 基本假设

假设 1：长三角区域是一个相对独立的系统。

假设 2：长三角区域各省市的污染物排放量在其环境容量之内。

假设 3：长三角区域各省市废气处理设施的年处理能力在一定范围之内，小于总设计处理能力。

为方便表述，记上海、江苏、浙江、安徽分别为 1、2、3、4。

8.1.2 污染物去除成本函数

雾霾污染去除成本函数构建，是污染合作治理博弈模型的关键。雾霾成分复杂，如 SO_2、NO_x、烟（粉）尘、CO、VOCs 等，排放部门涉及国民经济生产、居民生活等方方面面。2011 年，环境保护部对统计制度中涉及大气污染物排放的指标体系、调查方法及

相关技术进行了修订，统计范围包括工业源、城镇生活源、农业源、机动车、集中式污染治理设施5个部分。其中，工业源主要来源于大、中、小规模的各类工矿企业燃料燃烧及其他生产工艺过程，是最重要的大气污染物排放来源。

污染物的去除成本主要与3个因素相关：污染物去除率（V）；废气排放总量（W）；区域经济的其他因素（X），各因素的解释如表8-1所示。因此，可以建立大气污染物去除成本（RC）函数如式（8-1）所示：

$$\mathrm{RC}=(W,\ V,\ X)=f\left(W,\ \frac{E}{I},\ X\right) \tag{8-1}$$

表8-1　污染物去除成本的3个主要影响因素

主要影响因素	符号	含义
污染物去除率	V	是指污染治理设施的出口平均浓度（E）与进口浓度（I）之比
废气排放总量	W	各种废气排放量之和
区域经济的其他因素	X	可以反映区域产业结构、污染治理水平、企业所有制组成结构等

世界银行曾用简单的固定弹性模型进行回归，发现其拟合效果较好，并且主要解释变量的显著性较高，能够较好地对去除成本进行解释。因此，可以对其进行取对数简化，如式（8-2）所示：

$$\ln \mathrm{RC}=\sigma_0+\sigma_1\ln W+\mu\ln\left(\frac{E}{I}\right)+\sigma_2 X \tag{8-2}$$

式中，σ_0、σ_1、σ_2、μ——参数。

对于一个区域来说，一般情况下，区域的产业结构、污染治理水平、企业所有制组成结构等短时期内不会有太大变化，在模型中可以视一个常数，可以令 $\ln\psi=\sigma_0+\sigma_2X$。

本部分借鉴薛俭等（2014）[146]的研究，用污染物去除量代替污染去除率，构建长三角区域的雾霾污染物去除成本模型，如式（8-3）所示：

$$\ln RC=\psi+\sigma\ln W+\mu\ln P \tag{8-3}$$

式中，P——污染物去除量；

ψ、σ、μ——参数。

也可以写为

$$RC=\xi\cdot W^{\sigma}\cdot P^{\mu} \tag{8-4}$$

式中，ξ、σ、μ——参数。

8.2 长三角区域雾霾污染协同治理省际博弈模型

8.2.1 长三角区域雾霾污染协同治理区域优化模型

长三角区域各省市相互协同治理雾霾污染，构建长三角区域雾霾污染协同治理总去除成本函数，以此成本函数最小值为目标，在约束条件下，求得各地区的最优去除量及对应的去除成本。

雾霾污染的环境成本（EC）可以分为两个方面：环境退化成本（EDC）与虚拟治理成本（VGC）。其中环境退化成本是指在当前的治理水平下，工业农业生产和居民消费过程中所排放的大气污染物对人体健康、环境功能、农作物产量等各种终端造成的危害与功能退化，可以用污染损失法按地区进行核算（於方等，2009）[149]；虚拟治理成本是指在现有的污染平均处理技术下，把当年排放到环境中的大气污染物全部处理所需要的运行成本，包括固定资产折旧与直接运行费用，可以用污染治理成本法核算，是排放量与单位治理成本的乘积。由于雾霾污染是协同治理，所以虚拟治理成本也可以分为污染物去除成本（RC）与转移成本（TC）。

因此，环境成本函数为

$$\mathrm{EC}=\mathrm{EDC}+\mathrm{VGC}=\mathrm{EDC}+\mathrm{RC}+\mathrm{TC} \tag{8-5}$$

各省市通过污染协同治理，各自去除污染物或转移污染治理责任到其他省市，由其他省市进行治理，可以达到虚拟治理成本最小。由于污染物只在长三角区域内进行转移，而且污染物的转移量具有守恒性质，即

$$\sum_{i=1}^{4}\sum_{j=1}^{4}\mathrm{TC}_{ij}=0(i\neq j) \tag{8-6}$$

则长三角区域最优总虚拟治理成本为

$$\min \mathrm{VGC}=\sum_{i=1}^{4}\mathrm{RC}_i \tag{8-7}$$

也是区域优化污染物去除成本函数。

根据假设 2，各省市的污染物排放量在其环境容量之内，进一步提出假设。

假设 4：环境容量是国家分配给该地区的污染物排放指标的一定倍数。

环境容量是指在确保人类生存、发展不受危害、自然生态平衡不受破坏的前提下，某一环境所能容纳污染物的最大负荷值。在一个区域环境内，对污染物的容量总是有限的，超出了这个容量，就容易发生环境污染及环境损害事件。

$$P_{ai}-P_i\leqslant \alpha_i P_{bi} \tag{8-8}$$

式中，P_{ai}——大气污染物的产生量；

P_{bi}——国家分配给该地区的污染物排放指标；

α_i——倍数。

长三角区域各省市的污染物排放量之和应不大于国家相关政策文件规定的标准之和，即

$$\sum_{i=1}^{4} P_{ai} - \sum_{i=1}^{4} P_i \leqslant \sum_{i=1}^{4} P_{bi} \tag{8-9}$$

而且，污染物的排放量应为产生量与去除量之差。

$$\sum_{i=1}^{4} P_{ci} = \sum_{i=1}^{4} P_{ai} - \sum_{i=1}^{4} P_i \tag{8-10}$$

式中，P_{ci}——大气污染物的实际排放量。

根据假设3，长三角区域各省市废气处理设施的年处理能力在一定范围之内，小于总设计处理能力。由于一个地区废气处理设施总设计处理能力不易得到，所以本节选取废气处理设施最小处理能力为工业污染物产生量的 β_i 倍，最大处理能力为工业污染物产生量的 γ_i 倍，即

$$\beta_i P_{di} \leqslant P_i \leqslant \gamma_i P_{di} \tag{8-11}$$

式中，P_{di}——大气污染物的产生量。

各变量的符号及含义如表8-2所示。

表8-2　各变量的符号及含义

变量	含义	变量	含义
P_{ai}	大气污染物的产生量	EC	环境成本
P_{bi}	国家分配给该地区的污染物排放指标	EDC	环境退化成本
P_{ci}	大气污染物的实际排放量	VGC	虚拟治理成本
P_{di}	大气污染物的工业产生量	RC	去除成本
α_i	污染物国家计划排放指标的倍数	TC	转移成本
β_i	最小处理工业污染物产生量的倍数	—	—
γ_i	最大处理工业污染物产生量的倍数	—	—

与各省市不进行协同治理，“单打独斗”式各自进行去除污染物相比，区域优化模型虽然不符合某些省市的个体理性原则，也无法保证区域内每个省市都达到局部最优；但是满足了集体理性原则，可以保证长三角区域的整体利益最大化。

8.2.2　长三角区域雾霾污染Shapley值协同治理收益分配模型

本节用Shapley值法分配长三角区域各省市雾霾污染协同治理的收益。协同治理收益

是指长三角区域各省市采用合作、协同治理的方式治理雾霾污染所取得的总收益，是区域优化后的大气污染物总去除成本减去命令控制模式下的大气污染物总去除成本。

根据经济学中理性人假设，每个地区在协同治理雾霾污染时都希望本地区分配的收益越大越好，分配的责任成本越小越好。因此，如何科学合理地分配协同治理收益成为长三角区域雾霾污染协同治理的关键。

记省份集合 $N=\{1,2,3,4\}$，若对于 N 任一子集 s（表示 4 个省市集合中的任意一个组合）都对应着一个实值函数 $V(s)$，满足 $V(\phi)=0$，$V(s_i \cup s_j) \geqslant V(s_i+s_j)$，其中 $V(s_i \cap s_j)=\phi$，则称 $[N,V]$ 为 4 个省市合作对策，V 称为对策的特征函数，$V(s)$ 称为省份合作联盟 s 的收益值。Shapley 值由特征函数 V 确定，记作 $X=(X_1,X_2,X_3,X_4)$，称为省际合作博弈的分配策略，其中对任意的 $i=1,2,3,4$，X_i 为

$$X_i(V)=\sum_{S_i \subset S} W(|S|)\left[V(s)-V(s-i)\right] \tag{8-12}$$

$$W(|S|)=\frac{(3-|s|)!(|s|-1)!}{3!} \tag{8-13}$$

式中，s——包含省份 i 的所有子集；

$|s|$——子集 s 中的省份元素个数；

$W|s|$——加权因子；

$V(s)$——包含省份 i 联盟 s 的合作收益；

$V(s-i)$——不包含省份 i 的联盟收益。

8.3 实证分析

8.3.1 资料来源

本章数据主要来源于《中国环境年鉴》《中国环境统计年鉴》及各省市统计年鉴。虽然造成空气污染的污染物有很多，但是相关统计年鉴中的指标仅为 SO_2、NO_x、烟（粉）尘等，因此选择 SO_2、NO_x、烟（粉）尘作为本章分析的污染物指标。由于目前我国工业污染物的产生能够进行集中治理，而生活污染物的产生不易进行治理，所以仅考虑工业 SO_2、工业 NO_x、工业烟（粉）尘。

到目前为止，《中国环境统计年鉴》（2018）为最新版，而且在大气环境一章中，仅更新至 2015 年的全国工业废气排放总量、工业 SO_2 排放总量、工业 NO_x 排放总量、烟（粉）尘排放总量、工业废气治理设施套数、工业废气治理设施处理能力、本年运行费用数据，并无各地区相应数据，也无随后各年份数据。《中国环境年鉴》（2019）为最新版，而且公

报和统计表中仅包括生态环境管理统计表、生态环境监测表；《中国环境年鉴》（2017）开始改版，删除了各地区环境统计表，各地区的数据也缺失。各省市的统计年鉴中，安徽省的环境相关数据较为丰富，也并不齐备。因此，各地区工业 SO_2、工业 NO_x、工业烟（粉）尘从 2015 年以后的产生量、去除量、废气治理设施年运行费用等均为估算所得，具体如下。

8.3.1.1　3 种工业污染物的产生量、去除量、去除率

在不考虑科技进步与加大治理要求因素的情况下，假设 2016 年至今，上海、江苏、浙江、安徽的工业 SO_2、工业 NO_x、工业烟（粉）尘的去除水平与 2015 年的水平保持不变，如表 8-3 所示。

表 8-3　长三角区域三省一市 2015 年 3 种工业污染物治理水平　单位：%

污染物治理水平（去除率）	上海	江苏	浙江	安徽
工业 SO_2	79.6	74.3	67.2	87.4
工业 NO_x	48.0	41.5	30.5	40.2
工业烟（粉）尘	98.1	87.0	98.8	98.8

资料来源：根据《中国环境年鉴》《中国环境统计年鉴》的数据计算而得。

2015 年长三角区域三省一市 NO_x 去除率最高值为上海的 48%，SO_2 去除率最高值为 87%，烟（粉）尘去除率最高值为 99%。考虑近年来环境污染治理力度加大及治理水平提高，本部分将 NO_x 的去除率设定为 60% 与 70%，SO_2 的去除率设定为 90% 与 95%，烟（粉）尘的去除率设定为 100%，分别进行情景分析。

污染物去除率与污染物排放量的计算公式如式（8-14）、式（8-15）所示：

$$\text{污染物去除率} = \frac{\text{污染物去除量}}{\text{污染物产生量}} \tag{8-14}$$

$$\begin{aligned}\text{污染物排放量} &= \text{污染物产生量} - \text{污染物去除量} \\ &= \text{污染物产生量（}1 - \text{污染物去除率）}\end{aligned} \tag{8-15}$$

由此可以推算出 2016—2018 年长三角区域各省市 3 种工业污染物的产生量、去除量。

8.3.1.2　3 种工业污染物的去除成本

在不考虑科技进步与加大治理要求因素的情况下，假设 2016 年至今，上海、江苏、浙江、安徽的工业废气治理强度与 2015 年的水平保持不变，可以估算出 2016 年至今长三角区域各省市的工业废气治理设施年运行费用。

$$\text{工业废气治理强度} = \frac{\text{工业废气排放总量}}{\text{工业废气治理设施运行费用}} \tag{8-16}$$

从 2011—2015 年全国的情况来看，工业脱硫、脱硝、除尘设施数占工业废气治理

设施数的比重均超过 85%，说明工业废气治理也是以脱硫、脱硝、除尘为主，即以去除工业 SO_2、工业 NO_x、工业烟（粉）尘为主。2015 年，长三角区域工业脱硫、脱硝、除尘设施数占工业废气治理设施数的比重平均值为 67.3%，其中上海为 47.7%，江苏为 65.5%，浙江为 68.8%，安徽为 87.2%。

假设工业废气治理设施运行费用由工业 SO_2、工业 NO_x、工业烟（粉）尘 3 种污染物分摊，则 3 种污染物治理费用之和为工业废气治理设施年运行费用。各种污染物的治理费用（去除成本）公式如式（8-17）、式（8-18）所示：

工业废气治理设施年运行费用 = SO_2治理费用+NO_x治理费用+烟（粉）尘治理费用（8-17）

污染物治理费用 = 单位污染物治理费用×污染物去除量（8-18）

污染物的单位治理成本核算一直是难点[150]。本章选用於方等（2009）[149]中的单位治理成本。

（1）工业 SO_2 的单位治理成本

SO_2 的治理措施包括更换低硫煤、洗选煤、型煤固硫、简易脱硫及湿法、电子束法等，污染控制技术不同，治理成本也会不同。表 8-4 中列出部分条件下 SO_2 的单位治理成本。本章选取其平均成本 946.67 元 /t 作为 SO_2 的单位治理成本。

表 8-4　部分条件下 SO_2 的单位治理成本

类别	单位成本	单位
电力行业（行业专家意见）	22.14	元 /（MW · h）
开展绿色 GDP 核算试点省市的电力行业	1 350	元 /t
开展绿色 GDP 核算试点省市的其他工业炉窑与民用锅炉	840	元 /t
开展绿色 GDP 核算试点省市的工艺过程	650	元 /t

资料来源：於方，王金南，曹东，等（2009）[149]。

（2）工业 NO_x 的单位治理成本

NO_x 在 20 世纪 60 年代被确认为大气的主要污染物之一，是形成光化学烟雾和 $PM_{2.5}$ 的重要污染物和前驱体，主要来源于工业锅炉的高温燃烧。NO_x 污染已经成为我国亟待解决的重大环境问题。NO_x 的治理分为两大类，如表 8-5 所示。

表 8-5　NO_x 的治理分类

类别	具体方法
干法	主要有催化还原法、吸附法等
湿法	主要有直接吸收法、氧化吸收法、氧化还原吸收法、液相吸收还原法和络合吸收法等

资料来源：根据相关资料整理。

目前，我国工业锅炉中有70%属于中小型锅炉，但是应用于大型锅炉的成熟脱硝催化还原法技术对于中小型锅炉并不经济适用，因此NO_x的整体去除率一直不是很高，远低于烟（粉）尘与SO_2的去除率，2015年上海工业NO_x的去除率为48%，去除成本也居高不下，单位成本选用全国氮氧化物污染控制研讨会论文集[151]的数据，为3 030元/t。

（3）工业烟（粉）尘的单位治理成本

工业烟（粉）尘的治理原理是改进工艺技术，从源头和过程两方面减少粉尘产生量；另外，也可以通过一定的装置，增加烟（粉）尘的收集效率。其治理技术与治理方式如表8-6所示，各种除尘方式的对比如表8-7所示。

表8-6 工业烟（粉）尘的治理技术与治理方式

治理技术	柏美迪康生物纳膜抑尘技术、云雾抑尘技术及湿式收尘技术等关键技术
治理方式	机械除尘器、电除尘器、生物纳膜抑尘、云雾抑尘、湿式收尘、喷雾降尘系统、转载点抑尘方案、智能无尘装载系统、喷雾装置/雾化炮

资料来源：根据相关资料整理。

表8-7 各种除尘方式的对比

除尘方式	成本	能耗	降尘率/%	缺点
生物纳膜抑尘	投入较少	低	≥90	需要少量清洁水源
袋式除尘	投资大	高	≥90	布袋容易堵塞，影响除尘效果，使用成本较高
湿式通风除尘	投资很大	高	≥80	投入成本高，后期维护成本高
喷水或喷雾除尘	投入较少	低	＜70	矿石易产生黏连，影响设备生产，影响生产

资料来源：安太平，黄瑛彩（2014）[152]。

电力行业主要以电除尘器为主，2002年火电厂安装电除尘器锅炉的锅炉容量占全国火电机组的85.2%，平均除尘效率为98.96%；其他各工业行业烟（粉）尘（不包括电力）的除尘效率为80%以上，2004年为85.6%。表8-8中列出了部分条件下烟（粉）尘的单位治理成本。本章选取其平均成本133.75元/t作为烟（粉）尘的单位治理成本。

表8-8 部分条件下烟（粉）尘的单位治理成本

单位：元/t

类别		单位成本
烟尘	开展绿色GDP核算试点省市的电站锅炉	100
	开展绿色GDP核算试点省市的电力行业以外的锅炉	140
粉尘	开展绿色GDP核算试点省市的非金属制品行业	65
	开展绿色GDP核算试点省市的非金属制品行业以外的其他行业	230

资料来源：王纯，张殿印（2014）[153]；曹东，王金南（1999）[154]。

所以，估算每种污染物的治理费用只需要单位治理成本系数，表 8-9 为根据上述 3 种单位治理成本计算出的系数。

表 8-9　3 种工业污染物的单位治理成本系数

污染物	单位治理成本系数		
工业 SO_2	1	0.31	7.08
工业 NO_x	3.2	1	22.65
工业烟（粉）尘	0.14	0.04	1

然后，根据式（8-18）可以估算出某种污染物的治理成本（去除成本）。

8.3.1.3　3 种工业污染物的排放指标

2016 年 11 月，《国务院关于印发“十三五”生态环境保护规划的通知》（国发〔2016〕65 号）提出，到 2020 年，生态环境质量应总体改善；要求深入实施“大气十条”，大幅削减二氧化硫、氮氧化物和颗粒物的排放量，全面启动挥发性有机物污染防治；“十三五”生态环境保护的主要指标包括生态环境质量、污染物排放总量、生态保护修复三大类一级指标、10 个二级指标、26 个三级指标。其中，二氧化硫、氮氧化物作为空气质量的主要污染物是约束性指标，要求至 2020 年排放总量较 2015 年累计减少 15%。2017 年 1 月，《国务院关于印发“十三五”节能减排综合工作方案的通知》（国发〔2016〕74 号）要求，到 2020 年，全国 SO_2、NO_x 排放总量分别控制 1 580 万 t、1 574 万 t 以内，比 2015 年分别下降 15% 和 15%。

2018 年 4 月，《上海市人民政府办公厅关于印发〈上海市“十三五”节能减排和控制温室气体排放综合性工作方案〉的通知》（沪府办发〔2018〕13 号）发布，提出 2020 年 SO_2、NO_x 排放量较 2015 年分别下降 20% 和 20%。2017 年 6 月，在《江苏省政府关于印发江苏省“十三五”节能减排综合实施方案的通知》（苏政发〔2017〕69 号）中提出的目标是到 2020 年，全省 SO_2、NO_x 排放总量分别控制在 66.8 万 t、85.4 万 t 以内，比 2015 年分别下降 20% 和 20%。2017 年 5 月，《浙江省人民政府关于印发浙江省“十三五”节能减排综合工作方案的通知》（浙政发〔2017〕19 号）发布，提出的目标是到 2020 年全省 SO_2、NO_x 排放总量分别较 2015 年分别下降 17% 和 17%。2017 年 8 月，《安徽省人民政府关于印发“十三五”节能减排实施方案的通知》发布，目标是到 2020 年全省 SO_2、NO_x 排放总量分别控制在 40.3 万 t、60.6 万 t 以内，比 2015 年分别下降 16%、16%。上述下降比例汇总如表 8-10 所示，其中基准年为 2015 年，目标年为 2020 年。

表 8-10 各种文件中规定的 SO_2、NO_x 排放总量下降比例 单位：%

区域	二氧化硫	氮氧化物	基准年	相关文件
全国	15	15	2015	《"十三五"节能减排综合工作方案》 《"十三五"生态环境保护规划》
上海	20	20	2015	《上海市"十三五"节能减排和控制温室气体排放综合性工作方案》
江苏	20	20	2015	《江苏省"十三五"节能减排综合实施方案》
浙江	17	17	2015	《浙江省"十三五"节能减排综合工作方案》
安徽	16	16	2015	《安徽省"十三五"节能减排实施方案》

虽然三省一市的节能减排工作方案中也提到挥发性有机物排放总量减少的目标，但由于缺乏近年来的排放统计数据，所以在本章的实证研究中不予考虑。而且，虽然在节能减排工作方案中没有提出烟（粉）尘排放总量减少的具体目标，但是烟（粉）尘是形成雾霾的重要污染物之一，因此在本章的实证研究中将其假定为与 SO_2、NO_x 同样的减排要求，即上海与江苏比 2015 年下降 20%，浙江下降 17%，安徽下降 16%。

按此下降比例推算，截至 2018 年，上海、江苏的 3 种污染物排放量应比 2015 年下降 12.5%，浙江下降 10.6%，安徽下降 10%。

8.3.2 各省市污染物去除成本函数

对于式（8-3）

$$\ln RC_{ij} = \psi + \sigma \ln W_{ij} + \mu \ln P_{ij}$$

式中，RC_{ij}——地区 i 第 j 种污染物的年去除成本；

W_{ij}——地区 i 的年废气排放量；

P_{ij}——地区 i 第 j 种污染物的年去除量；

ψ、σ、μ——系数。

将 2010—2018 年长三角区域各省市的数据代入模型后，运用 Eviews 软件拟合出 2018 年长三角区域各省市 3 种污染物的去除成本函数及相关检验结果，然后将对数符号去掉，得到

$$RC_{ij} = \xi \cdot W_{ij}^{\ \sigma} \cdot P_{ij}^{\ \mu} \tag{8-19}$$

再将 2018 年的废气排放量代入式（8-19），得到长三角区域各省市 3 种污染物的去除成本模型，如表 8-12 所示。

表 8-11 长三角区域污染物去除成本模型

污染物	地区	模型及检验结果		
		模型	R^2	P
NO_x	上海	$RC_{ij}=20\,330\cdot P_{ij}^{0.660\,4}$	0.31	0.12
	江苏	$RC_{ij}=3\,716\cdot P_{ij}^{1.284}$	0.81	0.00
	浙江	$RC_{ij}=9\,461\cdot P_{ij}^{0.965\,1}$	0.68	0.02
	安徽	$RC_{ij}=1\,695\cdot P_{ij}^{1.245\,1}$	0.90	0.00
SO_2	上海	$RC_{ij}=40\,456\cdot P_{ij}^{0.236\,2}$	0.38	0.03
	江苏	$RC_{ij}=50\,245\cdot P_{ij}^{0.357\,1}$	0.55	0.00
	浙江	$RC_{ij}=64\,744\cdot P_{ij}^{0.275}$	0.49	0.00
	安徽	$RC_{ij}=136\,562\cdot P_{ij}^{0.042\,4}$	0.29	0.90
烟（粉）尘	上海	$RC_{ij}=288\,459\cdot P_{ij}^{-0.03}$	0.04	0.67
	江苏	$RC_{ij}=4\,201\,098\cdot P_{ij}^{-0.192\,7}$	0.97	0.02
	浙江	$RC_{ij}=1\,014\,907\cdot P_{ij}^{-0.045}$	0.80	0.58
	安徽	$RC_{ij}=2\,966\,778\cdot P_{ij}^{-0.2611}$	0.70	0.25

可以看出，大部分模型拟合程度较高，通过了检验。

下面分别对 NO_x、SO_2、烟（粉）尘 3 种污染物协同治理的区域优化模型与 Shapley 值合作收益分配方案进行分析。

8.3.3 NO_x 协同治理区域优化模型及 Shapley 值的合作收益分配方案

根据表 8-11，2015 年长三角区域 NO_x 的最高去除率为 48%，最低为 31%，考虑到未来 NO_x 去除能力的进步，选择式（8-11）中的 γ 为 0.6（情景 1）和 0.7（情景 2）两种情况进行情景分析。

根据表 8-12 中的去除成本模型，以及式（8-7）～式（8-11），可以得到情景 1 与情景 2 下 2018 年长三角区域协同治理 NO_x 的区域优化模型。

表 8-12 2018 年长三角区域 NO_x 协同治理优化结果

地区	实际 NO_x 去除量 / 万 t	NO_x 最优去除量 / 万 t	实际成本 / 万元	优化成本 / 万元
上海	1.71	0.357 7	29 085.76	10 310.54
江苏	29.04	14.552	280 855.35	115 682.70
浙江	7.81	15.97	68 788.37	137 166.05
安徽	15.60	23.28	51 829.04	85 349.35
合计	54.16	54.16	430 558.52	348 508.63

8.3.3.1 情景 1：γ 为 0.6

（1）区域优化模型

在情景 1 下，γ=0.6，则目标函数与约束条件为

$$\min_{P_1,P_2,P_3,P_4} \pi_q = 20\,330 \cdot P_1^{0.660\,4} + 3\,716 \cdot P_2^{1.284} + 9\,461 \cdot P_3^{0.9651} + 1\,695 \cdot P_4^{1.245\,1}$$

$$\begin{aligned}
&\text{s.t}\sum_{i=1}^{4} P_i = 54.159\,7 \\
&124.538\,8 - \sum_{i=1}^{4} P_i = 161.2 \\
&0.357\,7 \leqslant P_1 \leqslant 2.15 \\
&5.555\,6 \leqslant P_2 \leqslant 33.33 \\
&2.6611 \leqslant P_3 \leqslant 15.97 \\
&3.879\,4 \leqslant P_4 \leqslant 23.28
\end{aligned} \tag{8-20}$$

求解模型，得到长三角区域各省市的最优去除量，如表 8-13 所示。

表 8-13　2018 年上海市合作收益分配

单位：万元

S	沪	（沪，浙）	（沪，江）	（沪，皖）	（沪，江，浙）	（沪，浙，皖）	（沪，江，皖）	（沪，江，浙，皖）
$V(S)$	0	7 256.91	1 783.27	13 092.21	28 861.75	35 041.66	61 243.84	82 107.92
$V(S-\{沪\})$	0	0	0	0	28 596.39	22 345.76	58 076.04	76 960.14
$V(S)-V(S-\{沪\})$	0	7 256.91	1 783.27	13 092.21	265.36	12 695.36	3 167.8	5 147.78
$\|S\|$	1	2	2	2	3	3	3	4
$W(\|S\|)$	1/4	1/12	1/12	1/12	1/12	1/12	1/12	1/4
$W(\|S\|)\cdot[V(S)-V(S-\{沪\})]$	0	604.74	148.61	1 091.02	22.11	1 057.99	263.98	1 286.95

由表 8-13 可知，长三角区域在非合作的命令控制大气治理模式下，治理 NO_x 的去除成本为 43.055 9 亿元，而长三角区域在省际协同治理模式下治理 NO_x 需要的去除成本为 34.85 亿元，合作收益为 8.21 亿元，去除成本总和节约 19.07%。

（2）Shapley 值的协同治理收益分配方案

长三角区域三省一市共同参与协同治理的方案，对于每一个省市来说，共有 7 种组合方案，首先分别求出 7 种组合方案的 $V(S)$，其次求出省份 i 不参与协同治理情况下的 $V(S-i)$，最后根据 Shapley 给出的协同治理博弈分配策略式（8-19），计算得出长三角区域各省市在合作中被分配的合作收益 $X_{沪}(v)$、$X_{江}(v)$、$X_{浙}(v)$、$X_{皖}(v)$，分别如表 8-14～表 8-17 所示，并且对合作前后长三角区域各省市的去除成本进行比较，如表 8-18 所示。

上海市从合作收益中分配得到

$X_{沪}(v)$ =604.74+148.61+1 091.02+22.11+1 057.99+263.98+1 286.95=4 475.39 万元

表 8-14　2018 年江苏省合作收益分配　　单位：万元

S	江	（沪，江）	（江，浙）	（江，皖）	（沪，江，浙）	（沪，江，皖）	（江，浙，皖）	（沪，江，浙，皖）
$V(S)$	0	1 783.27	28 596.39	58 076.04	28 861.75	61 243.84	76 960.14	82 107.92
$V(S-\{江\})$	0	0	0	0	7 256.91	13 092.21	22 345.76	35 041.66
$V(S)-V(S-\{江\})$	0	1 783.27	28 596.39	58 076.04	21 604.84	48 151.63	54 614.38	47 066.26
$\|S\|$	1	2	2	2	3	3	3	4
$W(\|S\|)$	1/4	1/12	1/12	1/12	1/12	1/12	1/12	1/4
$W(\|S\|)\cdot[V(S)-V(S-\{江\})]$	0	148.61	2 383.03	4 839.67	1 800.40	4 012.64	4 551.20	11 766.56

江苏省从合作收益中分配得到

$X_{江}(v)$ =148.61+2 383.03+4 839.67+1 800.40+4 012.64+4 551.20+11 766.56

=29 502.12 万元

表 8-15　2018 年浙江省合作收益分配　　单位：万元

S	浙	（沪，浙）	（江，浙）	（浙，皖）	（沪，江，浙）	（沪，浙，皖）	（江，浙，皖）	（沪，江，浙，皖）
$V(S)$	0	7 256.91	28 596.39	22 345.76	28 861.75	35 041.66	76 960.14	82 107.92
$V(S-\{浙\})$	0	0	0	0	1 783.27	13 092.21	58 076.04	61 243.84
$V(S)-V(S-\{浙\})$	0	7 256.91	28 596.39	22 345.76	27 078.48	21 949.45	18 884.10	20 864.08
$\|S\|$	1	2	2	2	3	3	3	4
$W(\|S\|)$	1/4	1/12	1/12	1/12	1/12	1/12	1/12	1/4
$W(\|S\|)\cdot[V(S)-V(S-\{浙\})]$	0	604.74	2 383.03	1 862.15	2 256.54	1 829.12	1 573.68	5 216.02

浙江省从合作收益中分配得到

$X_{浙}(v)$ =604.74+2 383.03+1 862.15+2 256.54+1 829.12+1 573.68+5 216.02

=15 725.28 万元

表 8-16　2018 年安徽省合作收益分配　　单位：万元

S	皖	（沪，皖）	（浙，皖）	（江，皖）	（沪，浙，皖）	（沪，江，皖）	（江，浙，皖）	（沪，江，浙，皖）
$V(S)$	0	13 092.21	22 345.76	58 076.04	35 041.66	61 243.84	76 960.14	82 107.92
$V(S-\{皖\})$	0	0	0	0	7 256.91	1 783.27	28 596.39	28 861.75
$V(S)-V(S-\{皖\})$	0	13 092.21	22 345.76	58 076.04	27 784.75	59 460.57	48 363.75	53 246.17
$\|S\|$	1	2	2	2	3	3	3	4
$W(\|S\|)$	1/4	1/12	1/12	1/12	1/12	1/12	1/12	1/4
$W(\|S\|)\cdot[V(S)-V(S-\{皖\})]$	0	1 091.02	1 862.15	4 839.67	2 315.40	4 955.05	4 030.31	13 311.54

安徽省从合作收益中分配得到

$$X_{皖}(v)=1\,091.02+1\,862.15+4\,839.67+2\,315.40+4\,955.05+4\,030.31+13\,311.54$$

$$=32\,405.14\text{ 万元}$$

对整个合作收益分配方法来说，分配结果是理性的，表现在每个省市被分配合作收益之和与最优合作方案下联盟合作收益相等。同时，通过表 8-17 的计算结果发现：长三角区域合作后的每个省市需要的去除成本小于合作之前的去除成本，说明合作达到了共赢。

表 8-17　长三角区域合作前后 NO_x 去除成本比较　　单位：万元

	上海	江苏	浙江	安徽	四地合计
合作前的去除成本	29 085.76	280 855.35	68 788.37	51 829.04	430 616.55
合作去除成本贡献	4 475.39	29 502.12	15 725.28	32 405.14	82 107.93
合作后的去除成本	24 610.37	251 353.23	53 063.09	19 423.90	348 508.62
合作后实际治理需要的去除成本	10 310.54	115 678.70	137 161.05	85 300.30	348 450.59
转移给其他省市的去除成本	14 299.83	135 674.53	−84 097.96	−65 876.40	0.00

注：“−”表示转入的去除成本。

上海、江苏分别转出到其他省市 14 299.83 万元、125 670.53 万元的去除成本，其他省市分别转入浙江、安徽 84 102.96 万元、65 876.45 万元的去除成本。

8.3.3.2　情景 2：γ 为 0.7

（1）区域优化模型

在情景 2 下，γ=0.7，目标函数与情景 1 时相同，约束条件为

$$
\begin{aligned}
& \text{s.t}\sum_{i=1}^{4} P_i = 54.1597 \\
& 124.5388 - \sum_{i=1}^{4} P_i = 161.2 \\
& 0.3577 \leqslant P_1 \leqslant 2.50 \\
& 5.5556 \leqslant P_2 \leqslant 38.89 \\
& 2.6611 \leqslant P_3 \leqslant 18.63 \\
& 3.8794 \leqslant P_4 \leqslant 27.16
\end{aligned}
\tag{8-21}
$$

求解模型，得到长三角区域各省市的最优去除量，如表 8-19 所示。

表 8-18　2018 年长三角区域 NO_x 合作治理优化结果

地区	实际 NO_x 去除量 / 万 t	NO_x 最优去除量 / 万 t	实际成本 / 万元	优化成本 / 万元
上海	1.72	0.36	29 051.13	10 310.54
江苏	29.04	8.012	280 855.35	53 762.45
浙江	7.81	18.63	68 788.37	159 154.70
安徽	15.60	27.16	51 829.04	103 408.36
合计	54.16	54.16	430 523.89	326 636.05

合作收益 103 887.84 万元，去除成本总和节约 24.13%。

（2）Shapley 值的协同治理收益分配方案

根据 Shapley 给出的协同治理博弈分配策略式（8-20），计算得出长三角区域各省市在合作中被分配的合作收益 $X_{沪}(v)$、$X_{江}(v)$、$X_{浙}(v)$、$X_{皖}(v)$，如表 8-20～表 8-23 所示，并且对合作前后长三角区域各省市的去除成本进行比较，如表 8-24 所示。

表 8-19　2018 年上海市合作收益分配　　单位：万元

S	沪	（沪，浙）	（沪，江）	（沪，皖）	（沪，江，浙）	（沪，浙，皖）	（沪，江，皖）	（沪，江，浙，皖）
$V(S)$	0	7 222.28	1 748.64	13 057.58	36 412.90	35 007.03	86 952.67	103 887.84
$V(S-\{沪\})$	0	0	0	0	36 128.17	22 345.76	82 983.78	96 571.42
$V(S)-V(S-\{沪\})$	0	7 222.28	1 748.64	13 057.58	284.73	12 661.27	3 968.89	7 316.42
$\|S\|$	1	2	2	2	3	3	3	4
$W(\|S\|)$	1/4	1/12	1/12	1/12	1/12	1/12	1/12	1/4
$W(\|S\|)\cdot[V(S)-V(S-\{沪\})]$	0	601.86	145.72	1 088.13	23.73	1 055.11	330.74	1 829.11

上海市从合作收益中分配得到

$X_{沪}(v)$ =601.86+145.72+1 088.13+23.73+1 055.11+330.74+1 829.11=5 074.39 万元

表 8-20　2018 年江苏省合作收益分配　单位：万元

S	江	（沪，江）	（江，浙）	（江，皖）	（沪，江，浙）	（沪，江，皖）	（江，浙，皖）	（沪，江，浙，皖）
$V(S)$	0	1 748.64	36 128.17	82 983.78	36 412.90	86 952.67	96 571.42	103 887.84
$V(S-\{江\})$	0	0	0	0	7 222.28	13 057.58	22 345.76	35 007.03
$V(S)-V(S-\{江\})$	0	1 748.64	36 128.17	82 983.78	29 190.62	73 895.09	74 225.66	68 880.81
$\lvert S\rvert$	1	2	2	2	3	3	3	4
$W(\lvert S\rvert)$	1/4	1/12	1/12	1/12	1/12	1/12	1/12	1/4
$W(\lvert S\rvert)\cdot[V(S)-V(S-\{江\})]$	0	145.72	3 010.68	6 915.32	2 432.55	6 157.92	6 185.47	17 220.20

江苏省从合作收益中分配得到

$X_{江}(v)$ =145.72+3 010.68+6 915.32+2 432.55+6 157.92+6 185.47+17 220.20

=42 067.87 万元

表 8-21　2018 年浙江省合作收益分配　单位：万元

S	浙	（沪，浙）	（江，浙）	（浙，皖）	（沪，江，浙）	（沪，浙，皖）	（江，浙，皖）	（沪，江，浙，皖）
$V(S)$	0	7 222.28	36 128.17	22 345.76	36 412.90	35 007.03	96 571.42	103 887.84
$V(S-\{浙\})$	0	0	0	0	1 748.64	13 057.58	82 983.78	86 952.67
$V(S)-V(S-\{浙\})$	0	7 222.28	36 128.17	22 345.76	34 664.26	21 949.45	13 587.64	16 935.17
$\lvert S\rvert$	1	2	2	2	3	3	3	4
$W(\lvert S\rvert)$	1/4	1/12	1/12	1/12	1/12	1/12	1/12	1/4
$W(\lvert S\rvert)\cdot[V(S)-V(S-\{浙\})]$	0	601.86	3 010.68	1 862.15	2 888.69	1 829.12	1 132.30	4 233.79

浙江省从合作收益中分配得到

$X_{浙}(v)$ =601.86+3 010.68+1 862.15+2 888.69+1 829.12+1 132.30+4 233.79

=15 558.59 万元

表 8-22　2018 年安徽省合作收益分配　单位：万元

S	皖	（沪，皖）	（浙，皖）	（江，皖）	（沪，浙，皖）	（沪，江，皖）	（江，浙，皖）	（沪，江，浙，皖）
$V(S)$	0	13 057.58	22 345.76	82 983.78	35 007.03	86 952.67	96 571.42	103 887.84
$V(S-\{皖\})$	0	0	0	0	7 222.28	1 748.64	36 128.17	36 412.90

续表

S	皖	（沪，皖）	（浙，皖）	（江，皖）	（沪，浙，皖）	（沪，江，皖）	（江，浙，皖）	（沪，江，浙，皖）
V(S)−V(S−{皖})	0	13 057.58	22 345.76	82 983.78	27 784.75	85 204.03	60 443.25	67 474.94
|S|	1	2	2	2	3	3	3	4
W(|S|)	1/4	1/12	1/12	1/12	1/12	1/12	1/12	1/4
W(|S|)·[V(S)−V(S−{皖})]	0	1 088.13	1 862.15	6 915.32	2 315.40	7 100.34	5 036.94	16 868.74

安徽省从合作收益中分配得到

$$X_{皖}(v)=1\,088.13+1\,862.15+6\,915.32+2\,315.40+7\,100.34+5\,036.94+16\,868.74$$
$$=41\,187.00 万元$$

表 8-23　长三角区域合作前后 NO_x 去除成本比较　　单位：万元

	上海	江苏	浙江	安徽	四地合计
合作前的去除成本	29 051.13	280 855.35	68 788.37	51 829.04	430 523.89
合作去除成本贡献	5 074.39	42 067.87	15 558.59	41 187.00	103 887.85
合作后的去除成本	23 976.74	238 787.48	53 229.78	10 642.04	326 636.04
合作后实际治理需要的去除成本	10 310.54	53 762.45	159 154.70	103 408.36	326 636.05
转移给其他省市的去除成本	13 666.20	185 025.03	−105 924.92	−92 766.32	0.00

注："−"表示转入的去除成本。

对整个合作收益分配方法来说，分配结果是理性的，表现在每个省市被分配合作收益之和与最优合作方案下联盟合作收益相等。同时，通过表 8-24 的计算结果发现：长三角区域合作后的每个省市需要的去除成本小于合作之前的去除成本，说明合作达到了共赢。

表 8-24　2018 年长三角区域 SO_2 合作治理优化结果

地区	实际 SO_2 去除量 / 万 t	SO_2 最优去除量 / 万 t	实际成本 / 万元	优化成本 / 万元
上海	3.55	1.78	54 569.11	46 358.80
江苏	76.35	85.53	236 292.03	246 066.42
浙江	26.43	15.73	159 322.18	138 133.79
安徽	110.43	113.72	166 708.12	166 915.76
合计	216.73	216.73	616 891.45	597 474.77

上海、江苏分别转出到其他省市 13 666.20 万元、185 025.03 万元的去除成本，其他省市分别转入浙江、安徽 105 924.92 万元、92 766.32 万元的去除成本。

8.3.4 SO_2 协同治理区域优化模型及 Shapley 值的合作收益分配方案

根据表 8-11，2015 年长三角区域 SO_2 的最高去除率为 80%，最低为 67%，考虑到未来 SO_2 去除能力的进步，选择式（8-11）中的 γ 为 0.9（情景 3）和 0.95（情景 3）两种情况进行情景分析。

根据表 8-12 中的去除成本模型，以及式（8-7）～式（8-11），可以得到在情景 3 与情景 4 下 2018 年长三角区域协同治理 SO_2 的区域优化模型。

8.3.4.1 情景 3：γ 为 0.9

（1）区域优化模型

在情景 3 下，γ=0.9，则目标函数与约束条件为

$$\min_{P_1,P_2,P_3,P_4} \pi_q = 40\,456 \cdot P_1^{0.236\,2} + 50\,245 \cdot P_2^{0.357\,1} + 64\,744 \cdot P_3^{0.275} + 136\,562 \cdot P_4^{0.042\,4}$$

$$\begin{aligned} & \text{s.t} \sum_{i=1}^{4} P_i = 216.761\,9 \\ & 244.65 - \sum_{i=1}^{4} P_i = 163.37 \\ & 1.78 \leqslant P_1 \leqslant 4.01 \\ & 41.10 \leqslant P_2 \leqslant 92.48 \\ & 15.73 \leqslant P_3 \leqslant 35.40 \\ & 50.54 \leqslant P_4 \leqslant 113.72 \end{aligned} \tag{8-22}$$

求解模型，得到长三角区域各省市的最优去除量，如表 8-25 所示。

表 8-25　2018 年上海市合作收益分配　　单位：万元

S	沪	（沪，江）	（沪，浙）	（沪，皖）	（沪，江，浙）	（沪，浙，皖）	（沪，江，皖）	（沪，江，浙，皖）
V(S)	0	6 264.9	5 344.78	8 097.91	16 282.47	10 576.78	9 693.41	19 413.92
V(S-{沪})	0	0	0	0	9 858.46	5 514.37	3 477.80	13 034.24
V(S)-V(S-{沪})	0	6 264.9	5 344.78	8 097.91	6 424.01	5 062.41	6 215.61	6 379.68
|S|	1	2	2	2	3	3	3	4
W(|S|)	1/4	1/12	1/12	1/12	1/12	1/12	1/12	1/4
W(|S|)·[V(S)-V(S-{沪})]	0	522.08	445.40	674.83	535.33	421.87	517.97	1 594.92

由表 8-25 可知，长三角区域在非合作的命令控制大气治理模式下，治理 SO_2 的去除成本为 61.69 亿元，而长三角区域在省际合作模式下治理 SO_2 需要的去除成本为 59.75 亿元，合作收益为 1.94 亿元，去除成本总和节约 3.14%。

（2）Shapley 值的合作收益分配方案

根据 Shapley 给出的协同治理博弈分配策略式（8-21），计算得出长三角区域各省市在合作中被分配的合作收益 $X_{沪}(v)$、$X_{江}(v)$、$X_{浙}(v)$、$X_{皖}(v)$，如表 8-26～表 8-29 所示，并且对合作前后长三角区域各省市的去除成本进行比较，如表 8-30 所示。

上海市从合作收益中分配得到

$X_{沪}(v)$ =522.08+445.40+674.83+535.33+421.87+517.97+1 594.92=4 712.39 万元

表 8-26　2018 年江苏省合作收益分配　　单位：万元

S	江	（沪，江）	（江，浙）	（江，皖）	（沪，江，浙）	（沪，江，皖）	（江，浙，皖）	（沪，江，浙，皖）
V(S)	0	6 264.90	9 858.46	3 477.80	16 282.47	9 693.41	13 034.24	19 413.92
V(S-{江})	0	0	0	0	5 344.78	8 097.91	5 514.37	10 576.78
V(S)-V(S-{江})	0	6 264.90	9 858.46	3 477.80	10 937.69	1 595.50	7 519.87	8 837.14
|S|	1	2	2	2	3	3	3	4
W(|S|)	1/4	1/12	1/12	1/12	1/12	1/12	1/12	1/4
W(|S|)·[V(S)-V(S-{江})]	0	522.08	821.54	289.82	911.47	132.96	626.66	2 209.29

江苏省从合作收益中分配得到

$X_{江}(v)$ =522.08+821.54+289.82+911.47+132.96+626.66+2 209.29=5 513.80 万元

表 8-27　2018 年浙江省合作收益分配　　单位：万元

S	沪	（沪，浙）	（江，浙）	（浙，皖）	（沪，江，浙）	（沪，浙，皖）	（江，浙，皖）	（沪，江，浙，皖）
V(S)	0	5 344.78	9 858.46	5 514.37	16 282.47	10 576.78	13 034.24	19 413.92
V(S-{浙})	0	0	0	0	6 264.90	8 097.91	3 477.80	9 693.41
V(S)-V(S-{浙})	0	5 344.78	9 858.46	5 514.37	10 017.57	2 478.57	9 556.44	9 720.51
|S|	1	2	2	2	3	3	3	4
W(|S|)	1/4	1/12	1/12	1/12	1/12	1/12	1/12	1/4
W(|S|)·[V(S)-V(S-{浙})]	0	448.15	821.54	459.53	834.80	206.57	796.37	2 430.13

浙江省从合作收益中分配得到

$X_{浙}(v)$=448.15+821.54+459.53+834.80+206.57+796.37+2 430.13=5 997.09 万元

表 8-28 2018 年安徽省合作收益分配 单位：万元

S	皖	（沪，皖）	（浙，皖）	（江，皖）	（沪，浙，皖）	（沪，江，皖）	（江，浙，皖）	（沪，江，浙，皖）
$V(S)$	0	8 097.91	5 514.37	3 477.80	10 576.78	9 693.41	13 034.24	19 413.92
$V(S-\{皖\})$	0	0	0	0	5 344.78	6 264.90	9 858.46	16 282.47
$V(S)-V(S-\{皖\})$	0	8 097.91	5 514.37	3 477.80	5 232.00	3 428.51	3 175.78	3 131.45
$\|S\|$	1	2	2	2	3	3	3	4
$W(\|S\|)$	1/4	1/12	1/12	1/12	1/12	1/12	1/12	1/4
$W(\|S\|)\cdot[V(S)-V(S-\{皖\})]$	0	674.83	459.53	289.82	436.00	285.71	264.65	782.86

安徽省从合作收益中分配得到

$X_{皖}(v)$=674.83+459.53+289.82+436.00+285.71+264.65+782.86=3 193.39 万元

表 8-29 长三角区域合作前后 SO_2 去除成本比较 单位：万元

	上海	江苏	浙江	安徽	四地合计
合作前的去除成本	54 569.11	236 292.03	159 322.18	166 708.12	616 891.45
合作去除成本贡献	4 712.39	5 997.09	3 193.39	5 513.80	19 416.67
合作后的去除成本	49 856.72	230 294.94	156 128.79	161 194.32	597 474.78
合作后实际治理需要的去除成本	46 358.80	246 066.42	138 133.79	166 915.76	597 474.77
转移给其他省市的去除成本	3 497.92	−15 771.48	17 995.00	−5 721.44	0.00

注："−"表示转入的去除成本。

对整个合作收益分配方法来说，分配结果是理性的，表现在每个省市被分配合作收益之和与最优合作方案下联盟合作收益相等。同时，通过表 8-30 的计算结果发现：长三角区域合作后的每个省市需要的去除成本小于合作之前的去除成本，说明合作达到了共赢。

上海、浙江分别转出到其他省市 3 497.92 万元、17 995.00 万元的去除成本，其他省市分别转入江苏、安徽 15 1771.48 万元、5 721.44 万元的去除成本。

表 8-30 2018 年长三角区域 SO_2 合作治理优化结果

地区	实际 SO_2 去除量 / 万 t	SO_2 最优去除量 / 万 t	实际成本 / 万元	优化成本 / 万元
上海	3.55	1.78	54 569.29	46 358.94
江苏	76.35	57.59	236 289.25	213 654.87
浙江	26.43	37.36	159 322.18	175 231.19
安徽	110.43	120.03	166 708.61	167 298.88
合计	216.76	216.76	616 889.33	602 543.88

8.3.4.2 情景 4：γ 为 0.95

（1）区域优化模型

在情景 4 下，γ=0.95，目标函数与情景 3 时相同，约束条件为

$$\begin{aligned}
&\text{s.t}\sum_{i=1}^{4}P_i=216.7619\\
&244.65-\sum_{i=1}^{4}P_i=163.37\\
&1.78\leqslant P_1\leqslant 4.24\\
&41.10\leqslant P_2\leqslant 97.622\\
&15.73\leqslant P_3\leqslant 37.36\\
&50.54\leqslant P_4\leqslant 120.03
\end{aligned}\tag{8-23}$$

求解模型，得到长三角区域各省市的最优去除量，如表 8-31 所示。

表 8-31 2018 年上海市合作收益分配 单位：万元

S	沪	（沪，江）	（沪，浙）	（沪，皖）	（沪，江，浙）	（沪，浙，皖）	（沪，江，皖）	（沪，江，浙，皖）
$V(S)$	0	5 344.78	6 264.90	8 097.91	16 279.86	22 294.70	16 572.85	14 345.44
$V(S-\{沪\})$	0	0	0	0	9 856.53	18 009.91	10 478.14	8 502.11
$V(S)-V(S-\{沪\})$	0	5 344.78	6 264.90	8 097.91	6 423.33	4 284.79	6 094.71	5 843.33
$\|S\|$	1	2	2	2	3	3	3	4
$W(\|S\|)$	1/4	1/12	1/12	1/12	1/12	1/12	1/12	1/4
$W(\|S\|)\cdot[V(S)-V(S-\{沪\})]$	0	445.40	522.08	674.83	535.28	357.07	507.89	1 460.83

由表 8-31 可知，长三角区域在非合作的命令控制大气治理模式下，治理 SO_2 的去除成本为 61.69 亿元，而长三角区域在省际合作模式下治理 SO_2 需要的去除成本为 60.25 亿元，合作收益为 1.43 亿元，去除成本总和节约 2.33%。

（2）Shapley 值的合作收益分配方案

根据 Shapley 给出的协同治理博弈分配策略式（8-22），计算得出长三角区域各省市在合作中被分配的合作收益 $X_{沪}(v)$、$X_{江}(v)$、$X_{浙}(v)$、$X_{皖}(v)$，如表 8-32～表 8-35 所示，并且对合作前后长三角区域各省市的去除成本进行比较，如表 8-36 所示。

上海市从合作收益中分配得到

$X_{沪}(v)$ =445.40+522.08+674.83+535.28+357.07+507.89+1 460.83=4 503.36 万元

表 8-32　2018 年江苏省合作收益分配

单位：万元

S	江	（沪，江）	（江，浙）	（江，皖）	（沪，江，浙）	（沪，江，皖）	（江，浙，皖）	（沪，江，浙，皖）
$V(S)$	0	6 264.90	9 856.53	10 478.14	16 279.86	16 572.85	8 502.11	14 345.44
$V(S-\{江\})$	0	0	0	0	5 344.78	8 097.91	18 009.91	22 294.70
$V(S)-V(S-\{江\})$	0	6 264.90	9 856.53	10 478.14	10 935.08	8 474.94	−9 507.80	−7 949.26
$\|S\|$	1	2	2	2	3	3	3	4
$W(\|S\|)$	1/4	1/12	1/12	1/12	1/12	1/12	1/12	1/4
$W(\|S\|)\cdot[V(S)-V(S-\{江\})]$	0	522.08	821.38	873.18	911.26	706.25	−792.32	−1 987.32

江苏省从合作收益中分配得到

$X_{江}(v)$ =522.08+821.38+873.18+911.26+706.25−792.32−1 987.32=1 054.50 万元

表 8-33　2018 年浙江省合作收益分配

单位：万元

S	江	（沪，江）	（江，浙）	（江，皖）	（沪，江，浙）	（沪，江，皖）	（江，浙，皖）	（沪，江，浙，皖）
$V(S)$	0	5 344.78	9 856.53	18 009.91	16 279.86	22 294.70	8 502.11	14 345.44
$V(S-\{江\})$	0	0	0	0	6 264.90	8 097.91	10 478.14	16 572.85
$V(S)-V(S-\{江\})$	0	5 344.78	9 856.53	18 009.91	10 014.96	14 196.79	−1 976.03	−2 227.41
$\|S\|$	1	2	2	2	3	3	3	4
$W(\|S\|)$	1/4	1/12	1/12	1/12	1/12	1/12	1/12	1/4
$W(\|S\|)\cdot[V(S)-V(S-\{江\})]$	0	445.40	821.38	1 500.83	834.58	1 183.07	−164.67	−556.85

浙江省从合作收益中分配得到

$X_{浙}(v)$ =445.40+821.38+1 500.83+834.58+1 183.07−164.67−556.85=4 063.73 万元

表 8-34　2018 年安徽省合作收益分配　单位：万元

S	皖	（沪，皖）	（浙，皖）	（江，皖）	（沪，浙，皖）	（沪，江，皖）	（江，浙，皖）	（沪，江，浙，皖）
$V(S)$	0	8 097.91	18 009.91	10 478.14	22 294.70	16 572.85	8 502.11	14 345.44
$V(S-\{皖\})$	0	0	0	0	5 344.78	6 264.90	9 856.53	16 279.86
$V(S)-V(S-\{皖\})$	0	8 097.91	18 009.91	10 478.14	16 949.92	10 307.95	−1 354.42	−1 934.42
$\|S\|$	1	2	2	2	3	3	3	4
$W(\|S\|)$	1/4	1/12	1/12	1/12	1/12	1/12	1/12	1/4
$W(\|S\|)\cdot[V(S)-V(S-\{皖\})]$	0	674.83	1 500.83	873.18	1 412.49	859.00	−112.87	−483.61

安徽省从合作收益中分配得到

$X_{皖}(v)$ =674.83+1 500.83+873.18+1 412.49+859−112.87−483.61=4 723.85 万元

表 8-35　长三角区域合作前后 SO_2 去除成本比较　单位：万元

	上海	江苏	浙江	安徽	四地合计
合作前的去除成本	54 569.29	236 289.25	159 322.18	166 708.61	616 889.33
合作去除成本贡献	4 503.36	1 054.50	4 063.73	4 723.85	14 345.44
合作后的去除成本	50 065.93	235 234.75	155 258.45	161 984.76	602 543.89
合作后实际治理需要的去除成本	46 358.94	213 654.87	175 231.19	167 298.88	602 543.88
转移给其他省市的去除成本	3 706.99	21 579.88	−19 972.74	−5 314.12	0.00

注："−" 表示转入的去除成本。

对整个合作收益分配方法来说，分配结果是理性的，表现在每个省市被分配合作收益之和与最优合作方案下联盟合作收益相等。同时，通过表 8-36 的计算结果发现：长三角区域合作后的每个省市需要的去除成本小于合作之前的去除成本，说明合作达到了共赢。

上海、浙江分别转出到其他省市 3 706.99 万元、21 579.88 万元的去除成本，其他省市分别转入江苏、安徽 19 972.74 万元、5 314.12 万元的去除成本。

表 8-36　2018 年长三角区域烟（粉）尘合作治理优化结果

地区	实际烟（粉）尘去除量 / 万 t	烟（粉）尘最优去除量 / 万 t	实际成本 / 万元	优化成本 / 万元
上海	83.64	85.30	252 587.39	252 438.52
江苏	2 199.49	2 228.50	953 448.77	951 044.37
浙江	864.50	814.60	748 637.92	750 643.54
安徽	1 589.86	1 609.20	432 922.59	431 558.00
合计	4 737.49	4 737.60	2 387 596.68	2 385 684.42

8.3.5　烟（粉）尘协同治理区域优化模型及 Shapley 值的合作收益分配方案

烟（粉）尘的去除率一直高于 NO_x、SO_2，根据表 8-11，2015 年长三角区域烟（粉）尘的去除率最高已达到 99%，虽然还有进一步提升的空间，但显然已比较小，而且边际成本也会大幅增加。考虑到未来烟（粉）尘去除能力的进步，选择式（8-11）中的 γ 为 1 进行分析。

（1）区域优化模型

根据表 8-12 中的去除成本模型，以及式（8-7）～式（8-11），可以得到长三角区域协同治理烟（粉）尘的区域优化模型，其目标函数与约束条件为

$$\min_{P_1,P_2,P_3,P_4} \pi_q = 288\,459 \cdot P_1^{-0.03} + 4\,201\,098 \cdot P_2^{-0.192\,7} + 1\,014\,907 \cdot P_3^{-0.045} + 2\,966\,778 \cdot P_4^{-0.2611}$$

$$\begin{aligned} &\text{s.t} \sum_{i=1}^{4} P_i = 83.64 \\ &4\,797.89 - \sum_{i=1}^{4} P_i = 134.14 \\ &68.21 \leqslant P_1 \leqslant 85.26 \\ &1782.77 \leqslant P_2 \leqslant 2\,228.46 \\ &700.06 \leqslant P_3 \leqslant 875.03 \\ &1\,287.34 \leqslant P_4 \leqslant 1\,609.17 \end{aligned} \tag{8-24}$$

根据求解模型，得到长三角区域各省市的最优去除量，如表 8-37 所示。

表 8-37　2018 年上海市合作收益分配　　单位：万元

S	沪	（沪，浙）	（沪，江）	（沪，皖）	（沪，江，浙）	（沪，浙，皖）	（沪，江，皖）	（沪，江，浙，皖）
$V(S)$	0	82.12	16.00	30.78	1 338.23	688.55	353.80	1 912.26
$V(S-\{沪\})$	0	0	0	0	1 254.03	603.58	321.43	1 829.66
$V(S)-V(S-\{沪\})$	0	82.12	16.00	30.78	84.20	84.97	32.37	82.60
$\|S\|$	1	2	2	2	3	3	3	4
$W(\|S\|)$	1/4	1/12	1/12	1/12	1/12	1/12	1/12	1/4
$W(\|S\|)\cdot[V(S)-V(S-\{沪\})]$	0	6.84	1.33	2.57	7.02	7.08	2.70	20.65

由表 8-37 可知，长三角区域在非合作的命令控制大气治理模式下，治理烟（粉）尘的去除成本为 238.57 亿元，而长三角区域在省际合作模式下治理烟（粉）尘需要的去除成本为 238.56 亿元，合作收益为 1 912.26 万元，去除成本总和节约 0.08%。

（2）Shapley 值的合作收益分配方案

根据 Shapley 给出的合作博弈分配策略式（8-23），计算得出长三角区域各省市在合作中被分配的合作收益 $X_{沪}(v)$、$X_{江}(v)$、$X_{浙}(v)$、$X_{皖}(v)$，如表 8-38～表 8-41 所示，并且对合作前后长三角区域各省市的去除成本进行比较，如表 8-42 所示。

上海市从合作收益中分配得到

$X_{沪}(v)$ =6.84+1.33+2.57+7.02+7.08+2.70+20.65=48.18 万元

表 8-38　2018 年江苏省合作收益分配　　单位：万元

S	江	（沪，江）	（江，浙）	（江，皖）	（沪，江，浙）	（沪，江，皖）	（江，浙，皖）	（沪，江，浙，皖）
$V(S)$	0	16.00	1 254.03	321.43	1 338.23	353.80	1 829.66	1 912.26
$V(S-\{江\})$	0	0	0	0	82.12	30.78	603.58	688.55
$V(S)-V(S-\{江\})$	0	16.00	1 254.03	321.43	1 256.11	323.02	1 226.08	1 223.71
$\|S\|$	1	2	2	2	3	3	3	4
$W(\|S\|)$	1/4	1/12	1/12	1/12	1/12	1/12	1/12	1/4
$W(\|S\|)\cdot[V(S)-V(S-\{江\})]$	0	1.33	104.50	26.79	104.68	26.92	102.17	305.93

江苏省从合作收益中分配得到

$X_{江}(v)$ =1.33+104.50+26.79+104.68+26.92+102.17+305.93=672.32 万元

表 8-39　2018 年浙江省合作收益分配　　单位：万元

S	沪	（沪，浙）	（江，浙）	（浙，皖）	（沪，江，浙）	（沪，浙，皖）	（江，浙，皖）	（沪，江，浙，皖）
$V(S)$	0	82.12	1 254.03	603.58	1 338.23	688.55	1 829.66	1 912.26
$V(S-\{浙\})$	0	0	0	0	16.00	30.78	321.43	353.80
$V(S)-V(S-\{浙\})$	0	82.12	1 254.03	603.58	1 322.23	657.77	1 508.23	1 558.46
$\|S\|$	1	2	2	2	3	3	3	4
$W(\|S\|)$	1/4	1/12	1/12	1/12	1/12	1/12	1/12	1/4
$W(\|S\|)\cdot[V(S)-V(S-\{浙\})]$	0	6.84	104.50	50.30	110.19	54.81	125.69	389.62

浙江省从合作收益中分配得到

$X_{浙}(v)$=6.84+104.50+50.30+110.19+54.81+125.69+389.62=841.95 万元

表 8-40 2018 年安徽省合作收益分配

单位：万元

S	皖	（沪，皖）	（浙，皖）	（江，皖）	（沪，浙，皖）	（沪，江，皖）	（江，浙，皖）	（沪，江，浙，皖）
$V(S)$	0	30.78	603.58	321.43	688.55	353.80	1 829.66	1 912.26
$V(S-\{皖\})$	0	0	0	0	82.12	16.00	1 254.03	1 338.23
$V(S)-V(S-\{皖\})$	0	30.78	603.58	321.43	606.43	337.80	575.63	574.03
$\|S\|$	1	2	2	2	3	3	3	4
$W(\|S\|)$	1/4	1/12	1/12	1/12	1/12	1/12	1/12	1/4
$W(\|S\|)\cdot[V(S)-V(S-\{皖\})]$	0	2.57	50.30	26.79	50.54	28.15	47.97	143.51

安徽省从合作收益中分配得到

$X_{皖}(v)$=2.57+50.3+26.79+50.54+28.15+47.97+143.51=349.81 万元

表 8-41 长三角区域合作前后烟（粉）尘去除成本比较

单位：万元

	上海	江苏	浙江	安徽	四地合计
合作前的去除成本	252 587.39	953 448.77	748 637.92	432 922.59	2 387 596.68
合作去除成本贡献	48.18	672.32	841.95	349.81	1 912.26
合作后的去除成本	252 539.21	952 776.45	747 795.97	432 572.78	2 385 684.42
合作后实际治理需要的去除成本	252 438.50	951 044.37	750 643.54	431 558.00	2 385 684.42
转移给其他省市的去除成本	100.71	1 732.08	−2 847.57	1 014.78	0.00

注："–"表示转入的去除成本。

对整个合作收益分配方法来说，分配结果是理性的，表现在每个省市被分配合作收益之和与最优合作方案下联盟合作收益相等。同时，由表 8-42 可知：长三角区域合作后的每个省市需要的去除成本小于合作之前的去除成本，说明合作达到了共赢。

表 8-42 NO_x 与 SO_2 的去除率分别为 0.6 与 0.9 时的成本分配

污染物	去除率	上海	江苏	浙江	安徽	四地合计
NO_x	0.6	14 299.83	135 674.53	−84 097.96	−65 876.4	0.00
SO_2	0.9	3 497.92	−15 771.48	17 995	−5 721.44	0.00
烟（粉）尘	1	100.71	1 732.08	−2 847.57	1 014.78	0.00
合计	—	17 898.46	121 635.13	−68 950.53	−70 583.06	0.00

上海、江苏、安徽分别转出到其他省市 100.71 万元、1 732.08 万元、1 014.78 万元的去除成本，其他省市转入浙江 2 847.57 万元的去除成本。

综上所述，不同的污染物去除率下长三角区域三省一市的成本分配结果如表 8-43 所示。

在这种情景下，上海、江苏分别转出到其他省市 17 898.46 万元、121 635.13 万元，其他省市分别转入浙江、安徽 68 950.53 万元、70 583.06 万元的去除成本。

表 8-43　NO_x 与 SO_2 的去除率分别为 0.7 与 0.95 时的成本分配

污染物	去除率	上海	江苏	浙江	安徽	四地合计
NO_x	0.7	13 666.20	185 025.03	−105 924.92	−92 766.32	0.00
SO_2	0.95	3 706.99	21 579.88	−19 972.74	−5 314.12	0.00
烟（粉）尘	1	100.71	1 732.08	−2 847.57	1 014.78	0.00
合计		17 473.9	208 336.99	−128 745.23	−97 065.66	0.00

此时，上海、江苏分别转出到其他省市 17 473.9 万元、208 336.99 万元，其他省市分别转入浙江、安徽 128 745.23 万元、97 065.66 万元的去除成本，分配结果合理可行。

第 9 章

基于公众健康的长三角区域雾霾污染协同治理对策

9.1 “将健康融入所有政策”的发展历程

9.1.1 国际发展历程

世界卫生组织（WHO）对健康的定义是：疾病或羸弱之消除外，也系体格、精神与社会之完全健康状态。世界各国政治、经济、社会等发展水平不一，对健康问题的认识及重视程度也有较大差异。健康问题是全世界的难题之一，WHO 提出、倡导和推进“将健康融入所有政策”（Health in All Policy，HiAP），以更好地解决全世界的健康问题。

1946 年，就有 60 多个国家共同签署了《世界卫生组织宪章》，宪章首次对健康作出了权威性的定义，并提出要使全世界人民获得尽可能高的、最高水平的健康；此宪章于 1948 年开始生效。1978 年 9 月，国际初级卫生保健大会召开，大会发表的《阿拉木图宣言》成为“将健康融入所有政策”思想形成的基础，此后，多次世界性的卫生健康大会召开，“将健康融入所有政策”从理念落实到各国的行动。图 9-1 是“将健康融入所有政策”的国际发展历程。

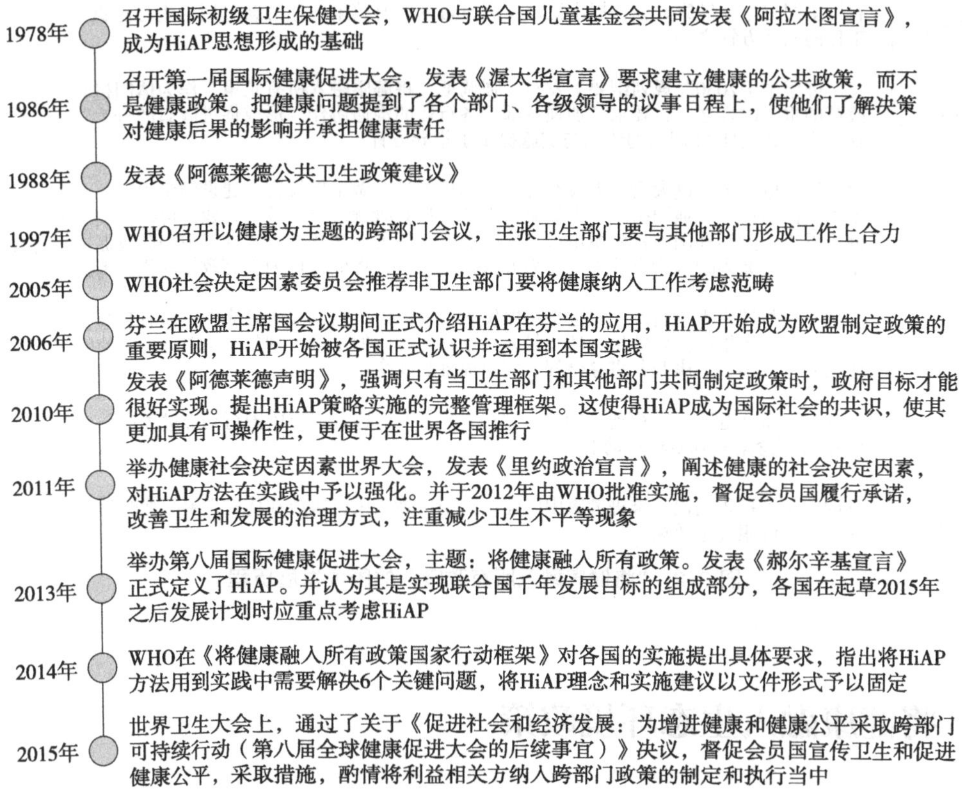

图 9-1 “将健康融入所有政策”的国际发展历程

9.1.2 国内发展历程

我国于 2012 年 5 月第一次在《中国慢性病防治工作规划（2012—2015 年）》中提到“将健康融入所有政策”。此后，HiAP 理念迅速发展，在 2015 年党的十八届五中全会上，习近平总书记提出“以人民为中心的发展思想”，2016 年发布《“健康中国 2030”规划纲要》，2019 年我国开始实施《健康中国行动（2019—2030）》，国务院为此专门成立健康中国行动推进委员会（国办函〔2019〕59 号），共有 39 名成员，由孙春兰副总理担任主任，卫生健康委主任、教育部部长、体育总局局长、国务院副秘书长 4 位领导担任副主任，中央宣传部副部长、生态环境部副部长等 34 位省部级副职领导担任委员，以统筹推进行动的组织实施、监测和考核相关工作。图 9-2 为“将健康融入所有政策”的国内发展历程。

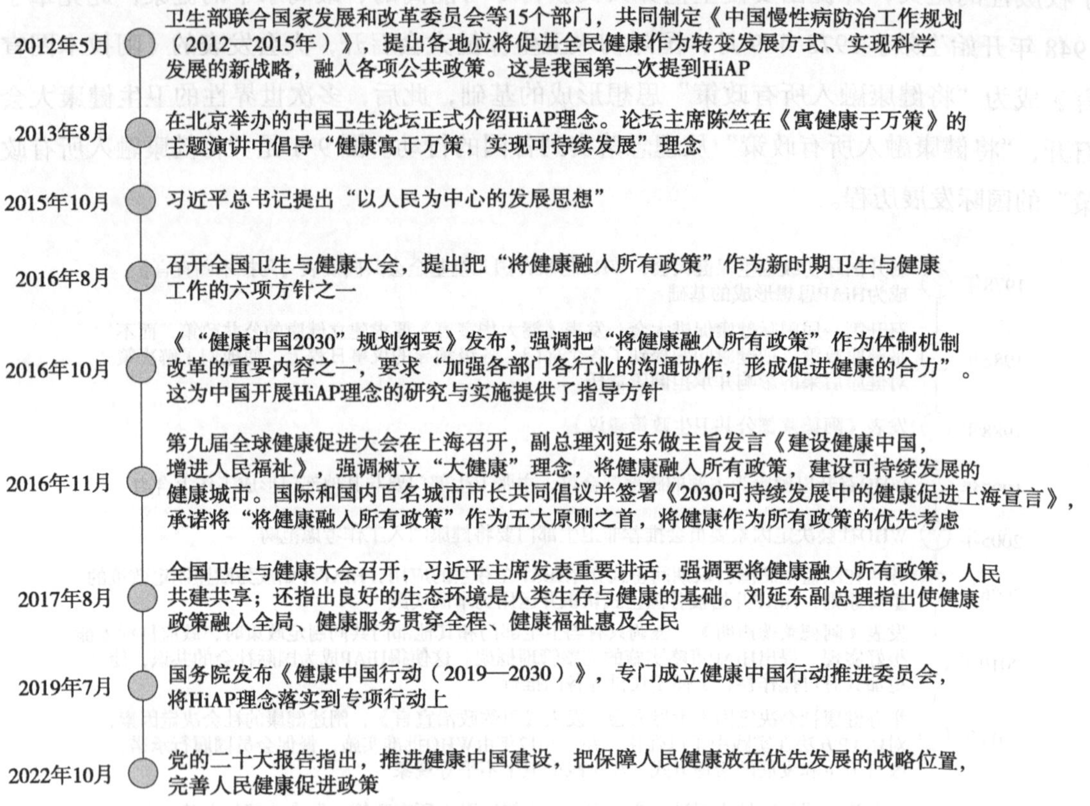

图 9-2 “将健康融入所有政策”的国内发展历程

9.2 将健康融入生态环境政策

20 世纪 80 年代以后，工业化与城镇化迅速发展，使我国的污染类型转向以化学性污染为主，产生了环境相关疾病，导致的健康问题日益凸显。2000 年前后，环保部门收到的环境污染问题投诉事件逐年上升。环境与健康工作的管理涉及众多部门，管理起来困难较大。

为了把保护人民群众健康的宗旨落到实处，2005 年 1 月，国家环境保护总局在科技标准司下设了环境健康与监测处，以完善环保部门环境健康管理和技术支持体系，并建立与相关部门的联合工作机制。2005 年 11 月，在北京召开了第一届国家环境与健康论坛，会议由卫生部、环境保护总局与 WHO 共同主办，旨在分析、探讨与加强我国的环境与健康工作。2006 年、2007 年、2009 年又分别在沈阳、北京、广州连续召开了三届国家环境与健康论坛，以进一步加强我国应对环境与健康风险工作的能力。

2006 年，卫生部与环境保护总局联合建立了环境和健康办公室。2007 年 2 月，卫生部与国家环境保护总局联合制定了《卫生部　国家环保总局环境与健康工作协作机制》（卫监督发〔2007〕74 号），以进一步加强部门之间的协调与配合，推进国家环境与健康工作持续、健康、顺利开展，体现以人为本的理念。

2007 年 11 月，由卫生部、环境保护总局、国家发展改革委等 18 个部门共同发布了《国家环境与健康行动计划（2007—2015）》（卫办监督发〔2007〕279 号），要求加强部门间合作，推动环境与健康工作科学开展，保障国家“十一五”规划纲要目标的顺利实现。这是我国第一部系统科学的推进环境与健康方面的文件，明确提出将环境与健康列入政府优先工作领域，特别强调部门协作的重要性，并对 18 个部门的责任进行了明确划分，提出建立国家、地方和部门协作的工作机制；设立国家环境与健康组织机构，组成由卫生部、环境保护总局为牵头部门，由国家发展改革委等 16 个部门参与的国家环境与健康工作领导小组，以研究制定国家环境与健康宏观管理政策，指导环境与健康工作科学发展。2008 年 1 月，国家环境与健康工作领导小组成立，由卫生部副部长、环境保护总局副局长共同担任组长；领导小组下设联合办公室，并指定了各部门的联络员（卫办监督函〔2008〕38 号）。随后各种环境与健康的政策文件密集出台，如表 9-1 所示。

表 9-1　“十二五”以来我国环境与健康相关的重要政策文件

年份	政策文件名称	文号	出台单位
2011 年 9 月	《国家环境保护“十二五”环境与健康工作规划》	环发〔2011〕105 号	环境保护部（现生态环境部）
2012 年 2 月	《环境空气质量标准》（GB 3095—2012）	公告 2012 年　第 7 号	环境保护部（现生态环境部）
2013 年 9 月	《中国公民环境与健康素养（试行）》	公告 2013 年　第 61 号	环境保护部（现生态环境部）

续表

年份	政策文件名称	文号	出台单位
2014年4月	《中华人民共和国环境保护法》(2015版)	主席令(第九号)	全国人民代表大会
2015年8月	《中华人民共和国大气污染防治法》	主席令(第五十七号)	全国人民代表大会
2015年7月	《环境保护公众参与办法》	部令　第35号	环境保护部(现生态环境部)
2016年10月	《"健康中国2030"规划纲要》	—	中共中央、国务院
2017年2月	《环境保护"十三五"环境与健康工作规划》	环科技〔2017〕30号	环境保护部(现生态环境部)
2017年6月	《公民环境与健康素养测评技术指南(试行)》	公告2017年　第24号	环境保护部(现生态环境部)
2017年6月	《环境与健康现场调查技术规范　横断面调查》(HJ 839—2017)	公告2017年　第25号	环境保护部(现生态环境部)
2017年11月	《环境污染物人群暴露评估技术指南》(HJ 875—2017)	公告2017年　第58号	环境保护部(现生态环境部)
2017年11月	《儿童土壤摄入量调查技术规范　示踪元素法》(HJ 876—2017)	公告2017年　第60号	环境保护部(现生态环境部)
2017年11月	《环境信息元数据规范》(HJ 720—2017)	公告2017年　第61号	环境保护部(现生态环境部)
2017年11月	《环境与健康横断面调查数据统计分析技术指南》	公告2017年　第63号	环境保护部(现生态环境部)
2017年12月	《暴露参数调查技术规范》(HJ 877—2017)	公告2017年　第64号	环境保护部(现生态环境部)
2018年1月	《国家环境保护环境与健康工作办法(试行)》	环办科技〔2018〕5号	环境保护部(现生态环境部)
2018年5月	《环境与健康数据字典(第一版)》	公告2018年　第11号	生态环境部
2019年4月	《暴露参数调查基本数据集》(HJ 968—2019)	公告2019年　第12号	生态环境部
2019年7月	《关于成立健康中国行动推进委员会的通知》	国办函〔2019〕59号	国务院
2019年7月	《健康中国行动(2019—2030)》	—	健康中国行动推进委员会
2019年12月	《规划环境影响评价技术导则　总纲》(HJ 130—2019)	公告2019年　第54号	生态环境部
2020年3月	《生态环境健康风险评估技术指南　总纲》(HJ 1111—2020)	公告2020年　第20号	生态环境部
2020年7月	《中国公民生态环境与健康素养》	公告2020年　第36号	生态环境部
2020年11月	《关于同意建设国家环境保护新型污染物环境健康影响评价重点实验室的函》	环科财函〔2020〕99号	生态环境部

这些环境与健康相关政策文件包括法律、政策、文件、标准、通知等，一部分是从宏观上指导、约束全社会的环境污染行为，保障公众健康；另一部分是从公众自身角度，明确其基本素养，应具备的基本理念、知识、行为与技能。对于保护和改善生态环境，保障公众健康，以人民为中心加快生态文明建设，满足人民群众日益增长的优美生态环境需要与健康需要发挥了重要作用。

以上环境与健康相关政策文件的出台过程中，环保部门发挥了重要作用。2018 年 3 月，环境保护部更名为生态环境部，把分散在农业、海洋、水利等各个部门的城乡污染的监管职能聚集到一起。不仅对不同的空间进行统一管理，而且把行政管理的碎片化集中统一。把资源、环境的职能进行了较大幅度的整合，新组建的生态环境部大部门有条件从更综合、系统的角度，以提高生态环境整体质量为目标，设计未来的自然资源、生态环境保护和绿色转型发展的时间表与路线图。其中，在环境与健康领域的工作内容如图 9-3 所示。

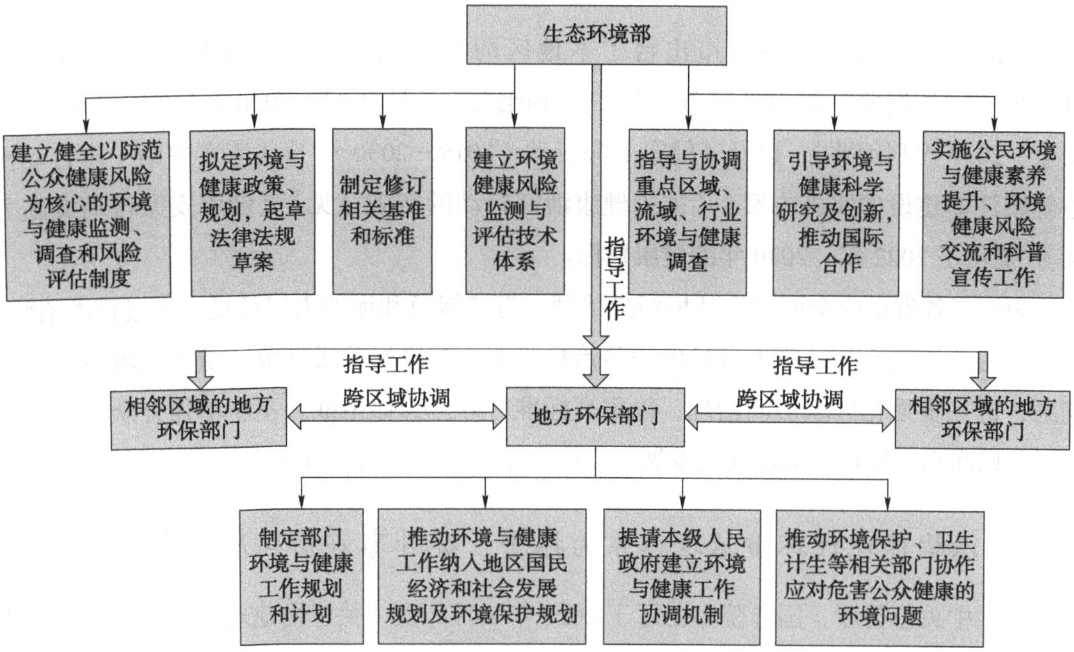

图 9-3　环保部门在环境与健康领域的工作内容

除此之外，生态环境部的一些直属单位也设有独立的部门，对环境与健康开展更深入的研究与实践，如环境规划院下设的环境与健康研究中心、中国环境科学研究院下设的环境健康风险评估与研究中心、环境与经济政策研究中心下设的环境健康风险管理研究中心、华南环境科学研究所下设的环境健康研究中心、南京环境科学研究所下设的环境损害与司法鉴定所等。

9.3 长三角区域雾霾污染协同治理对策

坚持以人民为中心的发展思想，要求把人民健康放在优先发展的战略地位，长三角区域在雾霾协同治理过程中，也应首先考虑公众健康。

9.3.1 以健康中国建设为引领，打好蓝天保卫战

绿水青山是人民健康的重要保障，良好的环境是人类生存与健康的基础。中共中央、国务院于2016年10月印发《“健康中国2030”规划纲要》，提出以普及健康生活、建设健康环境等五方面的战略任务，坚持健康优先并融入所有政策，全方位、全周期保障人民健康。为了更好地实施健康中国战略，2019年7月，国务院发布《健康中国行动（2019—2030）》，专门成立了健康中国行动推进委员会，将HiAP理念落实到专项行动上。

为此，长三角区域各省市出台了本地区的相关纲要及行动计划，如《“健康上海”2030规划纲要》《“健康江苏”2030规划纲要》《健康浙江2030行动纲要》《“健康安徽”2030规划纲要》，以及《健康上海行动（2019—2030年）》《落实健康中国行动推进健康江苏建设的实施方案》《推进健康浙江行动的实施意见》《健康安徽行动实施方案》，提出了2022年、2030年的健康目标。

为此，各省市应全面开展环境污染治理，打造绿色和谐的人居环境。通过精准治污、科学治污、依法治污，深入打好污染防治攻坚战，解决好关键环节和重点领域污染防治问题，进一步强化区域协同治理，以更高标准打好蓝天保卫战，不断增强公众的蓝天幸福感，以高水平保护推动高质量发展、创造高品质生活、实现健康高目标。

9.3.2 以构建现代环境治理体系为抓手，提升雾霾协同治理能力

中共中央办公厅、国务院办公厅于2020年3月印发《关于构建现代环境治理体系的指导意见》，要求在坚持党的领导、多方共治、市场导向、依法治理的原则下，通过健全环境治理领导责任体系、企业责任体系、全民行动体系、监管体系、市场体系、信用体系、法律法规政策体系。到2025年，构建起党委领导、政府主导、企业主体、社会组织和公众共同参与的现代环境治理体系。指导意见印发以后，长三角区域三省一市结合实际，分别制定了本地区的相关文件，如表9-2所示。

表 9-2 长三角区域三省一市构建现代环境治理体系的文件

时间	地区	文件
2020 年 8 月	江苏省	《关于推进生态环境治理体系和治理能力现代化的实施意见》
2020 年 9 月	上海市	《关于加快构建现代环境治理体系的实施意见》
2020 年 11 月	安徽省	《关于构建现代环境治理体系的指导意见》
2021 年 2 月	浙江省	《关于加快推进环境治理体系和治理能力现代化的意见》

科学化、规范化、制度化、程序化、观念化是环境治理体系最明显的特征。目前，长三角区域在环境保护法律法规、管理体系方面还存在一定的短板，比如尚缺乏系统保障生态环境的完整法律体系、部分法律法规的可操作性不强，环境诉讼缺乏足够的司法保障等问题；片面强调政府的作用，社会组织与公众参与制度、社会监督制度不完善，中央政府与地方政府的事权与责任不匹配等问题，地方政府之间协作治理效率有待提高等问题。在协同治理雾霾污染时，存在协同目标不一致，协同主体地位有差异，污染治理能力与压力不均衡等问题。

所以，各省市应积极构建现代环境治理体系，构建大生态大环保格局，在上海建立符合超大城市特点和规律的现代环境治理体系，使其生态环境保护和环境治理水平继续走在全国前列；浙江继续发挥优势，在率先建设美丽中国省域样板的基础上，建成展示生态文明建设先行示范样板的重要窗口；江苏建成全社会共同推进生态文明建设的样板区、生态环境治理体系和治理能力现代化建设的引领区。由于雾霾污染的跨区域性，应构建能够实现数据共享和智能化应用管理的区域生态环境大数据综合管理平台，推进区域实行统一的大气污染物排放标准、清洁生产标准、绿色产品标准和环境执法规范，深化雾霾污染预防与治理的区域协作的长效机制，并加强重污染天气应急联动和重大活动协同保障。

9.3.3 以制度创新为依托，出台一系列协同治理的规章制度

9.3.3.1 出台环境执法区域联动方案，加强协同执法

自从长三角区域成立了区域大气污染防治协作小组，并完善了决策机构、执行机构、专项工作机构、保障机构等以来，长三角区域的大气污染协同防治情况取得了长足的进步。2016 年，中共中央办公厅、国务院办公厅印发了《关于省以下环保机构监测监察执法垂直管理制度改革试点工作的指导意见》，改革了环境治理的基础制度，将属地管理为主的环境管理体制变更为对省以下环保机构监测监察执法实行垂直管理。垂直管理解决了省以下的问题，但是对于跨省份的环境执法问题却没有规定。长三角区域近年来也出台了《长三角区域环境执法区域联动倡议书》《长三角区域 2020—2021 年秋冬季大气污

染综合治理攻坚行动方案》《长三角区域生态环境共同保护规划》等一系列协同治理大气污染的规划、方案等，也部署了一些举措，但是这些举措一般还在本省（市）实施，有部署并没有真正落实，联合执法的效力大打折扣。所以，应进一步赋予长三角区域大气污染防治协作小组更多执法、监督、惩罚的权限，由生态环境厅（局）与其签订目标责任状；长三角区域的环境联合执法也不应仅停留在倡议书上，应加快推进，出台相应的行动方案，并制定详细的实施细化措施，包括考核与问责的细则。

9.3.3.2 制订增加县区尤其是区域边界监测点位规划，增加监测准确度

根据第4章的分析，长三角区域环境空气质量监测站的数量与分布密度远大于其他区域，但是这些监测站大多分布在市区，县区虽然也有监测站，但数量较少，在行政区域边界的地区更是极少有监测站，这种情况在长三角区域的欠发达地区比较普遍。而且，目前农村的环境基础设施、人员、资金等均不如城市，农村环境的预防与治理状况与城市相比还有一段距离。所以，在“十四五”期间，应在长三角区域大气污染防治协作小组的统一组织下，做好增加县区尤其是区域边界监测点位的规划与建设，解决点位密度不均衡等问题，与背景站、区域站、城市站共同织成覆盖全区域的空气质量监测网络，统一环境监测监控体系，维护好生态环境保护的“顶梁柱”和“生命线”，并为实施奖惩、生态补偿等打下数据基础。

9.3.3.3 出台空气质量生态补偿方案，推动空气质量持续改善

将空气质量共同纳入与森林、湿地、水流、耕地等生态保护补偿制度体系中，有利于落实大气污染防治的属地管理责任，调动相关主体推动空气质量持续改善的积极性。近年来，多地都在探索空气质量的补偿机制和方案，安徽、山东等省出台的补偿办法，均是由省级政府出资，对达到$PM_{2.5}$浓度标准的地区进行奖励，对不达标的进行惩罚，资金来源单一；2014年，山东全省生态补偿资金总额为7 029万元，所有的地级市均获得补偿。湖北省将扣缴的资金用于补偿空气质量改善的地方，不足部分由省级统筹安排，逐步实现奖惩平衡。黑龙江省绥化市、安徽省合肥市、山东省东营市与临沂市、湖北省襄阳市等市还出台了市级的空气质量生态保护补偿办法，同样是由政府出资，陕西省渭南市还将生态补偿资金纳入市级环保专项资金管理。上述地区考核的指标大部分为$PM_{2.5}$、PM_{10}浓度，个别开发区也考核NO_x浓度。无锡市新吴区则考核各街道与园区的$PM_{2.5}$浓度、优良天数比例、臭氧超标天数。

用经济手段撬动大气污染的治理，奖罚本身并不是目的，持久改善空气质量才是核心要义。但是，这种仅限于本行政区的奖惩还不算是真正意义的生态补偿，并且补偿标准的高低还值得再探索，比如无锡市新吴区的2021年才实施的生态补偿办法考核指标之一是臭氧超标天数，每多一个臭氧超标天就被罚20万元，而季度考核指标均达标，才获

得 50 万元奖励；上个季度街道普遍不达标被罚，有的街道因此一个季度就被罚 700 万元，这让街道普遍感到压力特别大[155]。还应在建立更多空气质量监测点位的基础上，确保监测数据准确可靠，并探索多元化的生态补偿金来源。长三角区域大气污染防治协作小组可以在多方考察、论证的基础上，出台更加合理高效的空气质量生态补偿方案，建立起省级政府之间的空气质量生态补偿，以推动整个区域空气质量提高。

9.3.3.4 出台山水林田湖草生态补偿方案，推动生态质量提升

生态系统是一个有机整体，以整体、系统的观念推进生态治理，树立大局观，算整体账、综合账、长远账，才符合生态环保的内在规律，也有助于空气质量的提高。应充分借鉴《生态综合补偿试点方案》（发改振兴〔2019〕1793 号）的经验，以及新安江—千岛湖等地治理经验与不足，发挥山水林田湖草生命共同体的生态屏障作用，推动省级政府之间的山水林田湖草生态补偿；还应创新生态补偿资金使用方式，改变资金全部来自财政的做法，拓宽资金筹集渠道，使治理成本与共享收益相匹配，调动各方参与生态保护的积极性，加快建设美丽长三角区域。

9.3.4 以双降为目标，协同治理臭氧与细颗粒物

根据 2017—2021 年《中国生态环境状况公报》，近年来长三角区域以 $PM_{2.5}$ 与 O_3 共同为首要污染的天数居高不下，而且 O_3 的浓度也处于较高水平，O_3 作为首要污染物的超标天数占比已经接近甚至超过 $PM_{2.5}$，这种现象在京津冀地区、汾渭平原地区也类似。表 9-3 为 2016—2020 年长三角区域的 4 种首要污染物的超标天数分别占总超标天数的比例。

表 9-3 2016—2020 年长三角区域 4 种首要污染物超标天数占比

年份	$PM_{2.5}$/%	PM_{10}/%	O_3		NO_2/%
			占比 /%	浓度 / (μg/m^3)	
2016	55.3	3.4	39.8	159	2.11
2017	44.5	2.3	50.4	170	3
2018	44.3	4.5	49.3	167	2.2
2019	44.3	5.1	49.5	164	1.3
2020	45.1	2.9	50.7	152	1.4

这种现象引起了中央的重视，2020 年颁布的《中共中央关于制定国民经济和社会发展第十四个五年规划和二〇三五年远景目标的建议》要求，要强化多污染物协同控制和区域协同治理，加强细颗粒物和臭氧协同控制，基本消除重污染天气。

$PM_{2.5}$ 与 O_3 同根同源，应以保护公众健康、满足人民对美好生活的需求为根本目标，推动 $PM_{2.5}$ 和 O_3 协同治理，防止“看不见”易被忽视的 O_3 污染的上升趋势抵消 $PM_{2.5}$ 下降带来的健康效益。2021 年 4 月，生态环境部根据以往治理 $PM_{2.5}$ 污染的“一市一策”驻点跟踪研究工作方案，制定了 $PM_{2.5}$ 与 O_3 污染协同防控的“一市一策”驻点跟踪研究工作方案，长三角区域仅有江苏的徐州、连云港、宿迁 3 个城市，安徽的宿州、淮北 2 个城市在名单之列，但是大部分长三角区域城市的 O_3 污染均比较严重。所以可以在长三角区域大气污染防治协作小组的统一部署下，进行 O_3 污染成因综合分析、O_3 主要前体物来源与管控对策、VOCs 和 NO_x 排放的重点行业有效治理的研究，制定 VOCs 总量控制方案、分季节的减排方案、分阶段的减排比例，尽快探索出 $PM_{2.5}$ 和 O_3 污染协同防控综合解决方案，提高对 O_3 污染的防治能力，减少 O_3 污染对人体健康、农作物生长的负面影响。

9.3.5 以实现多元协同共治为举措，提升多方参与度

以人民为中心的发展思想要求把人民对美好生活的向往作为奋斗目标，一切发展都是为了人民，一切发展也必须依靠人民。雾霾污染问题也是社会问题，它的形成源于各社会主体污染行为的叠加。雾霾污染协同治理不是政府的“独角戏”，不能仅依靠对企业的约束、公众的自觉、环保组织的自发，需要实现政府、企业、公众、环保组织等各方的多元协同共治。

9.3.5.1 完善联合约束激励机制，激发企业的环保内生动力

企业环境信用体系是社会信用体系的重要内容。2013 年年底，环境保护部、国家发展改革委、中国人民银行、中国银监会共同发布了《企业环境信用评价办法（试行）》；党的十九大明确部署要健全环保信用评价制度；2020 年 3 月，中共中央办公厅、国务院办公厅专门印发了《关于构建现代环境治理体系的指导意见》。目前，长三角区域三省一市均颁布了各自的企业环境信用评价办法，江苏、浙江两省还于 2020 年上半年进行了二次修订，以更加适应当前环境保护工作发展的需要；2020 年 11 月，由浙江省生态环境厅牵头制定的《长三角区域生态环境领域实施信用联合奖惩合作备忘录（2020 年版）》出台，这是以生态环境服务促进优化营商环境、助力长三角区域高质量发展的需要。

企业环境信用体系的核心是“守信激励、失信惩戒”，突出了“环保干好干坏不一样”的鲜明导向。备忘录明确在长三角区域互认生态环境“红黑名单”，是对企业在更大范围内经营的鼓励与约束，是将环境保护的社会价值嵌入企业发展的目标体系的良好实践，有助于激发企业的环保内生动力，使企业从“不敢污”到“不能污”再到“不想污”，建立起生态环境保护的长效工作机制。

但是，目前的联合奖惩对象，只是以列入环保信用评价的排污企业和严重失信名单管理的单位为主体，还没有扩大到所有排污企业、环评机构、运维机构等。未来，还应扩大企业、机构范围，让环境“领跑者”更多享受到优惠政策，守信者得到激励，失信者受到惩戒。企业环境信用目前在评价过程中还缺少多元主体的参与，未来应该在评价中引入第三方评价机构与公众的参与，以增加透明度、独立性与公正性，降低环境主管部门自我管理、自我评价的权力寻租缺陷，避免人为干预和过度裁量。

9.3.5.2　鼓励积极大众参与，减少公众意识与行为之间的“鸿沟”

生态环境部 2020 年发布的《中国公民生态环境与健康素养》调查表明，15～69 岁的公众环境素养总体水平仅为 12.5%；其中 15～19 岁居民基本知识分类素养水平中最低，仅为 2.2%；城市居民环境与健康素养水平也仅为 16.9%，农村居民仅为 8.1%。基本知识素养水平（5.8%）远低于基本理念（25.3%）和基本技能（25.4%），科学知识素养水平低到令人担忧。这与当前加快生态文明建设、构建共建共享社会，需要公众参与的时代要求极不相符。

环境素养重在“知行合一”。但是，根据生态环境部环境与经济政策研究中心发布的《公民生态环境行为调查报告（2020 年）》，不少公众的环保意识淡薄，一些公众的意识与行为之间有“鸿沟”，存在“高认知度、低践行度”现象[156]。

具有基本的环境素养，是公众参与环境保护、开展绿色低碳生活的重要基础。所以，应该大力加强生态文明教育，针对青少年学生生态环境素养低的问题，长三角区域三省一市共同推进生态文明的学校教育，共同编写课本读本，让生态文明进课堂、进校园、进头脑，结合各地实际，开展各具特色的课外生态环境保护社会实践活动，引导青少年牢固树立保护环境、维护健康的理念，养成绿色健康的生活方式。加大正面新闻的宣传报道并主动曝光负责典型，构建网络教育平台，建设生态文教育场馆，培育公众的生态道德，从戒除奢侈浪费、践行绿色低碳生活方式、进行垃圾分类、参加环保志愿活动等身边事做起，引导公众自觉履行环保责任，切实提高公众生态环境素养，减少公众意识与行为之间的“鸿沟”，在全社会牢固树立并广泛实践“绿水青山就是金山银山”理念，把建设美丽中国化为全社会自觉行动。

9.3.5.3　引导社会力量，强化生态环保的社会贡献

截至 2016 年，浙江省有 121 家登记注册的环保社会组织，一半以上的环保社会组织是由个人或企业发起，80 多所高校几乎每所都有一个环保协会。安徽省的民间环保社会组织主要分布在合肥，其次是芜湖与淮北等，其他城市则比较少。江苏的民间环保社会组织主要分布在苏南各市，苏北较少。

这些环保社会组织存在以下问题，经费来源少，除官办机构有相对稳定的经费来源

以外，其他大部分机构的资金来源不固定；组织发展整体水平不高，专职人员少，缺乏专业人才，环保相关专业毕业的人少；业务范围较窄，工作大多集中于宣传教育、违法情况举报和执法监督方面，涉及的面窄度浅；服务供给能力有限，环境政策研究、技术推广等方面供给不足；环保社会组织的职业化和专业化能力仍待提升，参与环境事务的能力还有待提升，实力强影响力大的社会组织不多。

应继续加强对环保社会组织的管理与引导，在长三角区域建立环保社会组织有序参与环保事务的管理体制；由于长三角区域的高校较多，可以加大与高校环保社团联系沟通力度，邀请高校环保社团代表，召开长三角区域高校环保社团座谈会，发挥青年专业人员的才智，以开展更广范围的业务；多方筹措资金，保证稳定的经费来源；招聘专业人才，积极开展各类专业培训，提高环保组织参与环境事务的能力。

9.3.6 以构建大生态大环保为契机，谋划碳达峰与碳中和

2018 年，生态环境部正式挂牌，“大部制”开启了大生态、大环保时代。目前，全社会齐抓、共管、共治的大生态、大环保格局正在逐渐形成。2021 年，习近平主席承诺了中国实现碳达峰、碳中和的时间，并提出要把碳达峰、碳中和纳入生态文明建设整体布局。

实现碳达峰、碳中和是一个系统工程，是发展方式和治理体系的深刻变革，是在多目标平衡中寻找最优。长三角区域的经济、社会基础较好，应在全国率先于其他区域高标准推进碳达峰、碳中和工作。长三角区域大气污染防治协作小组应尽快与其他部门共同贯彻新发展理念，开展调研并制定《长三角区域碳达峰、碳中和行动方案与路线图》。加快推进能源结构改革，综合运用多种财政措施与税收制度，促进环保产业研发与创新[157]，促使现有产业进行节能减排、减碳技术改造，向绿色低碳转型，发展低碳高效行业；优化运输结构，提高运输效率，加快建设绿色出行的基础设施；推进绿色建造，提升建筑企业绿色施工水平，提升建筑节能水平；在全社会的各个部门、领域推行绿色低碳的生产方式与生活方式，以助力如期实现碳达峰、碳中和目标。

结 论

随着工业化、城镇化的快速发展，雾霾污染呈现范围广、常态化、治理难度大等特点，给维护公众健康带来一系列挑战。环境与健康问题一直是政府与公众关注的焦点问题之一，随着长三角区域经济社会的发展，公众对幸福生活的追求越来越高，对清洁空气与健康的要求也日益提高。本书以长三角区域 41 个城市为研究对象，在背景分析与文献综述的基础上，主要研究了长三角区域雾霾污染状况及其影响因素、公众健康状况及雾霾污染引起的健康损失、雾霾污染协同治理的动力机制、雾霾污染协同治理的责任成本分配、协同治理的对策，得到以下结论：

（1）在对长三角区域雾霾污染的社会经济因素、自然环境因素进行统计描述的基础上，运用计量经济学模型，分析长三角区域雾霾污染的影响因素，发现人均 GDP、工业烟（粉）尘排放量、常住人口对 $PM_{2.5}$ 浓度有显著性影响。在其他变量不变的条件下，工业烟（粉）尘排放量每增加 1 万 t，$PM_{2.5}$ 浓度增加 1.429 4 个单位，是三个变量影响的最大的一个变量。

（2）2015—2019 年，长三角区域的 $PM_{2.5}$ 浓度超标城市个数持续减少，超标城市的 $PM_{2.5}$ 浓度也呈下降趋势；虽然长三角区域的常住人口在连年增加，2019 年较 2015 年增加约 688 万人，但是通过危险度比例模型的计算结果发现，各种健康终点发生总人数、健康终点发生率呈逐年降低趋势。截至 2019 年，各类健康终点人数约为 238.63 万人，健康终点发生率约为 1.05%。长三角区域的健康经济损失、经济损失占 GDP 比重、人均健康经济损失也在总体上呈下降趋势，2015—2016 年下降较多。截至 2019 年，各类健康经济总损失约为 1 364.87 亿元，健康经济损失占 GDP 比重约为 0.63%，人均健康经济损失约为 601 元。在未考虑空气污染时，2015—2019 年长三角区域居民的可支配收入在持续增加，基尼系数在逐年降低。在考虑空气污染后，假设每个城市雾霾污染引起的健康经济损失全部由常住地的居民个人承担，居民的现人均可支配收入则会有不同程度减少，所以各市居民的收入差距进一步加大，基尼系数与未考虑空气污染损失时相比有所增加，并且每年增加的幅度在加大，从 2015 年的 0.17% 增加至 2019 年的 3.49%，5 年平均增加 1.77%。这种不平等程度增加的现象在京津冀及周边地区也存在，在其他区域则与此相反。在六大区域间，不论是否考虑空气污染，基尼系数均逐年升高，收入不平等程度在扩大。考虑空气污染造成的健康损失后，每年的基尼系数均比不考虑时所有升高，年均升高 4.23%，空气污染的确扩大了六大区域之间的收入不平等，空气污染对于收入分配具有逆向调节作用，但这种逆向作用并不大。

（3）长三角区域雾霾污染区域协同治理的动力是支撑力、推动力、压力、阻力相互作用的结果。推动力系统包括制度创新、技术创新、舆论宣传、公众环境素养等；支撑力系统包括资金支持、政策支持、人才支持、文化支持等，这些指标涉及区域发展的各种要素。各省市在协同治理中也面临一定压力，如公众健康损失、其他经济社会损失、工作任务考核、环境治理复杂等；同时面临一定阻力，如区域基础、治理目标与进度差异、基层环保组织力量薄弱等。在以协同治理能力为综合体现的推动力、支撑力的共同作用下，有可能走上（压力 + 阻力）＜（推动力 + 支撑力）的空气质量提高道路。

（4）假设长三角区域是一个相对独立的系统、各省市的污染物排放量在其环境容量之内，并且各省市废气处理设施的年处理能力在一定范围之内，小于总设计处理能力，运用基于 Shapley 值的合作收益分配模型估算各省市业 SO_2、工业 NO_x、工业烟（粉）尘去除的成本分摊。研究发现在烟（粉）尘的去除率是 1 时，NO_x 与 SO_2 的去除率分别为 0.6 与 0.9 时的情景下，上海、江苏分别转出到其他省市 1.79 亿元、12.16 亿元的去除成本，其他省市分别转入浙江、安徽 6.90 亿元、7.06 万元的去除成本；在 NO_x 与 SO_2 的去除率分别为 0.7 与 0.95 时的情景下，上海、江苏分别转出到其他省市 1.74 亿元、20.83 亿元的去除成本，其他省市分别转入浙江、安徽 12.87 亿元、9.71 亿元的去除成本，分配结果合理可行。

最后，从 6 个方面提出了长三角区域雾霾协同治理的对策：一是以健康中国建设为引领，打好蓝天保卫战；二是以构建现代环境治理体系为抓手，提升雾霾协同治理能力；三是以制度创新为依托，出台一系列协同治理的规章制度；四是以“双降”为目标，协同治理 O_3 与 $PM_{2.5}$；五是以实现多元协同共治为举措，提升多方参与度；六是以构建大生态大环保为契机，谋划碳达峰与碳中和。

参考文献

[1] 中华人民共和国生态环境部．中国生态环境状况公报 [EB/OL]. https://www.mee.gov.cn/hjzl/sthjzk/zghjzkgb/.

[2] 李惠娟，周德群，魏永杰．空气污染的健康经济损失评价研究进展 [J]. 环境科学研究，2020，33(10): 2421-2429.

[3] CLANCY L, GOODMAN P, SINCLAIR H, et al. Effect of air-pollution control on death rates in Dublin, Ireland: an intervention study[J]. Lancet, 2002, 360(9341): 1210-1214.

[4] LELIEVELD J, EVANS J S, FNAIS M, et al. The contribution of outdoor air pollution sources to premature mortality on a global scale[J]. Nature, 2015, 525(7569): 367-384.

[5] ZANOBETTI A, SCHWARTZ J. The effect of fine and coarse particulate air pollution on mortality: a national analysis[J]. Environmental Health Perspectives, 2009, 117(6): 898-903.

[6] PENG Y, MAIGENG Z, PINELOPI K G. Growth, pollution, and life expectancy: China from 1991-2012[J]. America Economic Review, 2015, 105(5): 226-231.

[7] GBD 2013 Dalys and Hale Collaborators, CHRISTOPHER J L，RYAN M B, et al. Global, regional, and national disability-adjusted life years (DALYs) for 306 diseases and injuries and healthy life expectancy (HALE) for 188 countries，1990-2013: quantifying the epidemiological transition [J]. The Lancet, 2015, 386(10009): 2145-2191.

[8] RD P C, BURNETT R T, THUN M J, et al. Lung cancer, cardiopulmonary mortality, and long-term exposure to fine particulate air pollution[J]. Jama the Journal of the American Medical Association, 2002, 287(9): 1132-1141.

[9] TIE X, CAO J. Aerosol pollution in China: Present and future impact on environment [J]. Particuology, 2009, 7(6): 426-431.

[10] CHEN W, ZHENG R, BAADE P D, et al. Cancer statistics in China，2015[J]. CA: A Cancer Journal for Clinicians, 2016, 66(2): 115-132.

[11] GBD 2017 Risk Factor Collaborators. Global, regional, and national comparative risk assessment of 84 behavioral, environmental and occupational, and metabolic risks or clusters of risks for 195 countries and territories，1990-2017: a systematic analysis for the Global Burden of Disease Study 2017[J]. The Lancet, 2018, 392(10159): 1923-1994.

[12] YAMAMOTO S S, PHALKEY R, MALIK A A. A systematic review of air pollution as a risk factor for cardiovascular disease in south Asia: limited evidence from India and Pakistan[J]. International Journal of Hygiene & Environmental Health, 2013, 217(2/3): 133-144.

[13] KAN H, WONG C M, VICHITVADAKAN N, et al. Short-term association between

sulfur dioxide and daily mortality: the public health and air pollution in Asia study [J]. Environmental Research, 2010, 110(3): 258-264.

[14] MUKHOPADHYAY K, FORSSELL O. An empirical investigation of air pollution from fossil fuel combustion and its impact on health in India during 1973-1974 to 1996-1997[J]. Ecological Economics, 2005, 55(2): 235-250.

[15] XU P, CHEN Y, YE X. Haze, air pollution, and health in China[J]. The Lancet, 2013, 382 (9910): 2067.

[16] 曾新颖，齐金蕾，殷鹏，等.1990—2016 年中国及省级行政区疾病负担报告 [J]. 中国循环杂志，2018，33(12): 7-18.

[17] 金姬.世界卫生组织：室内空气污染程度高出室外 5-10 倍 [EB/OL]. (2013-03-21). http: //news.ifeng.com/shendu/ xmzk/detail_2013_03/21/23363828_0.shtml.

[18] US EPA. The benefits and costs of the Clean Air Act 1990 to 2010 EPA Report to Congress [R]. Washington DC: US EPA, 1999.

[19] QUAH E, BOON T L. The economic cost of particulate air pollution on health in Singapore [J]. Journal of Asian Economics, 2003, 14(1): 73-90.

[20] KUNZLI N, KAISER R, MEDINA S, et al. Public-health impact of outdoor and traffic-related air pollution: a European assessment [J]. The Lancet, 2000, 356(9232): 795-801.

[21] DESAIGUES B, AMI D，BARTCZAK A, et al. Economic valuation of air pollution mortality: a 9-country contingent valuation survey of value of a life year[J]. Ecological Indicators, 2011, 11(3): 902-910.

[22] World Health Organization. World health statistics 2017: monitoring health for the SDGs, sustainable development goals[M]. Geneva: World Health Organization, 2017.

[23] World Bank, China SEPA. Cost of pollution in China: economic estimates of physical damages[R]. Washington DC: World Bank, 2007.

[24] NIELSEN C P. Clearing the air: the health and economic damages of air pollution in China[M]. Chicago: The University of Chicago Press, 2007.

[25] MATUS K, KYUNGMIN N, SELIN N E, et al. Health damages from air pollution in China[J]. Global Environmental Change, 2011, 22(1): 55-66.

[26] 穆泉，张世秋.中国 2001—2013 年 $PM_{2.5}$ 重污染的历史变化与健康影响的经济损失评估 [J]. 北京大学学报（自然科学版），2015，51(7): 694-706.

[27] 於方，过孝民，张衍燊，等.2004 年中国大气污染造成的健康经济损失评估 [J]. 环境与健康杂志，2007，24(12): 999-1003.

[28] YANG G, WANG Y, ZENG Y, et al. Rapid health transition in China，1990-2010: findings from the Global Burden of Disease Study 2010[J]. The Lancet, 2013, 381(9882): 1987-2015.

[29] DOCKERY D W, XU X, SPENGLER J D, et al. An association between air pollution and

mortality in six U.S. cities[J]. New England Journal of Medicine, 1993, 329(24): 1753-1762.

[30] POPE C A, EZZATI M, DOCKERY D W. Fine-particulate air pollution and life expectancy in the United States [J]. New England Journal of Medicine, 2009, 360(4): 376-386.

[31] CORREIA A W, POPE C A, DOCKERY D W, et al. The effect of air pollution control on life expectancy in the United States: an analysis of 545 US counties for the period 2000 to 2007[J]. Epidemiology, 2013, 24(1): 23-31.

[32] ZMIROU D, DELORAINE A, BALDUCCI F, et al. Health effects costs of particulate air pollution [J]. Journal of Occupational & Environmental Medicine, 1999, 41(10): 847-856.

[33] PEREZ L, SUNYER J, KUNZLI N. Estimating the health and economic benefits associated with reducing air pollution in the Barcelona Metropolitan Area (Spain)[J]. Gaceta Sanitaria, 2009, 23(4): 287-294.

[34] 张衍燊，马国霞，於方，等 .2013 年 1 月灰霾污染事件期间京津冀地区 $PM_{2.5}$ 污染的人体健康损害评估 [J]. 中华医学杂志，2013，93(34): 2707-2710.

[35] 穆泉，张世秋 . 2013 年 1 月中国大面积雾霾事件直接社会经济损失评估 [J]. 中国环境科学，2013，33(11): 2087-2094.

[36] LI X, ZHANG Q, ZHANG Y, et al. Source contributions of urban $PM_{2.5}$ in the Beijing-Tianjin-Hebei Region: changes between 2006 and 2013 and relative impacts of emissions and meteorology[J]. Atmospheric Environment, 2015, 123(12): 229-239.

[37] 闫祯，金玲，陈潇君，等 . 京津冀地区居民采暖“煤改电”的大气污染物减排潜力与健康效益评估 [J]. 环境科学研究，2019，32(1): 95-103.

[38] 曾贤刚，蒋妍 . 空气污染健康损失中统计生命价值评估研究 [J]. 中国环境科学，2010，30(2): 284-288.

[39] WANG J, WANG S, VOORHEES A S, et al. Assessment of short-term $PM_{2.5}$-related mortality due to different emission sources in the Yangtze River Delta, China[J]. Atmospheric Environment, 2015, 123: 440-448.

[40] 吕铃钥，李洪远 . 京津冀地区 PM_{10} 和 $PM_{2.5}$ 污染的健康经济学评价 [J]. 南开大学学报（自然科学版），2016，49(1): 69-77.

[41] HUANG D S, XU J H, ZHANG S Q. Valuing the health risks of particulate air pollution in the Pearl River Delta, China [J]. Environmental Science & Policy, 2012, 15(1): 38-47.

[42] 陈仁杰，陈秉衡，阚海东 . 我国 113 个城市大气颗粒物污染的健康经济学评价 [J]. 中国环境科学，2010，30(3): 410-415.

[43] 李惠娟，周德群，魏永杰 . 我国城市 $PM_{2.5}$ 污染的健康风险及经济损失评价 [J]. 环境科学，2018，39(8): 3467-3475.

[44] HALL J V, BRAJER V, LURMANN F W. Air Pollution, health and economic benefits-lessons from 20 years of analysis [J]. Ecological Economics, 2010, 69(12): 2590-2597.

[45] BROOME R A, FANN N, CRISTINA T J, et al. The health benefits of reducing air pollution in Sydney, Australia[J]. Environmental Research, 2015, 143: 19-25.

[46] ETCHIE T O, SIVANESAN S, ADEWUYI G O, et al. The health burden and economic costs averted by ambient $PM_{2.5}$ pollution reductions in Nagpur, India[J]. Environment International, 2017, 102(1): 145-156.

[47] 谢元博，陈娟，李巍 . 雾霾重污染期间北京居民对高浓度 $PM_{2.5}$ 持续暴露的健康风险及其损害价值评估 [J]. 环境科学，2014，35(1): 1-8.

[48] YIN H, PIZZOL M, XU L Y. External costs of $PM_{2.5}$ pollution in Beijing, China: uncertainty analysis of multiple health impacts and costs[J]. Environmental Pollution, 2017, 226: 356-369.

[49] 羊德容，王洪新，兰岚，等 . 兰州市能源改造前后大气污染对人体健康经济损失评估 [J]. 环境工程，2013，31(1): 112-116.

[50] 侯青，安兴琴，王自发，等 . 2002—2009 年兰州 PM_{10} 人体健康经济损失评估 [J]. 中国环境科学，2011，31(8): 1398-1402.

[51] 魏国茹，史兴民 . 西安市 $PM_{2.5}$ 健康损害价值评估 [J]. 环境科学，2018，39(7): 3014-3021.

[52] 韩士杰，王佳，燕启社，等 . 2014—2016 年间郑州市控制 PM_{10} 和 $PM_{2.5}$ 污染的健康效益评估 [J]. 环境科学，2019，40(6): 2565-2571.

[53] VOORHEES A S, WANG J, WANG C, et al. Public health benefits of reducing air pollution in Shanghai: a proof-of-concept methodology with application to BenMAP[J]. Science of the Total Environment, 2014, 485/486: 396-405.

[54] 赵晓丽，范春阳，王予希 . 基于修正人力资本法的北京市空气污染物健康损失评价 [J]. 中国人口・资源与环境，2014，24(3): 169-176.

[55] 黄德生，谢旭轩，穆泉，等 . 环境健康价值评估中的年龄效应研究 [J]. 中国人口・环境与资源，2012，22(8): 63-70.

[56] SELIN N E, WU S L, NAM K M, et al. Global health and economic impacts of future ozone pollution[J]. Environment Research Letters, 2009，4(4): 940-948.

[57] 黄德生，张世秋 . 京津冀地区控制 $PM_{2.5}$ 污染的健康效益评估 [J]. 中国环境科学，2013，33(1): 166-174.

[58] 陈仁杰，陈秉衡，阚海东 . 大气细颗粒物控制对我国城市居民期望寿命的影响 [J]. 中国环境科学，2014，34(10): 2701-2705.

[59] 谢杨，戴瀚程，HANAOKA T，等 .$PM_{2.5}$ 污染对京津冀地区人群健康影响和经济影响 [J]. 中国人口・资源与环境，2016，26(11): 19-27.

[60] SAMET J M, DOMINICI F, CURRIERO F C, et al. Fine particulate air pollution and mortality in 20 U.S. cities，1987-1994[J]. New England Journal of Medicine, 2001,

343(24): 1742-1749.

[61] WIDZIEWICZ K, ROGULA-KOZLOWSKA W, LOSKA K. Cancer risk from arsenic and chromium species bound to $PM_{2.5}$ and PM_1: Polish case study[J]. Atmospheric Pollution Research, 2016, 7(5): 884-894.

[62] SANCHEZ-SOBERON F, ROVIRA J, MARI M, et al. Main components and human health risks assessment of PM_{10}, $PM_{2.5}$, and PM_1, in two areas influenced by cement plants[J]. Atmospheric Environment, 2015, 120(11): 109-116.

[63] ÜSTUN T B, AYUSOMATEOS J L, CHATTERJI S, et al. Global burden of depressive disorders in the year 2000[J]. The British Journal of Psychiatry, 2004, 184(5): 386-392.

[64] LOZANO R, NAGHZVI M, FOREMAN K, et al. Global and regional mortality from 235 causes of death for 20 age groups in 1990 and 2010: a systematic analysis for the global burden of disease study 2010 [J]. The Lancet, 2012, 380(9859): 2095-2128.

[65] KASSEBAUM N J, BERTOZZI-VILLA A, COGGESHALL M S, et al. Global, regional, and national levels and causes of maternal mortality during 1990-2013: a systematic analysis for the Global Burden of Disease Study 2013[J]. The Lancet, 2014, 384(9947): 980-1004.

[66] CHEN T M, GOKHALE J, SHOFER S, et al. Outdoor air pollution: ozone health effects[J]. American Journal of the Medical Sciences, 2007, 333(4): 244-248.

[67] ANENBERG S C, WEST J J, FIORE A M, et al. Intercontinental impacts of ozone pollution on human mortality[J]. Environmental Science & Technology, 2009, 43(17): 6482-6487.

[68] 闫美霞，李湉湉，刘晓途，等 . 我国臭氧短期暴露的人群健康效应研究进展 [J]. 环境与健康杂志，2012，29(8): 752-761.

[69] 曾贤刚，阮芳芳，姜艺婧 . 中国臭氧污染的空间分布和健康效应 [J]. 中国环境科学，2019，39(9): 4025-4032.

[70] TAO Y, HUANG W, HUANG X, et al. Estimated acute effects of ambient ozone and nitrogen dioxide on mortality in the Pearl River Delta of southern China [J]. Environmental Health Perspectives, 2012, 120(3): 393-398.

[71] 廖志恒，范绍佳 . 2006—2012 年珠江三角洲地区 O_3 污染对人群健康的影响 [J]. 中国环境科学，2015，35(3): 897-905.

[72] YANG C, YANG H, GUO S, et al. Alternative ozone metrics and daily mortality in Suzhou: the China air pollution and health effects study (CAPES) [J]. Science of the Total Environment, 2012，426(2): 83-89.

[73] 陈仁杰，陈秉衡，阚海东 . 上海市近地面臭氧污染的健康影响评价 [J]. 中国环境科学，2010，30(5): 603-608.

[74] 中共中央文献研究室 . 习近平关于社会主义生态文明建设论述摘编 [M]. 北京：中央文献出版社，2017.

[75] 段娟．新时代中国推进跨区域大气污染协同治理的实践探索与展望 [J]. 中国井冈山干部学院学报，2020，13(6): 45-54.
[76] 中共中央党史和文献研究院．十九大以来重要文献选编：上 [M]. 北京：中央文献出版社，2019.
[77] 魏巍贤，马喜立，李鹏，等．技术进步和税收在区域大气污染治理中的作用 [J]. 中国人口·资源与环境，2016，26(5): 1-11.
[78] 贺璇，王冰．京津冀大气污染治理模式演进：构建一种可持续合作机制 [J]. 东北大学学报（社会科学版），2016，18(1): 56-62.
[79] 郭施宏，齐晔．京津冀区域大气污染协同治理模式构建——基于府际关系理论视角 [J]. 中国特色社会主义研究，2016(3): 81-85.
[80] 杨骞，王弘儒，刘华军．区域大气污染联防联控是否取得了预期效果？——来自山东省会城市群的经验证据 [J]. 城市与环境研究，2016(4): 3-21.
[81] 胡一凡．京津冀大气污染协同治理困境与消解——关系网络、行动策略、治理结构 [J]. 大连理工大学学报（社会科学版），2020，41(2): 48-56.
[82] 周林意．长三角区域大气污染协同治理的瓶颈与破解路径 [J]. 宁波经济（三江论坛），2019(4): 24-27.
[83] 景熠，敬爽，代应．基于结构方程模型的区域大气污染协同治理影响因素分析 [J]. 生态经济，2019，35(8): 200-205.
[84] 邱均平．文献计量学的定义及其研究对象 [J]. 中国图书馆学报，1986(2): 71.
[85] 陈悦，陈超美，胡志刚，等．引文空间分析原理与应用：CiteSpace 实用指南 [M]. 北京：科学出版社，2014.
[86] 李杰，陈超美．Citespace: 科技文本挖掘及可视化（第二版）[M]. 北京：首都经济贸易大学出版社，2017.
[87] 王振波，梁龙武，王旭静．中国城市群地区 $PM_{2.5}$ 时空演变格局及其影响因素 [J]. 地理学报，2019，74(12): 2614-2630.
[88] 朱芸，徐敏，李惠娟，等．“大气十条”实施后大气污染协同治理政策的量化研究 [J]. 环境保护与循环经济，2021，41(2): 96-100.
[89] 葛蕾蕾，方诗禹，杨帆．政策工具视角下的高校毕业生就业政策文本量化分析 [J]. 国家行政学院学报，2018(6): 165-170，193.
[90] 李玲玲．论政策工具与公共行政 [J]. 理论探讨，2008(1): 133-137.
[91] 王瑞斌，李健军，王玮，等．国家环境空气背景监测网络设计与监测技术应用 [M]. 北京：中国环境出版社，2013.
[92] 陈强，孙丰凯，徐艳娴．冬季供暖导致雾霾？来自华北城市面板的证据 [J]. 南开经济研究，2017(4): 25-40.
[93] 王静，邱粲，刘焕彬，等．山东重点城市空气质量及其与气象要素的关系 [J]. 生态

环境学报，2013，22(4): 644-649.

[94] 白洋，刘晓源．“雾霾”成因的深层法律思考及防治对策 [J]. 中国地质大学学报（社会科学版），2013，13(6): 27-33.

[95] 周兆媛，张时煌，高庆先，等．京津冀地区气象要素对空气质量的影响及未来变化趋势分析 [J]. 资源科学，2014，36(1): 191-199.

[96] 李惠娟，周德群，魏永杰．中国主要城市空气污染的影响因素——基于污染源解析的研究 [J]. 生态经济，2018，34(4): 197-203.

[97] 李惠娟，张玉，张晓怡．空气质量的影响因素分析——以江苏省 13 个城市为例 [J]. 生态经济，2019，35(3): 205-209.

[98] 王桂芝，武灵艳，陈纪波，等．北京市 $PM_{2.5}$ 污染健康经济效应的 CGE 分析 [J]. 中国环境科学，2017，37(7): 2779-2785.

[99] 李惠娟，周德群，魏永杰．2015—2018 年我国 $PM_{2.5}$ 健康损害价值的动态评估 [J]. 环境科学，2020，41(12): 5225-5235.

[100] 国家卫生和计划生育委员会．中国卫生和计划生育统计年鉴 2016[M]. 北京：中国协和医科大学出版社，2016.

[101] 谢旭轩．健康的价值：环境效益评估方法与城市空气污染控制策略 [D]. 北京：北京大学，2011.

[102] 李惠娟，李明全．江苏省控制空气污染健康效益评估 [J]. 中国公共卫生，2018，34(12): 63-69.

[103] VISCUSI W K, MAGAT W A, HUBER J. Pricing environmental health risks: survey assessments of risk-risk and risk-dollar trade-offs for chronic bronchitis [J]. Journal of Environmental Economics & Management, 1991, 21(1): 32-51.

[104] 陈晓兰．大气颗粒物造成的健康损害价值评估 [D]. 厦门：厦门大学，2008.

[105] EBENSTEIN A, FAN M, GREENSTONE M, et al. Growth, pollution, and life expectancy: China from 1991-2012[J]. Social science electronic publishing, 2015(10): 226-231.

[106] 苗艳青，陈文晶．空气污染和健康需求：Grossan 模型的应用 [J]. 世界经济，2010(6): 160-160.

[107] 周钦，田森，潘杰．均等下的不公——城镇居民基本医疗保险受益公平性的理论与实证研究 [J]. 经济研究，2016(6): 172-185.

[108] 中国环境与发展国际合作委员会．中国环境保护与社会发展摘要报告 [R]. 2013.

[109] THE WORLD BANK. Cost of pollution in China: economic estimates of physical damages [R]. 2007.

[110] 林宏，陈广汉．居民收入差距测量的方法和指标 [J]. 统计与预测，2003(6): 30-34.

[111] 陈昌兵．各地区居民收入基尼系数计算及其非参数计量模型分析 [J]. 数量经济技术经济研究，2007，24(1): 133-142.

[112] 新华社．长三角地区环境保护合作工作进入实质性启动阶段 [EB/OL]. 中央政府门户网站，http://www.gov.cn/jrzg/2009-04/30/content_1300487.htm.

[113] 吴建南，刘仟仟，陈子韬，等．中国区域大气污染协同治理机制何以奏效？来自长三角区域的经验 [J]. 中国行政管理，2020(5): 32-39.

[114] 张尼．首轮中央环保督察全反馈 31 省份有这些通病 [EB/OL]. (2018-01-04). http://china.chinadaily.com.cn/2018-01/04/content_35437704.htm.

[115] 党政同责、一岗双责治理生态环境 [EB/OL]. (2021-01-06). https://www.sohu.com/a/442752155_120374792.

[116] 柴发合，李艳萍，乔琦，等．基于不同视角下的大气污染协同控制模式研究 [J]. 环境保护，2014，42(2): 46-48.

[117] 辛晓华，吕拉昌，中国主要城市技术创新影响环境污染的空间分异与机理 [J]. 地理科学，2021，41(1): 129-139.

[118] 禄雪焕，白婷婷．绿色技术创新如何有效降低雾霾污染 ?[J]. 中国软科学，2020(6): 174-191.

[119] 李林子，傅泽强，封强，等．基于专利视角的中国大气环保产业技术创新能力研究 [J]. 环境工程技术学报，2020，10(1): 160-166.

[120] 李干杰．生态环境部部长在 2018 年全国生态环境宣传工作会议上的讲话 [EB/OL]. (2018-06-12). http://www.shpt.gov.cn/hbj/hbyaowen/20180612/326232.html.

[121] 生态环境部宣传教育司．深入宣传习近平生态文明思想　为打好污染防治攻坚战保驾护航 [EB/OL]. (2019-05-30). http://www.qstheory.cn/zoology/2019-05/30/c_1124560982.htm.

[122] 董晓伟，文松辉．把科学普及放在与科技创新同等重要位置——三论学习贯彻习近平总书记在“科技三会”上重要讲话精神 [EB/OL]. (2016-06-02)，http://opinion.people.com.cn/n1/2016/0602/c1003-28405979.html.

[123] 邬龙，王晓蓉，迟远英．我国大气污染治理政策主题变迁量化分析及预测 [J]. 北京工业大学学报（社会科学版），2019，19(6): 80-89.

[124] 周付军，胡春艳．大气污染治理的政策工具变迁研究——基于长三角区域 2001—2018 年政策文本的分析 [J]. 江淮论坛，2019(6): 134-141.

[125] 饶常林．府际协同的模式及其选择——基于市场、网络、科层三分法的分析 [J]. 中国行政管理，2015(6): 62-67.

[126] 黎雅婷，周景坤．我国雾霾防治人才政策的发展演变过程研究 [J]. 中国经贸导刊（中），2019(8): 114-116.

[127] 刘永凌．加快构建以生态价值观念为准则的生态文化体系 [EB/OL]. (2020-08-28). http://news.eastday.com/eastday/13news/auto/news/china/20200828/u7ai9467776.html.

[128] 林坚．建立生态文化体系的重要意义与实践方向 [EB/OL]. (2019-02-11). http://www.

rmlt.com.cn/ 2019/0211/538841.shtml.
[129] 吕小康，王丛 . 空气污染对认知功能与心理健康的损害 [J]. 心理科学进展，2017，25(1): 111-120.
[130] 冯兆忠，彭金龙 . 中国粮食作物产量和木本植物生物量与地表臭氧污染的响应关系 [J]. 环境科学，2021，42(6): 3084-3090.
[131] 赵辉，郑有飞，曹嘉晨，等 . 近地层 O_3 污染对作物产量与经济损失的影响——以江苏省冬小麦和水稻为例 [J]. 中国环境科学，2018，38(3): 1165-1173.
[132] 杨丹辉，李红莉 . 基于损害和成本的环境污染损失核算——以山东省为例 [J]. 中国工业经济，2010(7): 125-135.
[133] 曾先峰，王天琼，李印 . 基于损害的西安市大气污染经济损失研究 [J]. 干旱区资源与环境，2015，29(1): 105-110.
[134] 唐睿，刘红芹 . 从 GDP 锦标赛到二元竞争：中国地方政府行为变迁的逻辑——基于 1998—2006 年中国省级面板数据的实证研究 [J]. 公共管理学报，2012，9(1): 9-16.
[135] 韩洁，刘红霞 . GDP 增速不设具体目标，有何原因？有何用意？[EB/OL]. (2020-05-22). http://www.gov.cn/xinwen/2020-05/22/content_5513983.htm.
[136] 刘佳 . 平均每 21 天约谈一城市环保部下一个会盯上谁 [EB/OL]. (2015-11-18). https://news.southcn.com/node_179d29f1ce.
[137] 程维嘉 . 高质量发展也是经济欠发达地区必须贯彻的要求 [EB/OL]. (2021-03-10). https://m.gmw.cn/baijia/2021-03/10/34673711.html.
[138] 李胜 . 合法性追求，谋利性倾向与地方政府环境治理的策略性运作 [J]. 中国人口 · 资源与环境，2020，30(12): 137-146.
[139] 宋修霖，龚梦洁，王晓，等 . 地方政府 COD 总量减排途径及行为研究 [J]. 中国地质大学学报：社会科学版，2015，15(4): 1-10.
[140] 郭薇 . 全国人大常委会执法检查组赴安徽检查大气污染防治，结构性污染突出，大气治理任务依然艰巨 [EB/OL]. (2018-05-23). https://www.cenews.com.cn/legal/201805/t20180523_875081.html.
[141] 于平 . 给基层环保工作者更多掌声和支持 [EB/OL]. (2018-07-27). http://www.xinhuanet. com/comments/2018-07/27/c_1123183452.htm.
[142] 石广明，王金南，董战峰，等 . 跨界流域污染防治：基于合作博弈的视角 [J]. 自然资源学报，2015，30(4): 549-559.
[143] 赖苹，曹国华，朱勇 . 基于模糊动态夏普利值的流域水污染治理效用分配研究 [J]. 安全与环境学报，2019，19(6): 2112-2119.
[144] DINAR A, HOWITT R E. Mechanisms for Allocation of Environmental Control Cost: Empirical Tests of Acceptability and Stability-Science Direct[J]. Journal of Environmental Management, 1997, 49(2): 183-203.

[145] 崔春生，林健．残缺区间合作博弈及其在农地污染治理中的应用 [J]. 运筹与管理，2019，28(12): 81-86.

[146] 薛俭，谢婉林，李常敏．京津冀大气污染治理省际合作博弈模型 [J]. 系统工程理论与实践，2014，34(3): 810-816.

[147] 吴隽，徐迪．基于 Shapley 值法的商务模式创新价值分享 [J]. 中国管理科学，2019，27(6): 191-205.

[148] 丁斅，盛昭瀚，刘慧敏．基于模糊综合分析和 Gale-Shaplev 理论的重大工程二阶段招投标机制研究 [J]. 中国管理科学，2017，25(2): 147-154.

[149] 於方，王金南，曹东，等．中国环境经济核算技术指南 [M]. 北京：中国环境科学出版社，2009.

[150] 谭亚荣，郑少锋．环境污染物单位治理成本确定的方法研究 [J]. 生产力研究，2007，(24): 52-53.

[151] 王金南，陈罕立．关于全国氮氧化物排放总量控制的若干思考 [C]. 全国氮氧化物污染控制研讨会，2003.

[152] 安太平，黄瑛彩．生物纳膜抑尘技术在南山矿选矿厂的应用 [J]. 现代矿业，2014，30(3): 180-191.

[153] 王纯，张殿印．工业烟尘减排与回收利用（精）[M]. 北京：化学工业出版社，2014.

[154] 曹东，王金南．中国工业污染经济学 [M]. 北京：中国环境科学出版社，1999.

[155] 陈菁菁．新吴率先建立环境空气质量生态补偿制度　一个“好天”值 20 万元 [EB/OL]. (2021-07-16). http://www.wxrb.com/doc/2021/07/16/101757.shtml.

[156] 调查显示：公众绿色生活方式有所提升 但仍存在“高认知度、低践行度”现象 [EB/OL]. (2020-07-14). http://ex.chinadaily.com.cn/exchange/partners/82/rss/channel/cn/columns/j3u3t6/stories/WS5f0d3d62a310a859d09d7c62.html.

[157] 李惠娟，黄梦琪，张玉．财税政策对节能环保产业研发投入的影响 [J]. 中国环保产业，2017(10): 29-31.